高等职业教育电气类"十四五"系列教材

电力系统继电保护

主编 王太广 王飞 侯艳真 陈斌

中国水利水电出版社

www.waterpub.com.cn

·北京·

内 容 提 要

本教材作为电力职业教育教材，兼顾中、高级工电气专业的继电保护自学教材和中、短期电气培训教材，重点介绍了继电保护的基本知识、原理及应用，从现场角度出发，简化理论，充实实践，把理论与实际有机结合起来，做到易学易懂。

全教材共八个工作任务，分别为继电保护概述、继电保护的硬件构成、输电线路保护的运行与调试、输电线路距离与纵联保护、发电机保护、变压器保护、母线保护、智能变电站保护。

本教材可作为高职高专继电保护课程教材，还可以作为电力系统继电保护专业培训教材，同时还可供从事继电保护运行管理、检修调试、设计等专业管理人员和技术人员参考。

图书在版编目（ＣＩＰ）数据

电力系统继电保护 / 王太广等主编. -- 北京 ： 中国水利水电出版社，2023.3
高等职业教育电气类"十四五"系列教材
ISBN 978-7-5226-1219-5

Ⅰ. ①电… Ⅱ. ①王… Ⅲ. ①电力系统－继电保护－教材 Ⅳ. ①TM77

中国国家版本馆CIP数据核字(2023)第003281号

书　　名	高等职业教育电气类"十四五"系列教材 **电力系统继电保护** DIANLI XITONG JIDIAN BAOHU	
作　　者	主编　王太广　王　飞　侯艳真　陈　斌	
出 版 发 行	中国水利水电出版社 （北京市海淀区玉渊潭南路1号D座　100038） 网址：www.waterpub.com.cn E-mail：sales@mwr.gov.cn 电话：(010) 68545888（营销中心）	
经　　售	北京科水图书销售有限公司 电话：(010) 68545874、63202643 全国各地新华书店和相关出版物销售网点	
排　　版	中国水利水电出版社微机排版中心	
印　　刷	清淞永业（天津）印刷有限公司	
规　　格	184mm×260mm　16开本　15.25印张　371千字	
版　　次	2023年3月第1版　2023年3月第1次印刷	
印　　数	0001—2000册	
定　　价	**49.00元**	

前言

继电保护伴随着电力系统而生，继电保护原理及继电保护装置的应用，是电力系统实用技术的重要环节。继电保护技术应用广泛，随着现代科技的飞速发展，继电保护在更新自身技术的基础上与现代的微机、通信技术相结合，使继电保护系统日趋先进。无论是继电保护装置还是继电保护系统，都蕴含着严谨而又富有创新的科学哲理，同时也折射出现代技术发展的光芒。

科技是第一生产力，人才是关键。先进的继电保护技术，离不开大批高素质的继电保护专业人才。在建设坚强智能电网，实现电网发展方式转变的形势下，电力企业亟须对专业人员进行持续的知识更新，以适应新科技的发展形势，跟上新科技发展的步伐。故加强技术培训，建立一支适应现代电网需求的继电保护专业队伍十分必要。贵州水利水电职业技术学院一直高度重视专业人员的技术培训工作，与贵州送变电试验研究院有限公司的企业工程师一起合作，在总结多年继电保护技术教学与培训经验的基础上，组织编写了本教材。本教材编写人员由理论基础扎实、具有丰富实际工作经验和教学经验的科研人员、设计人员、试验人员、运行管理人员、整定计算人员、现场检修人员及培训教师组成。本教材针对基层供电企业员工岗前培训的特点，在编写过程中贯彻以下原则：

第一，从岗位需求分析入手，参照国家职业技能标准中级工要求，教材内容切实落实"必须、够用、突出技能"的教学指导思想。

第二，体现以技能训练为主线、相关知识为支撑的编写思路，较好地处理了基础知识与专业知识、理论教学与技能训练之间的关系，有利于帮助学员掌握知识形成技能、提高能力。

第三，按照教学规律和学员的认知规律，合理编排教材内容，力求内容适当、编排合理新颖、特色鲜明。

第四，突出教材的先进性，结合生产实际，增加新技术、新设备、新材料、新工艺的内容，力求贴近生产实际，缩短培训与企业需要的距离。

本教材的工作任务一、二由王太广编写，工作任务三、四、五由王飞编写，工作任务六、七由侯艳真编写，工作任务八由陈斌编写。

书中若有错误和不当之处，恳请读者批评指正。

编　者

2022 年 10 月

目　　录

工作任务一　继电保护概述

职业能力一　继电保护基础知识

【核心概念】

在电力系统中，应采取各项积极措施消除或减少发生故障的可能性，故障一旦发生，必须迅速而有选择性地切除故障元件，这是保证电力系统安全运行的最有效方法之一。为了维持系统稳定运行，切除故障的时间常常要求小到百分之几秒。实践证明只有在每个电气元件上装设保护装置才有可能满足这个要求。这种保护装置长期以来是由单个继电器或继电器及其附属设备的组合构成的，故称为继电保护装置。在电子式静态保护装置和微机保护装置出现以后虽然继电器已被电子元件或计算机所代替，但仍沿用此名称。在电力部门，常用"继电保护"一词泛指继电保护技术或由各种继电保护装置组成的继电保护系统。继电保护装置一词则指各种具体的装置。

【学习目标】

(1) 学习电力系统不同的工作状态。

(2) 掌握继电保护的基本原理。

(3) 掌握继电保护的基本要求——"四性"。

【基本知识】

一、电力系统的工作状态

电力系统承担着向广大用户提供优质稳定电能的任务，面对千变万化的运行环境，电力系统会呈现不同的运行状态。电力系统运行状态是指系统在不同运行条件（如负荷水平、出力配置、系统接线、故障等）下系统与设备的工作状况。根据不同的运行条件，可以将电力系统的运行状态分为正常状态、不正常状态和故障状态。电力系统运行控制的目的就是通过自动的和人工的控制，使系统尽快摆脱不正常状态和故障状态，能够长时间在正常状态下运行。

（一）正常状态

在正常状态下运行的电力系统能以足够的电功率满足负荷对电能的需求，电力系统中各发电、输电和用电设备均在规定的长期安全工作限额内运行，电力系统中各母线电压和频率均在允许的偏差范围内提供合格的电能。一般在正常状态下的电力系统，其发电、输电和变电设备还保持一定的备用容量，能满足负荷随机变化的需求，同时在保证安全的条件下，可以实现经济运行；能承受常见的干扰（如部分设备的正常和故障操作），通过预定的控制，从一个正常状态、不正常状态或故障状态，连续变化到另一个正常状态，避免产生有害的后果。

（二）不正常状态

电力系统不正常运行状态是指系统的正常工作受到干扰，使运行参数偏离正常值。例如因负荷潮流超过电力设备的额定上限造成的电流升高（又称为过负荷），系统中出现功率缺额而引起的频率降低，发电机突然甩负荷引起的发电机频率升高，中性点不接地系统和非有效接地系统中的单相接地引起的非接地相对地电压的升高，以及电力系统发生振荡等，都属于不正常运行状态。

（三）故障状态

电力系统的所有一次设备在运行过程中，由于外力、绝缘老化、过电压、误操作、设计制造缺陷等原因，都会发生如短路、断线等故障。最常见同时也是最危险的故障是各种类型的短路，比如三相短路、两相短路、两相接地短路和单相接地短路。在发生短路时可能产生以下后果：

（1）通过故障点产生很大的短路电流及所燃起的电弧会损坏故障元件及设备，甚至导致火灾或爆炸等更严重后果。

（2）从电源到短路点间流过的短路电流引起的发热和电动力，将造成在该路径中非故障元件和设备的损坏。

（3）靠近故障点的部分地区电压大幅下降，正常工作遭到破坏。

（4）破坏电力系统中各发电厂之间并列运行的稳定性，会引起系统振荡，甚至使系统瓦解崩溃，不正常运行状态和故障状态都可能在电力系统中引起事故。事故是指电力系统或其中部分的正常工作遭到破坏，并造成对用户少送电或电能质量变坏到不能允许的地步，甚至造成人身伤亡和电气设备损坏的事件。

电力系统中电气元件的正常工作遭到破坏，但没有发生故障，这种情况属于不正常运行状态。例如，因负荷超过电气设备的额定值而引起的电流升高（一般又称过负荷），就是一种最常见的不正常运行状态。由于过负荷，使元件载流部分和绝缘材料的温度不断升高，加速绝缘的老化和损坏，有可能发展成故障。此外，系统中出现功率缺额而引起的频率降低、发电机突然甩负荷而产生的过电压、以及电力系统发生振荡等，都属于不正常运行状态。

二、电力系统继电保护的作用

继电保护装置，指能反映电力系统中电气元件发生故障或不正常运行状态，并动作于断路器跳闸或发出信号的一种自动装置。它的基本任务如下：

（1）自动、迅速、有选择性地将故障元件从电力系统中切除，使故障元件免于继续遭到破坏，保证其他无故障部分迅速恢复正常运行。

（2）反映电气元件的不正常运行状态，并根据运行维护的条件（例如有无经常值班人员），产生发出信号、减负荷或跳闸等动作。此时一般不要求保护迅速动作，而是根据对电力系统及其元件的危害程度规定一定的延时，以免不必要的动作和由于干扰而引起的误动作。

顺便指出，因继电保护主要反映短路故障，故习惯上对"短路"和"故障"二词不加严格区分，本教材也遵循此习惯。例如"单相接地""单相短路""单相故障"实际上指代相同。严格地说，故障的含义较广，不只是指短路，也包括其他故障。

三、继电保护的基本原理和保护装置的组成

（一）继电保护的基本原理

电力系统中任何电气设备发生故障时，必然有故障信息出现。继电保护的基本原理是利用被保护的电力系统元件故障前后某些突变的物理量为信息量，当突变量达到一定值时，启动逻辑控制环节，发出相应的跳闸脉冲或信号。

（1）利用基本电气参数的变化可发生短路故障后，利用电流、电压、线路测量阻抗、电压电流间相位、负序和零序分量的出现等的变化，可构成过电流保护、低电压保护、距离保护、功率方向保护、序分量保护等。

（2）利用比较两侧的电流相位（或功率方向）。在双侧电源网络中，若两侧电流相位（或功率方向）相同，则判定被保护线路内部故障；若两侧电流相位（或功率方向）相反，则判定区外短路故障。利用被保护线路两侧电流相位（或功率方向），可构成纵联差动保护、相差高频保护与方向保护等。

（3）反映序分量或突变量保护。电力系统正常运行时，不存在负序、零序分量；当出现负序、零序分量时，无论是对称短路还是不对称短路，正序分量都发生突变。因此，可以根据是否出现负序、零序分量构成负序保护和零序保护；根据正序分量是否突变构成对称短路、不对称短路保护。

（4）反映非电气量保护。除上述反映各种电气量的保护外，还有根据电气设备的特点反映非电气量保护。例如反映变压器油箱内部故障时所产生的瓦斯气体而构成的瓦斯保护；反映变压器绕组温度升高而构成的过负荷保护等。

一般说来，只要找出正常运行与故障时系统中电气量或非电气量的变化特征（差别）即可找出一种适用原理，且其差别越明显，保护性能越好。

（二）继电保护装置的构成

一般而言，整套继电保护装置由测量部分、逻辑部分和执行部分组成，其原理框图如图 1-1 所示。

图 1-1 继电保护装置原理框图

（1）测量部分。在电力系统继电保护回路中，继电器按输入信号的性质可分为电量继电器（如电流继电器、电压继电器、功率继电器、阻抗继电器等）和非电量继电器（如温

度继电器、压力继电器、速度继电器、气体继电器等）两类；按工作原理可分为电磁式、感应式、电动式、电子式（如晶体管型）、整流式、热式（利用电流热效应的原理）、数字式等；按输出形式可分为有触点式和无触点式；按用途可分为控制继电器（用于自动控制电路中）和保护继电器（用于继电保护电路中）。保护继电器按其在继电保护装置中的功能，可分为主继电器（如电流继电器、电压继电器、阻抗继电器等）和辅助继电器（如时间继电器、信号继电器、中间继电器等）。

测量比较元件用于测量被保护电力设备的物理参量，并与整定值进行比较，根据比较的结果，给出"是""非"或"0""1"性质的一组逻辑信号，从而判断保护装置是否应该启动。

根据需要，继电保护装置往往有一个或多个测量比较元件。常用的测量比较元件有：被测电气量超过整定值动作的过量继电器，如过电流继电器、过电压继电器、高周波继电器等；被测电气量低于给定值动作的欠量继电器，如低电压继电器、阻抗继电器、低周波继电器等；被测电压、电流之间相位角满足一定值而动作的功率方向继电器等。

（2）逻辑部分。逻辑判断元件根据测量比较元件输出逻辑信号的性质、先后顺序、持续时间等，使保护装置按一定的逻辑关系判定故障的类型和范围，最后确定是否应该使断路器跳闸、发出信号或不动作，并将对应的指令传给执行输出部分。

（3）执行输出部分。执行输出元件根据逻辑判断部分传来的指令，发出跳开断路器的跳闸脉冲及相应的动作信息、发出警报等。需要说明的是，在微机保护中，电流、电压以及故障距离的测量和计算功能是由软件算法实现的。这时传统意义上的"继电器"或"元件"已不存在，但为了叙述方便，仍然把实现这些功能算法的软件模块称为继电器或元件。

四、继电保护的基本要求

电力系统各电气元件之间通常用断路器互相连接，每台断路器都装有相应的继电保护装置，可以向断路器发出跳闸脉冲。继电保护装置是以各电气元件或线路作为被保护对象的，其切除故障的范围是断路器之间的区段。

实践表明，继电保护装置或断路器有拒绝动作的可能性，因而需要考虑后备保护。实践中，每一电气元件一般都有两种继电保护装置——主保护和后备保护，必要时还另外增设辅助保护。

反映整个被保护元件上的故障并能以最短的延时有选择性地切除故障的保护称为主保护。主保护或其断路器拒绝动作时，用来切除故障的保护称为后备保护。后备保护分近后备和远后备两种。主保护拒绝动作时，由本元件的另一套保护实现后备，称为近后备；当本元件保护或其断路器拒动时，由相邻元件的保护实现后备的，称为远后备。为补充主保护和后备保护的不足而增设的比较简单的保护称为辅助保护。

电力系统对作用于动作跳闸的继电保护，在技术性能上必须满足四个基本要求：可靠性、选择性、灵敏性和速动性。

1. 可靠性

保护装置的可靠性是指发生了属于某保护装置动作的故障，其应能可靠地动作，即不发生拒绝动作（不拒动）；而在正常运行或发生不属于本保护动作的故障时，保护应可靠不动，即不发生错误动作（不误动）。

影响可靠性的因素有内在的和外在的。内在的因素有装置本身的质量，包括元件好坏、结构设计的合理性、制造工艺水平、内外接线简明，触点多少等。外在的因素有运行维护水平、安装调试是否正确等。

2. 选择性

保护装置的选择性是指保护装置动作时，仅将故障元件从电力系统中切除，使停电范围尽量缩小，以保证电力系统中的无故障部分仍能继续安全运行。在图 1-2 的网络中，当 K_1 短路时，保护 1、2 动作跳开断路器 QF_1、QF_2；当 K_2 短路时，保护 6 动作跳开断路器 QF_6，保护装置的这种动作是有选择性的。当 K_2 短路时，保护 5 动作跳开 QF_5 保护装置，保护装置的这种动作是无选择性的，但若保护 6 拒动或断路器 QF_6 拒动，保护 5 动作跳开 QF_5 时，这种动作也是有选择性的。

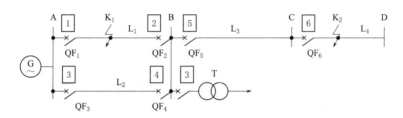

图 1-2 保护选择性动作说明图

3. 灵敏性

继电保护装置的灵敏性，是指对于其保护范围内发生故障或不正常运行状态的反应能力。满足灵敏性要求的保护装置应该是在区内故障时，不论短路点的位置和短路的类型及系统运行方式如何，都能灵敏地正确反应。

4. 速动性

继电保护装置的速动性是指继电保护应以允许的最快速度动作于断路器跳闸，以切除故障或终止异常状态的发展。继电保护快速动作可以减轻故障元件的损坏程度，提高线路故障后自动重合闸的成功率，提高电力系统并联运行的稳定性，减少用户在电压降低的情况下的使用时间。

【能力训练】

一、操作条件

（1）资源：110kV 变电站设备清单及继电保护设备介绍视频。

（2）工具：案例图纸。

二、安全及注意事项

（1）通过观看电力事故视频，强调安全规范作业的重要性。

（2）学习电力安全工作规程，掌握规范要求。

三、操作过程

（1）本次任务通过110kV变电站的整体介绍和观看视频，根据已有所学知识，对变电站的设备进行分类，掌握继电保护的基础知识。

（2）收集资料，对变电站的设备类型做一个区分，其中保护设备有哪些。能够通过思维导图的形式，对继电保护的基础知识内容做一个归纳，其中包括：电力系统的运行状态；电力系统故障时的危害；继电保护的基本原理；保护装置的基本构成；继电保护的基本要求。

（3）针对熟悉的场景设计一个简单的保护系统。

问题情境一：电力系统正常运行与发生故障时相比较，电力参数有哪些变化呢？

答：电力系统发生故障后，工频电气量变化的主要特征是：

1）电流增大。短路时故障点与电源之间的电气设备和输电线路上的电流将由负荷电流增大至大大超过负荷电流。

2）电压降低。当发生相间短路和接地短路故障时，系统各点的相间电压或相电压下降，且越靠近短路点，电压越低。

3）电流与电压之间的相位角改变。正常运行时电流与电压间的相位角是负荷的功率因数角，一般约为20°。三相短路时，电流与电压之间的相位角是由线路的阻抗角决定的，一般为60°～85°，而在保护反方向三相短路时，电流与电压之间的相位角则是180°＋（60°～85°）。

4）测量阻抗发生变化。测量阻抗即测量点（保护安装处）电压与电流之比。正常运行时，测量阻抗为负荷阻抗；金属性短路时，测量阻抗转变为线路阻抗，故障后测量阻抗显著减小，而阻抗角增大。

不对称短路时，出现相序分量，如两相及单相接地短路时，出现负序电流和负序电压分量；单相接地时，出现负序和零序电流和电压分量。这些分量在正常运行时是不出现的。利用短路故障时电气量的变化，便可构成各种原理的继电保护。

四、学习结果评价

填写考核评价表，见表1-1。

表1-1   考 核 评 价 表

序号	评价内容	评 价 标 准	考核方式	评价结果（是/否）
1	素养	具有良好的合作意识，任务分工明确	互评	□是 □否
		能够规范操作，具有较好的质量的意识	师评	□是 □否
		能够遵守课堂纪律	师评	□是 □否
		遵守6s管理规定，做好实训的整理归纳	师评	□是 □否
		无危险操作行为	师评	□是 □否

续表

序号	评价内容	评 价 标 准	考核方式	评价结果（是/否）
2	知识	能讲解继电保护的原理	师评	□是　□否
		能够区分电力系统的各种故障情况	师评	□是　□否
		熟练说明电力系统继电保护的"四性"	师评	□是　□否
3	能力	能绘制电力系统继电保护结构图	师评	□是　□否
		能针对家用供电进行简单保护配置	师评	□是　□否
		能看懂二次回路的图纸	师评	□是　□否
		可以用思维导图的形式总结继电保护作用	师评	□是　□否
4	总评	是否能够满足下一步内容学习	师评	□是　□否

【课后作业】

1. 继电保护的主要任务是什么？

2. 简单叙述继电保护的基本工作原理。

3. 电力系统对继电保护的基本要求有哪些？什么是保护的选择性？请举例说明继电保护选择性与非选择性动作。

【知识拓展】

二次系统上工作的安全措施

1. 工作前准备

工作之前要做好准备，了解工作地点、工作范围、一次设备和二次设备运行情况与本工作有联系的运行设备，如失灵保护、远方跳闸、电网安全自动装置、联跳回路、重合闸、故障录波器、变电站自动化系统、继电保护及故障信息管理系统等，以及需要与其他班组配合的工作。核查图纸是否和实际情况相符，履行保证安全的组织措施、技术措施。

进入现场在工作开始前，应查对已采取的安全措施是否符合要求，运行设备和检修设备是否明显分开，还要对照设备的位置、名称，严防走错位置。

在全部停电或部分带电的盘（配电盘、保护盘、控制盘）上工作时，应将检修设备与运行设备用明显的标识隔开。通常在盘后挂上红布帘，这样可防止错拆、错装继电器，防止误操作控制开关。在盘前悬挂"在此工作"的标识牌。作业中严防误动、误碰运行中的设备。

不应在运行的继电保护、电网安全自动装置柜（屏）上进行与正常运行操作、停运消缺无关的其他工作。若在运行的继电保护、电网安全自动装置柜（屏）附近工作且有可能影响运行设备安全时，应采取防止运行设备误动作的措施，必要时经相关调度同意将保护暂时停用。

不应在运行的继电保护、电网安全自动装置柜（屏）上钻孔。不宜在运行的继电保护、电网安全自动装置柜（屏）附近进行钻孔等震动较大的工作，如要进行，应采取防止运行中设备误动作的措施，必要时经相关调度同意将保护暂时停用。

继电保护装置做传动试验或一次通电时，应通知值班员和有关人员，并派人到现场监视。继电保护的校验工作有时需要对断路器机械联动部分作分、合闸传动试验，有时也需要利用其他电源对电流互感器进行校验工作。上述两种情况均应事先通知值班人员，告知设备的安全措施是否变动及其注意事项；并通知其他检修、试验的工作负责人，要求在传动试验或一次通电试验的设备上撤离工作人员，并保持一定的安全距离。继电保护工作负责人还要派人员到现场进行检查，并在试验时间内进行现场监护，防止有人由于接触被试设备而发生机械伤人或触电事故。

工作前应检查所有的电流互感器和电压互感器的二次绕组是否有永久性且可靠的保护接地。

2. 在二次回路工作中应遵守的原则

继电保护人员在现场工作过程中，凡遇到异常情况（如直流系统接地或开关跳闸等），不论与本身工作是否相关，都应立即停止工作，保持现状，待查明原因确定与本工作无关后方可继续工作；若异常情况是由于本身工作引起的，应保护现场，立即通知值班人员，以便及时处理。

工作负责人应逐条核对运行人员做的安全措施（如压板、二次熔丝和二次空气断路器的位置等），确保符合要求。运行人员应在工作柜（屏）的正面和后面设置"在此工作"标识。

运行中的一次、二次设备均应由运行人员操作，如操作断路器和隔离开关，投退继电保护和电网安全自动装置，投退继电保护装置熔丝和二次空气断路器，以及复归信号等。

若工作的柜（屏）上有运行设备，应有明显标识，并采取隔离措施，以便与检验设备分开。相邻的运行柜（屏）前后应有"运行中"的明显标识（如红布帘、遮栏等）工作人员在工作前应确认设备名称与位置，防止走错间隔。

试验用的隔离开关必须带罩，以防弧光短路灼伤工作人员。禁止从运行设备上直接取试验电源，以防止试验线路有故障时，使运行设备的电源消失。试验线路的各级熔断器的熔丝要配合得当。上一级熔丝的熔断时间应等于或大于下一级熔丝熔断时间的 3 倍。以防越级熔断保护装置。二次回路变动时，严防寄生回路存在，拆除没有用的线，拆除后的线应接上的不要忘记接上，且应接牢；取出临时垫在继电器接点间的纸片。

3. 在互感器二次回路上工作需要注意的事项

（1）在现场进行带电工作（包括做安全措施）时，作业人员应使用带绝缘把手的工具（其外露导电部分不应过长，否则应包扎绝缘带）若在带电的电流互感器二次回路上工作时，还应站在绝缘垫上，以保证人身安全。同时将邻近的带电部分和导体用绝缘器材隔离防止造成短路或接地。

（2）二次回路通电或耐压试验前，应通知运行人员和有关人员，并派人到现场看守，检查二次回路和一次设备上无人工作后，方可加压。

（3）电压互感器的二次回路通电试验时，为防止由二次侧向一次侧反充电，除应将二次回路断开外，还应取下电压互感器高压熔断器或断开电压互感器一次隔离开关（刀闸）。

（4）在带电的电流互感器二次回路上工作时，应采取下列安全措施：

1）严禁将电流互感器二次侧开路。

2）短路电流互感器二次绕组时，必须使用短路片或短路线，严禁用导线缠绕。

3）在电流互感器与短路端子之间导线上进行任何工作，应有严格的安全措施，填写"二次工作安全措施票"。必要时，申请停用相关保护装置、安全自动装置或自动化监控系统。

4）工作中严禁将回路的永久接地点断开。

5）工作时，应有专人监护，使用绝缘工具，并站在绝缘垫上。

（5）在带电的电压互感器二次回路上工作时，应采取下列安全措施：

1）严格防止短路或接地。应使用绝缘工具、戴手套。必要时，申请停用相关保护装置、安全自动装置或自动化监控系统。

2）接临时负载应使用专用的隔离开关（刀闸）和熔断器。

3）工作时应有专人监护，严禁将回路的安全接地点断开。

职业能力二　继电保护的发展历程与分类

【核心概念】

继电保护是随着电力系统的发展而发展起来的。20世纪初，随着电力系统的发展，继电器开始广泛应用于电力系统的保护，这一时期是继电保护技术发展的开端。最早的继电保护装置是熔断器。从20世纪50年代到90年代末，在40余年的时间里，继电保护完成了发展的四个阶段，即从电磁式保护装置到晶体管式继电保护装置、到集成电路继电保护装置、再到微机继电保护装置。

【学习目标】

1. 能简述继电保护的发展历程。

2. 掌握继电保护的分类。

【基本知识】

一、电力系统继电保护发展历程

（一）继电保护原理发展史

电力系统继电保护技术是伴随着电力系统的发展壮大而同步发展的，在电力系统的正常运行中起着至关重要的作用。

短路必然伴随着电流的增大，因而为了保护发电机免受短路电流的破坏，首先出现了反映电流超过预定值的过电流保护。熔断器就是最早的、最简单的过电流保护。这种保护方式时至今日仍广泛应用于低压线路和用电设备。熔断器的特点是融保护装置与切断电流装置于一体，因而最为简单。由于电力系统的发展，用电设备的功率、发电机的容量不断增大，发电厂、变电站和供电网的接线不断复杂化，电力系统中正常工作电流和短路电流都不断增大，熔断器已不能满足选择性和快速性的要求，于是出现了专门作用于断流装置（断路器）的过电流继电器。19世纪90年代出现了装于断路器上并直接作用于断路器的一次式（直接反应于一次短路电流）的电磁型过电流继电器。20世纪初，二次式继电器才开始广泛应用于电力系统的保护。这个时期可认为是继电保护技术发展的开端。

1901年出现了感应型过电流继电器。1908年提出了比较被保护元件两端电流的电流差动保护原理。1910年方向性电流保护开始得到应用，在此时期也出现了将电流与电压相比较的保护原理，并导致了20世纪20年代初距离保护装置的出现。随着电力系统载波通信的发展，在1927年前后，出现了利用高压输电线路上高频载波电流传送和比较输电线路两端功率方向或电流相位的高频（载波）保护装置。在20世纪50年代，微波中继通信开始应用于电力系统，从而出现了利用微波传送和比较输电线路两端故障电气量的微波保护。利用故障点产生的行波实现无通道快速继电保护的设想和研究，经过20余年的研究，终于诞生了行波保护装置。目前，随着光纤通信在电力系统中的普及，利用光纤通道的继电保护必将得到广泛应用。

由于电力行业的发展，用电设备功率、发电机的容量不断增大，发电厂、变电所和供电网的接线不断变化，电力系统中正常工作电流和短路电流都不断增大，单纯的熔断器保护早已无法满足要求。电力系统的发展对电力系统继电保护不断提出新的要求。电子技术、计算机技术和通信技术的不断进步也为继电保护技术的发展提供了新的可能性，并注入了新的活力。

（二）继电保护装置发展史

1. 机电式继电保护

机电式继电保护装置由具有机械转动部件带动触点开、合的机电式继电器组成。

机电式继电器是基于电磁力或电磁感应作用产生机械动作的原理制作而成，常见的有电磁型和感应型继电器。这种保护装置工作比较可靠且不需外加工作电源，抗干扰性能好，使用了相当长的时间。但这种保护装置体积大、动作速度慢、触点易磨损和粘连，难以满足超高压、大容量电力系统对继电保护快速性和灵敏性等方面的要求。

2. 晶体管式继电保护

20世纪50年代，随着晶体管的发展，出现了晶体管式继电保护。这种保护装置体积小、功率消耗小、动作速度快、无机械转动部分、无触点。20世纪60年代中期到20世纪80年代中期是晶体管继电保护蓬勃发展和广泛采用的时代，满足了当时电力系统向超高压、大容量方向发展的需要。

晶体管式继电保护的核心部分是晶体管电子电路，它主要由晶体三极管、二极管、稳压管和电阻、电容、电感等构成。

晶体管也存在着抗干扰性能差、元件比较容易损坏以及可能因制造工艺不良而引起动作不够可靠等缺点。

3. 集成电路保护

20世纪70年代中期，集成电路技术发展起来，它可将数百或更多的晶体管集成在一个半导体芯片上，因此人们已开始研究基于集成运算放大器的集成电路保护；20世纪80年代末集成电路保护已形成完整系列，逐渐取代晶体管保护；20世纪90年代初集成电路保护的研制、生产、应用仍处于主导地位，这是集成电路保护的时代。集成电路保护提高了晶体管型保护的可靠性，其调试和维护也更加方便

4. 微机保护

计算机技术在 20 世纪 70 年代初期和中期出现了重大突破，大规模集成电路技术的飞速发展，使得微型处理器和微型计算机进入了实用阶段。价格的大幅度下降，可靠性、运算速度的大幅度提高，促使计算机继电保护的研究出现了高潮。在 70 年代后期，出现了比较完善的微机保护样机，并投入到电力系统中试运行。80 年代，微机保护在硬件结构和软件技术方面日趋成熟，并已在一些国家推广应用。90 年代，电力系统继电保护技术发展到了微机保护时代。

微机保护是用微型计算机构成的继电保护，微机保护装置硬件以微处理器（单片机）为核心，还包括输入通道、输出通道、人机接口和通信接口等。

微机保护具有高可靠性、高选择性、高灵敏度的保护性能，无论是从动作速度还是可靠性等方面都远超传统保护。这种保护可用相同的硬件实现不同原理的保护，使制造简化、生产标准化和批量化，可以实现复杂原理的保护。除了实现保护功能外，还兼有故障录波、故障测距和事件顺序记录等功能。随着电力系统的快速发展，继电保护学科也将会不断发展、不断创新、不断前进，确保电力系统的安全稳定运行和国民经济的持续、有效、健康增长。

继电保护是电力学科中最活跃的分支，随着电力系统的快速发展，超大型机组和特高压交流、直流输电线路的出现，对继电保护提出更艰巨的任务，可以预计，继电保护学科必将不断发展从而达到更高的理论和技术高度。

二、电力系统继电保护的分类

继电保护可按以下 4 种方式分类：

（1）按被保护对象分类，有输电线保护和主设备保护（如发电机、变压器、母线、电抗器、电容器等保护）。

（2）按保护功能分类，有短路故障保护和异常运行保护。短路故障保护又可分为主保护、后备保护和辅助保护；异常运行保护又可分为过负荷保护、失磁保护、失步保护、低频保护、非全相运行保护等。

（3）按保护装置进行比较和运算处理的信号量分类，有模拟式保护和数字式保护。一切机电型、整流型、晶体管型和集成电路型（运算放大器）保护装置，它们直接反映输入信号的连续模拟量，均属模拟式保护；采用微处理机和微型计算机的保护装置，它们反应的是将模拟量经采样和模/数转换后的离散数字量，这是数字式保护。

（4）按保护动作原理分类，有过电流保护、低电压保护、过电压保护、功率方向保护、距离保护、差动保护、纵联保护、瓦斯保护等。

【能力训练】（绘制电力系统继电保护发展图）

一、操作条件

（1）资源：收集电力系统继电保护的发展情况的图片、资料。

（2）工具：计算机、手机。

二、安全及注意事项

（1）在收集资料时，注意分辨数据的准确性。

（2）通过互联网、图书馆、数据库等多种方式查找文献。

三、操作过程

（1）分小组进行，各小组选择一名组长，负责任务分工。

（2）使用思维导图软件绘制继电保护的发展历程，每一阶段要求具有典型的案例图片和简洁的文字说明。

（3）最后通过小组提交所完成的思维导图并进行组内自评与组间互评。

四、学习结果评价

填写考核评价表，见表1-2。

表1-2　　　　　　　　　　　　考核评价表

序号	评价内容	评价标准	考核方式	评价结果（是/否）
1	素养	能够总结已学的知识内容，具备较好的归纳能力	师评	□是　□否
		善用网络资源，查找有用信息	师评	□是　□否
		能够遵守课堂纪律，无迟到、无缺旷	师评	□是　□否
		遵守6s管理规定，做好实训的整理归纳	师评	□是　□否
		无危险操作行为	师评	□是　□否
2	知识	能讲解继电保护的发展历程	师评	□是　□否
		能够书面写出继电保护的分类	师评	□是　□否
		熟练表述各种继电保护采用的原理	师评	□是　□否
3	能力	能完成电力系统主要设备的功能分析	师评	□是　□否
		可以用鱼骨图的形式完成发展历程的绘制	师评	□是　□否
		能够分析各种类型继电保护的优缺点	师评	□是　□否
4	总评	是否能够满足下一步内容学习	师评	□是　□否

【课后作业】

1. 从继电保护的发展史，谈与其他学科的相关性。

2. 继电保护的分类有哪些？

【知识拓展】

二 次 回 路 接 线 图

继电保护是二次回路的一部分。所谓二次回路是发电厂、变电站中用于监测的表计、控制操作信号、继电保护和自动装置的全部低压回路的总体，又称二次接线。表明二次回路的图称为二次回路图。二次回路的图纸，是设计、安装、调整、运行、维护、检修二次回路的工程语言。为了绘制二次回路的图纸，必须采用相应的图形符号和文字符号来表示各种电气设备。常用的二次回路图有三种形式，即原理接线图、展开接线图、安装接线图。

1. 原理接线图

原理接线图简称原理图，将继电器及各种电器用直线画出它们之间的相互联系，形象地表明继电保护、信号系统、操作控制等的接线和动作原理。特点是一、二次回路画在一起，对所有设备具有一个完整的概念。阅读这种接线图的顺序是从一次接线看电流的来源，从电流互感器的二次侧看短路电流出现后，能使哪个电流继电器动作，该继电器的触点闭合或断开后，又使哪个继电器启动，这样依次看下去，直至看到使断路器跳闸及发出信号为止。

原理接线图绘出的是二次回路中主要元件的工作概况，对简单的二次回路可以一目了然。但在线路设备比较复杂时，绘图、读图都很麻烦，也不便于施工，所以在实际工作中用的较多的是展开接线图。

2. 展开接线图

展开接线图的特点是将交流回路与直流回路分开表示。

交流回路又分为电流回路与电压回路；直流回路分为直流操作回路与信号回路等。同一仪表或继电器的线圈和触点分别画在不同的电路内。为了避免混淆，对同一元件的线圈和触点，用相同的文字表示。展开接线图由交流回路、直流操作回路和信号回路三部分组成。每一回路的右侧通常有文字说明，以表明回路的作用。

阅读展开接线图的顺序是：先读交流回路后读直回路；然后是直流电流的流通方向，应为从左到右，即从正电源经触点到线圈，再回到负电源，最后是元件的动作顺序，应为从上到下，从左到右。

3. 安装接线图

由于二次设备布置分散，需要用控制电缆把它们互相连接起来，因此单凭原理接线图和展开接线图来安装是有困难的。为此，在二次接线安装时，需绘制安装接线图。安装接线图包括屏面布置图、屏背面接线图和端子排图。屏面布置图表示屏上设备的布置情况，要求按照实际尺寸的一定比例绘制。

屏背面接线图是在屏上配线时必需的图纸，应标明屏上各设备在屏背面引出端子间以及与端子排间的连接情况。

端子排图是表示屏上需要装设的端子排数目、类型、排列次序以及屏上设备与屏顶设备、屏外设备连接情况的图纸。在安装接线图中，各种仪表、电器、继电器及连接导线等，都必须按照它们的实际图形、位置和连接关系绘制。

职业能力三　微机继电保护简介

【核心概念】

早在 20 世纪 60 年代后期，就有人提出了利用计算机构成电力系统继电保护的设想，但是由于当时计算机的质量和可靠性还不能满足要求，且其价格昂贵，因此，这一设想未能付诸实施。70 年代初，计算机首先在电力系统离线计算方面得到应用。此后，在电力系统微机保护方面的理论探索也有了进展，特别是保护算法、数字滤波等方面的研究发展尤为迅速。70 年代中期，大规模集成电路和数字技术的飞速发展，特别是价格便宜的微处理器的出现，给微机在电力系统继电保护上的发展应用提供了有利条件，从而引起了广大继电保护工作者的兴趣和关注，促使微机保护的研究出现了热潮。

【学习目标】

1. 掌握微机继电保护的基本概念。
2. 掌握微机继电保护的运行原理。
3. 掌握微机继电保护的特性。

【基本知识】

一、电力系统微机继电保护应用和发展概况

1975 年年初，英国 GEC 公司应用微处理机用于变电所的控制和自动重合闸上的情况已有报道。1979 年，美国电气和电子工程师学会（IEE）的教育委员会组织了第一次世界性的计算机保护研究班。之后，世界各大继电器制造商都先后推出了各种商业性微机继电保护装置，微机继电保护（简称微机保护）逐渐趋于实用。在电力系统微机保护技术方面，日本、美国、英国、德国发展最快。从 70 年代后期开始，各国都在此方面继续做了很多努力，使电力系统微机保护技术逐渐成熟起来。

20 世纪 80 年代初，我国在微机保护方面开始起步。1984 年年初，华北电力学院杨奇逊教授研制的第一套微机型线路保护样机试运行后通过鉴定。1984 年年底，在华中工学院召开了我国第一次计算机继电保护学术会议，标志着我国微机保护工作进入了重要的发展阶段，后来又有更多的高校和科研机构作了许多探索。目前，微机保护技术已趋于成熟，各种类型的微机保护装置已在全国各大电力网络中投入运行。

二、电力系统微机保护装置的特点

电力系统微机保护装置之所以能被推广和应用，是因为它具有传统继电保护无法比拟的优越性。

1. 性能优

微机具有高速运算、逻辑判断和记忆能力，微机保护是通过软件程序实现的，因而微机保护可以实现很复杂的保护功能，也可以实现许多传统保护模式无法实现的新功能。许多传统保护模式存在的技术问题，在微机保护中可以找到了解决办法。例如，距离保护的阻抗继电器动作特性的复杂形状显示，距离保护中系统振荡和短路的区别，变压器差动保护中励磁涌流和内部故障的鉴别等问题，都有了新的解决方法。

微机保护还具有故障参数追忆、故障测距等功能，可以自动打印记录故障前后各电气参数的数值、波形以及各种保护的动作情况等，供故障分析用。

此外，微机保护的软件不受电源电压波动、周围环境温度变化及元件老化的影响，故微机保护的性能比较稳定。

显然，电力系统微机保护的性能优于传统继电保护。

2. 可靠性高

微机保护具有自诊断能力，能不断地对装置各部位进行自动检测，可以准确地发现装置故障部位，及时报警，以利于处理。

在抗干扰方面，微机保护除在硬件上采取电磁屏蔽、光电隔离、加退耦电容等一系列抗干扰措施外，还采取数据有效性分析、多次重复计算、自动校核等软件措施，使微机保护能自动纠错，即能自动地识别和排除干扰，防止干扰引起微机保护误动作。此外装置还采用多重化措施，进一步提高保护的可靠性。可靠性是继电保护的生命。微机保护采用了许多传统保护无法实现的抗干扰措施，有效地防止了误动和拒动。目前，微机保护的平均无故障时间长达十万小时以上，说明微机保护是十分可靠的。

3. 灵活性强

各种类型的微机保护所使用的硬件和外围设备可通用，不同原理、特性和功能的微机保护主要取决于软件。

微机保护功能通过软件来实现，使其具有极大的灵活性。通常，可以在一套软件程序中设置不同的保护方案，用户根据需要来选择，也可以根据系统实际运行条件或故障情况随机变化，使保护具有自适应能力。例如，当运行方式改变需要改变保护整定值时，只需在存储器中预置几套保护整定值，临时在装置面板上用小开关进行切换即可。当系统发展需要改变保护原理或性能时，则只需将其程序加以修改，置换相应的预编程序的存储器芯片或改写程序存储器（EPROM）中的程序即可，微机保护的灵活性是传统保护不可比拟的。

4. 调试维护工作量小

传统的继电保护装置，如机电型、整流型、晶体管型继电保护装置，调试工作量都很大，尤其是一些复杂保护，例如调试一套高压输电线路保护装置，常需要三周或更长时间。而微机保护几乎不用调试。微机保护装置是由硬件和软件程序两大部分组成，若硬件完好，对于已成熟的软件，只要程序和设计一样，就会达到设计要求。因此，微机保护用不着像传统保护那样，逐台做各种模拟试验来检验保护装置每一种功能是否正常。另外，微机保护具有自诊断能力，能对硬件和软件进行自检，一旦发现异常就会发出报警。通常，只要加电后没有警报信号，就可确认装置完好，因而调试维护工作量很小。

5. 经济性好

经济性包括装置的投资费用和运行维护费用。随着大规模集成电路技术的发展和微机的广泛应用，微机硬件价格不断下降，而传统的继电器价格在同期内却一直上升。目前，我国的微机保护装置价格已和传统保护价格持平或更低，在性能价格比方面更具优势。可以预期，这种发展趋势将会继续下去。

此外，微机是一个可编程的智能装置，可实现多种功能，微机保护的多功能化也提高了其经济性。至于运行维护费用，由于微机保护装置的功耗较传统保护装置功耗小，其运行费用较低。同时，微机保护具有自诊断功能，能及时发现装置故障，使维护工作量大大减少，则可缩短停电时间和节省人力，其经济效益也是可观的。综上所述，微机保护的经济性优于传统保护，特别是从发展的观点来看更是如此。

6. 多功能化和综合应用

微机保护很容易实现保护以外的其他功能。例如，微机保护可以对故障时发生的全部暂态现象进行故障录波和记录，借助几个微机保护装置之间故障后暂态数据的交换，可对事故进行详细分析。微机保护还可根据需要，随机打印出当前各电气量数值，省去了人工记录。微机保护可以扩大数据应用范围，如利用变电所的远动装置，为中心调度所提供功率潮流等运行数据，也可以进一步将保护、控制和监视等功能统一设计、协调配合，实现电力系统监视、控制、保护的综合自动化，进一步实现电力系统计算机网络控制管理。

目前的电力系统微机保护已成为当代继电保护的更新换代产品，正向着智能化、网络化、集成化的趋势发展，展示了其广阔的发展前景。

三、电力系统微机保护的基本组成

电力系统微机保护由软件和硬件两个部分组成。软件是指微机系统执行的软件程序。它用来实现各种输入量的实时采集、运算处理和辑判断功能，控制各硬件电路的有序工作，发出各种保护出口命令。微机保护的硬件系统主要由微处理器（CPU）主机系统、模拟量数据采集系统和开关量输入/输出系统三部分组成。CPU主机系统是保护装置的控制中心，它的作用是由微处理器执行存放在程序存储器（EPROM）中的程序，对由数据采集系统输入至数据存储器区（RAM）中的原始数据进行分析和运算处理，以完成各种保护功能模拟量数据采集系统的作用是将从电力系统中取到的电压、电流等模拟量转换成数字量，送入RAM区中，供CPU主机系统读取运算。开关量输入/输出系统的作用是完成各种保护的出口跳闸、信号警报、外部开关的输入及人机对话等功能。

（一）微机保护的硬件构成

微机保护装置的硬件系统同一般的微机测控系统在基本结构与通道组成上基本相同。一般的微机测控系统的原理如图1-3所示。测量变送器（或转换器）对被控对象进行检测，把被控量转换成标准的模拟量信号，再由模/数（A/D）转换器转变成对应的数字信号反馈到计算机中，计算机将此测量值与给定值进行比较形成偏差输入，并按照一定的控制规律产生相应的数字量控制信号，再由数/模（D/A）转换器转换为模拟量作为其输出信号，以驱动执行器工作。这种按偏差进行控制的闭环反馈控制系统的最终目的是使被控对象的被控量始终跟踪或趋近于给定值，从而实现各种继电保护功能。

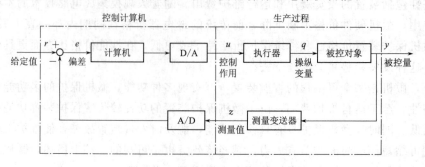

图1-3 微机测控系统的原理图

微机测控系统的监控过程可归结为以下三个步骤：

（1）实时数据采集。对来自测量变送器的被控量的瞬时值进行采集和输入。

（2）实时数据处理。对采集到的被控量进行分析、比较和处理，按一定的控制规律运算，进行控制决策。

（3）实时输出控制。根据控制决策，适时地对执行器发出控制信号，完成监控、保护任务。

上述过程不断重复，使整个系统按照一定的品质指标正常稳定地运行，一旦被控量和设备本身出现异常状态时，计算机能实时监督并做出迅速处理。所谓"实时"是指信号的输入、运算处理和输出能在一定的时间内完成，超过这个时间，就会失去控制时机。"实时"是一个相对概念，如变压器油温的监控，由于时间惯性很大，延时几秒乃至几十秒仍然是"实时"的；而某些设备故障的继电保护的"实时"可能是指几毫秒或更短的时间。

微机测控系统的硬件一般由主机、常规外部设备、过程输入/输出通道、操作台和通信设备等组成，如图1-4所示。

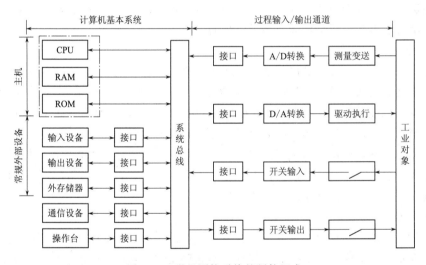

图1-4　微机测控系统的硬件组成

1. 主机

由中央处理器（CPU）、读写存储器（RAM）、只读存储器（ROM）和系统总线构成的主机是控制系统的指挥部。主机根据过程输入通道发送来的反映电力系统工况的各种信息，以及预定的控制算法，做出相应的控制决策，并通过过程输出通道向电力系统发送控制命令。

主机所产生的各种控制是按照人们事先安排好的程序进行的。这里，实现信号输入、运算控制和命令输出等功能的程序已预先存入内存，当系统启动后，CPU就从内存中逐条取出指令并执行，以达到控制目的。

2. 常规外部设备

实现主机和外界交换信息功能的设备称为常规外部设备，简称外设。它由输入设备、输出设备和外存储器等组成。

输入设备包括键盘、光电输入机、扫描仪等，用来输入程序、数据和操作命令。

输出设备包括打印机、绘图机、显示器等，用来把各种信息和数据提供给操作者。

外存储器包括磁盘装置、磁带装置、光驱装置，兼有输入、输出两种功能，用于存储系统程序和数据。

这些常规的外部设备与主机组成的计算机基本系统，即通常所说的普通计算机，是用于一般的科学计算和信息管理的，但是用于工业过程控制，则必须增加过程输入输出通道。

3. 过程输入输出通道

在计算机与生产过程被控对象之间起着信息传递和变换作用的连接装置，称为过程输入通道和过程输出通道，统称为过程通道。

过程输入通道又分为模拟量输入通道和数字量输入通道。模拟量输入通道，简称 AD 或 AI 通道，是用来把模拟量输入信号转变为数字信号的；数字量输入通道，简称 D 通道，是用来输入开关量信号或数字量信号的。

过程输出通道又分为模拟量输出通道和数字量输出通道。模拟量输出通道，简称 DA 或 AO 通道，是用来把数字信号转换成模拟信号后再输出的；数字量输出通道，简称 DO 通道，是用来输出开关量信号或数字量信号的。

4. 操作台

操作台是操作员与计算机控制系统之间进行联系的纽带，可以完成输入程序、修改数据、显示参数以及发出各种操作命令等功能。普通操作台一般由阴极射线管显示器（CRT）、发光二极管显示器（LED）、液晶显示器（LCD）、键盘、开关和指示灯等各个物理分类器件组成；高级操作台也可由彩色液晶触摸屏构成。

操作员分为系统操作员与生产操作员两种。系统操作员负责建立和修改控制系统，如编制程序和系统组态，生产操作员负责与生产过程运行有关的操作。为了安全和方便，系统操作员和生产操作员的操作设备一般是分开的。

5. 通信设备

现代化电力系统的规模比较大，其控制与管理也很复杂，往往需要几台或几十台计算机才能分级完成。这样，在不同地理位置、不同功能的计算机之间就需要通过通信设备连接成网络，以进行信息交换。

（二）微机保护软件系统

微机保护的软件分为接口软件和保护软件两大部分。

1. 接口软件

接口软件是指人机接口部分的软件，其程序包括监控程序和运行程序。执行哪一部分程序由接口面板的工作方式或显示器上显示的菜单选择来决定。调试方式下执行监控程序，运行方式下执行运行程序。

监控程序主要就是键盘命令处理程序，是为接口插件（或电路）及各 CPU 保护插件（或采样电路）进行调试和整定而设置的程序。

接口的运行程序由主程序和定时中断服务程序构成。主程序主要完成巡检（各 CPU 保护插件）、键盘扫描和处理及故障信息排列和打印。定时中断服务程序包括：以硬件时钟控制并同步各 CPU 插件的软件时钟程序；检测各 CPU 插件启动元件是否动作的检测启动程序。所谓软件时钟就是每经 1.6ms 产生一次定时中断，在中断服务程序计数器加1，当软计数器加到 600 时，秒计数器加 1。

2. 保护软件

如图 1-5 所示，各保护插件的保护软件配置为主程序和两个中断服务程序。主程序通常都有初始化和自检循环模块、保护逻辑判断模块和跳闸（及后加速）处理模块三个基本模块。通常把保护逻辑判断模块和跳闸（及后加速）处理模块总称为故障处理模块。

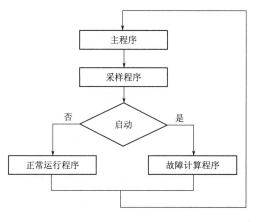

图 1-5　微机保护程序框图

中断服务程序有定时采样中断服务程序和串行口通信中断服务程序。不同的保护装置，采样算法不相同，例如采样算法上有些不同或者保护有些特殊要求，使采样中断服务程序部分也不尽相同。不同保护的通信规约不同，也会造成程序的很大差异。

【能力训练】（以浙江松菱电气 BT303 为例继电保护装置面板为例，熟悉继电保护测试仪面板操作）

一、操作条件

设备：微机型继电保护装置。

二、安全及注意事项

（1）工作小心，加强监护，防止误整定、误修改。

（2）默认保护装置所在一次设备带电状态。

（3）对所使用的工具要及时规整复位，并对场地进行 6s 工作。

三、操作过程

1. 装置硬件组成

（1）控制数字信号处理器微机。本装置采用高速、高性能数字控制处理器作为控制微机，软件上应用双精度算法产生各相任意的高精度波形。由于采用一体结构，各部分结合紧密，数据传输距离短，结构紧凑。克服了笔记本电脑直接控制式测控仪中因数据通信线路长、频带窄导致的输出波形点数少的问题。

（2）D/A 转换和低通滤波。采用高速高位 D/A 转换器，保证了全范围内电流、电压的精度和线性。由于 D/A 分辨率高和拟合密度高，波形失真小，谐波分量小，对低通滤波器的要求很低，从而具有很好的暂态特性、相频特性、幅频特性，易于实现精确移相、谐波叠加，高频率时亦可保证高的精度。

（3）电压、电流放大器。各相电流、电压不采用升流、升压器，而采用直接输出方式，使电流源、电压源可直接输出从直流到含各种频率成分的波形，如方波、各次谐波叠加的组合波形，故障暂态波形等，可以较好地模拟各种短路故障时的电流、电压特征。

功放电路采用进口大功率高保真模块式功率器件作功率输出级，结合精心设计的散热结构，具有足够大的功率冗余和热容量。功放电路具有完备的过热、过流、过压及短路保护。当电流回路出现过流，电压回路出现过载或短路时，自动限制输出功率，关断整个功放电路，并给出警告信号显示。为防止大电流状态下长期工作引起功放电路过热，装置设置了大电流软件限时。10A 及以下电流输出时装置可长期工作，当电流超过 10A 时，软件限时启动，限时时间到，软件自动关闭功率输出并给出警告指示。输出电流越大，限时越短。

（4）开入、开出量。开关量输入电路可兼容空接点和 0～250V 电位接点。电位方式时，0～6V 为合，11～250V 为分。开关量可以方便地对各相开关触头的动作时间和动作时间差进行测量。

开入部分与主机工作电源、功放电源等均隔离。开入地为悬浮地，所以，开入部分公共端与电流、电压部分公共端 UN、IN 等均不相通。

开关量电位输入有方向性，应将公共端接电位正端，开入端接电位负端，保证公共端子电位高于开入端子。现场接线时，应将开入公共端接＋KM，接点负端接开入端子。如果接反，则将无法正确检测。

开出部分为继电器空接点输出。输出容量为 DC 220V/0.2A，AC 220V/0.5A。开关量输出与电压、电流、开入等各部分均完全隔离。各个开出量的动作过程在各个测试模块中各有不同，详细内容可参看各模块软件操作说明。

图 1-6、图 1-7 是两种常见的开出量接线示意图。

图 1-6　电位接点时接线图　　　　　　图 1-7　空接点时接线图

（5）液晶显示及旋转鼠标操作。本装置采用 320×240 点阵高分辨率蓝色背光液晶显示屏作显示器。试验的全过程及试验结果均在显示屏上显示，全套汉字化操作界面，清晰美观。操作控制由旋转鼠标和两个按键进行，全部数据及试验过程均由旋转鼠标在显示屏上设定。操作简单方便，极易掌握。

（6）专用直流电源输出。本装置在机箱底板上装设有一路专用可切换直流电源输出，分 110V 及 220V 两挡，可作为现场试验辅助电源。该电源额定工作电流 1.5A，可作为保护装置的直流工作电源，也可作为跳合闸回路电源。该电源如过载或短路，将烧坏相应保险（2A/250V），此时更换此保险管即可。

2. 装置面板与底板说明

装置面板与底板如图 1-8 所示。

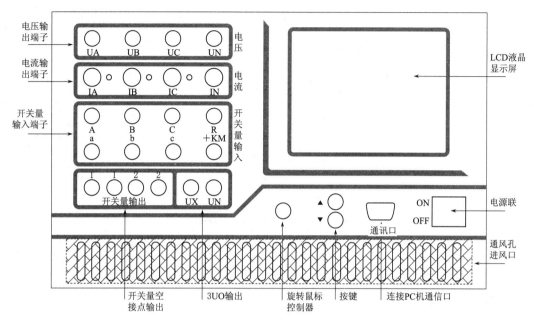

图 1-8　装置面板与底板

说明：

（1）LCD 液晶显示屏，320×240 点阵。

（2）旋转鼠标控制器，试验时需设定的所有数据及过程控制均由其完成。

（3）"▲""▼"按键，试验状态时，每按一次，各可变量按其所设定的步长加、减 1 个步长量；在设置数据时，每按一次，所修改的数加、减 10。

（4）IA、IB、IC、IN 为电流输出端子，各电流端子（IA、IB、IC）右侧的小信号灯指示该路电流输出是否存在波形畸变或负载开路。

（5）开关量输入端子，空接点和 0～250V 电位兼容输入，共 7 路，正端为公共端。

（6）开关量空接点输出，2 路。空接点容量 DC：220V/0.2A；AC 220V/0.5A。

（7）3U0 输出，UX 为多功能电压项，可设为 4 种 3U0 或检同期电压，或任意某一电压值的情况输出。

3. BT303 装置底板介绍

BT303 装置在机箱底板上装设有一路可切换直流电源输出，分 110V 及 220V 两挡，可作为现场试验辅助电源。该电源输出电流最大可达 1.5A。底板上另装设有一个散热风扇、电源线、接地端子和三个保险。三个保险中一个是总电源保险（10A/250V），两个是电压回路保险（2A/250V）等。

四、学习结果评价

填写考核评价表，见表 1-3。

表 1 - 3　　　　　　　　　　　考 核 评 价 表

序号	评价内容	评价标准	考核方式	评价结果（是/否）
1	素养	具有良好的合作意识，任务分工明确	师评	□是　□否
		能够精益求精，完成任务严谨认真	师评	□是　□否
		能够遵守课堂纪律，课堂积极发言	师评	□是　□否
		遵守 6s 管理规定，做好实训室的整理归纳	师评	□是　□否
		无危险操作行为，能够规范操作	师评	□是　□否
2	知识	能讲解微机继电保的原理和特点	师评	□是　□否
		能够口述微机继电保护的结构组成	师评	□是　□否
		能够熟练掌握微机继电保护的逻辑控制图	师评	□是　□否
3	能力	能使用松菱电气 BT303 系列的继电保护测试仪	师评	□是　□否
		能操作微机继电保护测试软件	师评	□是　□否
		可以在系统中完成搭建简单的电流保护参赛设置	师评	□是　□否
		可以完成微机保护的结构框图搭建	师评	□是　□否
4	总评	是否能够满足下一步内容学习	师评	□是　□否

【课后作业】

1. 什么是微机保护？
2. 传统继电保护构成的特点是什么？
3. 微机保护的构成特点有哪些？
4. 微机保护的使用特点有哪些？

本 章 小 结

继电保护技术的发展先后经历了机电型、晶体管型、集成电路型和微机型，从初期的机电型发展到今天的微机型，已经历了四代的更新。常用的二次回路图有三种形式：原理接线图、展开接线图、安装接线图。继电保护装置的功能，就是将检测到的电气量与整定值或设定的边界进行比较，在越过整定值或边界时动作。

为了能正确无误而又迅速地切除故障，要求继电保护具有足够的选择性、快速性、灵敏性和可靠性。继电保护的基本原理是利用被保护线路或设备故障前后某些突变的物理量为信息量，无论是反映哪种物理量而构成的保护装置，当其测量值达到一定数值（即整定值）时，启动逻辑控制环节，发出相应的跳闸脉冲或信号继电保护的种类虽然很多，但就其基本组成而言，整套继电保护装置是由测量部分、逻辑部分和执行部分三部分组成。

电 力 小 课 堂

中 国 电 力 发 展 简 史

（1）1878 年（清光绪四年），当时在上海的英国殖民主义者为了欢迎美国总统格兰脱路过上海，特地运来了一台小型引擎发电机，从 8 月 17—18 日在上海外滩使用了两个晚上，在中华大地上点亮了第一盏电灯。

（2）1879 年 4 月，上海公共租界工部局工程师毕晓甫在虹口乍浦路一家外商仓库里，将 1 台 10 马力蒸汽机带动的直流发电机运转成功，这是中国最早的持续发电记录。

（3）1882 年，上海电气公司在上海公共租界沿外滩到招商局码头，架设起一条直流线路，串接 15 盏弧光灯为路灯，这既是中国有电的标志，也是中国第一个小电网诞生的标志。

（4）1897 年，上海道台蔡钧觉得租界内的外国人都用上电，上海华人区却没有电厂用以供电，特申请建造电厂以庆贺慈禧太后生辰。慈禧太后同意后，他立刻拨银 4000 两，由南市马路工程善后局负责搭建厂房，另从英商沪北怡和洋行租来一套发电机，一家小型发电厂就这样因陋就简地完成组建，取名南市电灯厂，成为首家中国发电厂。

（5）1899 年建中国第一条有轨电车线路（北京马家堡到哈德门）及配套的发电厂，这是中国建造的第一座规模发电厂。

（6）1912 年 5 月 28 日发电的云南石龙坝水电站，位于云南省昆明市西山区海口螳螂川上游。最初装机容量为 480kW，历经百年，依旧正常运行，曾被认为是中国第一座水电站。实际上，中国的第一座水电站是日本占领台湾地区时期于 1905 年在台北附近新店溪支流上兴建的龟山水电站，装机容量 600kW。

（7）1920 年，民国政府在南京建立首都电厂，位于南京市鼓楼区江边路 1 号。是中国第一家官办公用电气事业，在 2018 年 1 月 27 日，入选中国工业遗产保护名录（第一批）名单。

（8）1949 年以后，我国在苏联的帮助和自力更生下，陆续建立了很多电厂，使大部分人民用上了电，到了 21 世纪全国通电率已达到 99.99%。

（9）1991 年 12 月 15 日，秦山核电站成功并网发电。中国大陆结束了无核电的历史，实现了"零的突破"。这也是中国和平利用核能的重大突破，中国由此成为世界上第七个能够自行设计、建造核电站的国家。

（10）2006 年 11 月 28 日，首台 1000MW 超临界机组在华能玉环电厂并网运行。

（11）2009 年 1 月 20 日在经过一系列的指标考验和试运行后，中国第一条特高压输电线路——山西晋东南至湖北荆门 1000kV 特高压交流输电线路正式投入运行。

（12）2009 年 12 月 28 日，云南至广州 ±800kV 特高压直流输电工程成功实现单极投运，是世界第一个特高压直流输电工程。

（13）2013 年 1 月，特高压交流输电技术、成套设备及工程应用荣获"国家科技进步奖特等奖"，中国拥有完全自主知识产权，同时也是世界上唯一掌握这项技术的国家。国际电工委员会认为，中国建成世界上电压等级最高、输电能力最强的交流输电工程，是电力工业发展史上的一个重要里程碑，中国在世界特高压输电领域的引领地位从此确立。

以史为鉴，可以知兴替。中国工业史是近现代中国历史的写照，而中国电力工业史是中国工业史的重要组成部分，也反映出中国人民百年奋斗史。

工作任务二　继电保护的硬件构成

职业能力一　继电器的类别与特性试验

【核心概念】

各种继电保护装置原理和算法的实现都建立在硬件系统之上。继电保护最早的硬件称为继电器（relay），是一种能反映一个弱信号的变化而突然动作，从而闭合或断开其接点，以控制个较大功率的电路或设备的器件，故又称为替续器或电驿器。继电保护也因此而得名，意指用继电器实现的电力系统的保护。

【学习目标】

1. 掌握继电保护常用继电器的类型。
2. 掌握各类继电器的工作原理与特性。
3. 掌握继电器参数的测试方法。

【基本知识】

继电器按其输入信号性质的不同分为非电量继电器和电量继电器（或电气继电器）两类。非电量继电器包括压力继电器、温度继电器、气体继电器、液面降低继电器、位置继电器以及声继电器、光继电器等。非电量继电器用于各个工业领域，在电力系统中也有应用。

表 2 - 1　　　　　　　　　常用保护继电器型号中字母的含义

第 一 个 字 母	第 二、三 个 字 母	
D—电磁性	L—电流继电器	Z—阻抗继电器
L—整流型	Y—电压继电器	FY—负阻抗继电器
B—半导体型	G—功率方向继电器	CD—差动继电器
J—极化型或晶体管型	X—信号继电器	ZB—中间继电器

继电器的图形符号见表 2 - 2，旧的图形继电器常用一个方块上面配一个半圆来表示，新颁布的 GB 4728—2000《电气图用图形符号》系列标准中，对继电器有了新的规定，即取消了半圆，并根据 GB 7159—1987《电气技术中的文字符号制定通则》对继电器的文字符号也做出了新的规范要求。新标准的继电器文字符号均以"K"开头，后面的字母为该种继电器用途的英文词汇的首字母。

电磁型继电器是一种机电产品，是保护装置中的基本元件。它将电流或电压经电磁系统变成电磁力矩，然后与给定的弹簧反作用力矩进行比较，带动衔铁或舌片转动，使继电器触点接通或分开，实现逻辑测量。电磁型继电器的结构形式主要有三种：螺管线圈式、吸引衔铁式及转动舌片式，如图2-1所示。

表2-2 继电器的新旧图形符号

序号	1	2	3	4	5	6	7	8	9
旧符号			LJ	YJ	SJ	ZJ	XJ	CJ	WSJ
新符号	*		KA	KV	KV	KM	KS	KD	KG

注 1—继电器；2—继电器的触点和线圈引出线；3—电流继电器；4—电压继电器；5—时间继电器；6—中间继电器；7—信号继电器；8—差动继电器；9—气体继电器。

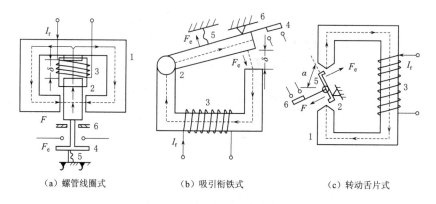

（a）螺管线圈式　　　　（b）吸引衔铁式　　　　（c）转动舌片式

图2-1 电磁型继电器的基本结构形式

1—电磁铁；2—可动衔铁；3—线圈；4—止挡；5—反作用弹簧；6—接点

1. 电磁型电流继电器和电压继电器

电磁型电流继电器和电压继电器在继电保护装置中均为启动元件，属于测量继电器。

（1）电流继电器的作用是测量电流的大小。电流继电器的结构和图形符号如图2-2所示。

在线圈未通电流时Z型舌片（衔铁）受同轴的螺旋弹簧的作用，保持在未吸起的状态，继电器未动作。线圈通入电流时，铁芯中产生磁通经气隙和舌片形成通路，于是舌片承受一定电磁力。电流足够大时，产生的电磁力矩M足以克服螺旋弹簧力矩M和摩擦力矩M，舌片将顺时针转动，带动同轴的动触头和固定的静触头接通，继电器已经动作。舌片一旦转动起来气隙就将减小，磁阻也将变小，电磁力矩变大，使动作力矩大于制动力矩，舌片很快地转到触点接通位置。

可以通过改变螺旋弹簧力矩M，来平滑地调节动作电流的大小，螺旋弹簧盘得越紧，动作电流就越大。也可以通过改变线圈的匝数来调节动作电流的大小。在实际的继电器当

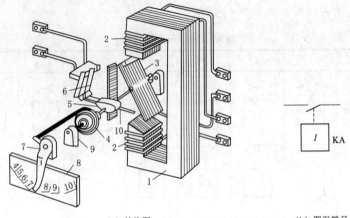

（a）结构图　　　　　　　　　　（b）图形符号

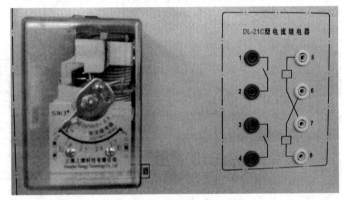

（c）实物外形与接口

图 2-2　电流继电器结构图、符号、实物外形与接口

1—电磁铁；2—线圈；3—Z形舌片；4—螺旋弹簧；5—动触点；6—静触点；

7—整定值调整把手；8—刻度盘；9—轴承；10—止挡

中，可以将线圈平均分成两段，使其串联或并联。并联时线圈的匝数为总匝数的二分之一，动作电流是线圈串联时的2倍。调节舌片的起始位置（动静触点的距离）即可改变线圈电阻的大小，从而也可以改变动作电流的大小。

继电器调整好以后，一定的动作电流对应一定的返回电流。继电器返回电流与动作电流的比值为返回系数 K_{re}，其计算公式为

$$K_{re} = \frac{I_{rer}}{I_{opr}}$$

为了保证继电保护可靠动作，其动作特性要有明确的"继电特性"。对于反应过量的继电器，如过流继电器，流过正常状态下的电流时是不动作的，其接点处于打开状态，以电平值 L 表示；只有其流过的电流等于整定的继电器 K 的动作电流时开始动作，如果电流大于其动作电流 I_{opr} 时，继电器可迅速、可靠动作，闭合接点，以电平值 H 表示。在继电器动作后，只有当电流减小到小于返回电流 I_{rer} 以后，继电器能立即可靠返回到原始

位置，接点可靠打开。继电器的触发特性曲线（继电特性）如图 2-3 所示。

由于在行程末端存在剩余转矩即摩擦转矩，电磁型过电流继电器（以及一切反应于过量动作的继电器）的返回系数都小于 1。在实际应用中，常常要求过电流继电器有较高的返回系数，如 0.85～0.9，为此应采用坚硬的轴承以减小摩擦转矩，减小转动部分的重量，改善磁路系统的结构以适当减小剩余转矩等方法来提高返回系数。

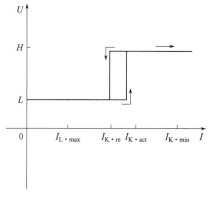

图 2-3　继电器的触发特性
曲线（继电特性）

（2）电磁型电压继电器结构与图 2-2 所示的电流继电器结构基本相同。它也是采用转动舌片的磁结构系统，其电磁力矩的表达式为

$$M_0 = KU$$

式中：U 为加在继电器线圈上的电压。

因为继电器的动作取决于电压的大小，故称电压继电器。

电压继电器虽然与电流继电器的结构原理相同，但是工作条件却有明显的区别，主要是电压继电器一般接在电压互感器的二次侧（额定电压 100V），与电流继电器相比电压较高，因此要求继电器线圈的阻抗大，这样电压继电器的线圈匝数比较多，导线细。为了改善触头的接触情况和返回系数，部分线圈用电阻率较高、温度系数小的康铜丝绕制。

电压继电器分为低电压继电器和过电压继电器两种类型。低压继电器是指加入其线圈的电压低时，其触点动作。而过压继电器则相反。在继电保护装置中，低压继电器应用比较多。两种电压继电器的返回系数都等于返回电压与动作电压的比值，即

$$K_{re} = \frac{U_{rer}}{U_{opr}}$$

过压继电器的动作与返回的概念与电流继电器一样，其返回系数小于 1，低压继电器的动作与返回概念与过电压继电器相反。加入继电器的电压为正常电压时，继电器的舌片处于吸起状态，当加入的电压下降到一定数值时，舌片释放，其常闭触点闭合，这个过程称为继电器动作，能使继电器舌片释放的最高电压称为继电器的动作电压 U_{opr}。当电压上升到一定数值时，舌片吸起，其常闭触点断开，这个过程称为继电器返回，能使继电器舌片吸起返回的最小电压称为继电器的返回电压 U_{rer}。由于 $U_{rer} > U_{opr}$，所以低压继电器的返回系数 $K_{rl} > 1$，一般要求返回系数不大于 1.25。

电磁型电压继电器的线圈分成两部分，当这两部分线圈由并联改为串联时，其动作电压增大 2 倍。

与电流继电器一样，电压继电器也是通过改变调整把手位置来平滑地改变继电器的动作值。电压继电器返回系数的调整原则上和电流继电器一样。

继电器的定值调整通常有两种方式：①调整整定把手，改变弹簧力矩；②改变内部线圈的串并联方式。如图 2-4 所示，电流继电器线圈并联时的动作电流是线圈串联的 2 倍。

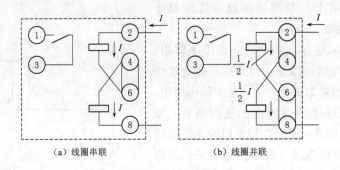

(a) 线圈串联   (b) 线圈并联

图 2-4 电磁性继电器内部接线图

2. 中间继电器

中间继电器是一种广泛使用的辅助继电器。为了保证电流、电压继电器有较高的返回系数，电流继电器、电压继电器触点系统都比较轻巧，如果要求电流继电器、电压继电器同时闭合、断开几个回路，或者要求控制较大的电流电路通断时，触点系统就不能胜任工作。因此要采用中间继电器来过渡，即电流继电器、电压继电器的触点先接通中间继电器的线圈，然后由中间继电器的触点去控制多回路或大电流电路的通断。所以说中间继电器是用来增加触点数目和扩大触点容量的。

中间继电器一般按电磁式原理构成。其结构如图 2-5 所示，现以 DZ 型中间继电器为例来说明其工作原理。

当线圈加上工作电压后，电磁铁就产生电磁吸力，将衔铁吸合带动动触点动作，使其中常开触点闭合、常闭触点断开。当外加电压消失后，衔铁受弹簧的拉力返回至原来位置。

中间继电器按操作电源的不同分为直流中间继电器和交流中间继电器。按照动作快慢的不同分为快速型继电器（动作时间不超过 0.01～0.02s）和带延时的中间继电器。

使继电器延时动作或延时返回的方法较多。比如铁芯上套有铜制短路环，当断开或接通继电器线圈时，短路环中感应出电流，此电流产生的磁通会阻碍铁芯中磁通的变化，从而使继电器的动作或返回带有延时。当短路环靠近端部时，延时的动作时间最长。靠近根部时，返回的动作时间最长。也可以采用在继电器的线圈上并联电容的方法，使继电器具有延时动作的功能。

有些中间继电器具有两种线圈：电压线圈和电流线圈（比如 DZB 型中间继电器），一个线圈称为工作线圈，另一个线圈称为自保持线圈。

中间继电器的检验要求除了清洁灰尘、检查触点有无烧伤、导线压接良好外，还要求线圈直流电阻的实测值不应超过规定值的 10%，动作电压不应大于额定电压的 70%，动作电流不大于额定电流。出口中间继电器的动作电压应为额定值的 50%～70%。返回电压不应小于其额定电压的 5%。具有自保持线圈的继电器，保持电压不应大于其额定值的 65%，保持电流不应大于其额定值的 80%。

中间继电器用途广，类型多，常用的包括：一般电磁式中间继电器；交流电磁式中间

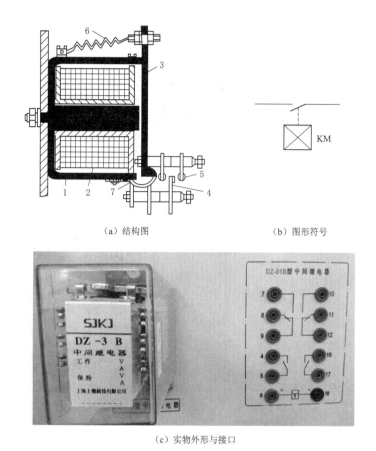

（a）结构图　　　　　　　　　　（b）图形符号

（c）实物外形与接口

图 2-5　电磁性中间继电器结构、图形符号、实物外形与接口

1—电磁铁；2—线圈；3—活动衔铁；4—静触点；5—动触点；6—弹簧；7—衔铁行程限制

继电器；动作带延时的电磁型中间继电器；带自保持线圈的电磁型中间继电器（DZB）；快速动作并带自保持线圈的电磁型中间继电器。

3．电磁式时间继电器

时间继电器的作用是为继电保护装置建立必要的动作延时，以保证继电保护动作的选择性和某种正确的逻辑关系。时间继电器的操作电源一般多为直流电源，所以多为直流时间继电器。对时间继电器的要求包括：①带电能准确地延时动作；②失电能可靠地瞬时返回。

电磁式时间继电器的结构及图形符号如图 2-6 所示。它主要由电磁部分、钟表机构和触点组成。

在继电器线圈通电时，衔铁被瞬时吸入电磁线圈中，时钟部分开始计时，动触点以恒定的速度转动，经一定的时间后与动触点接触，动作结束。改变静触点的位置，也就是改变了动触点的行程，即可调整时间继电器的动作时间。当线圈上的外加电压消失后，时钟机构在返回弹簧的作用下返回。

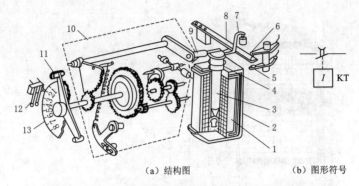

(a) 结构图　　　　　　　(b) 图形符号

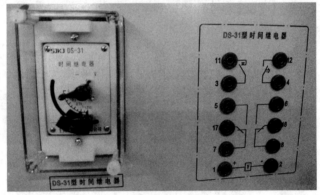

(c) 实物外形与接口

图 2-6　时间继电器结构图、图形符号、实物外形与接口

1—线圈；2—电磁铁；3—衔铁；4—返回弹簧；5、6—固定瞬时动断、动合触点；7—扎头；
8—可瞬动触点；9—曲柄杠杆；10—时钟机构；11、12—动静触点；13—刻度盘

　　为了缩小时间继电器的尺寸，时间继电器线圈是按短时通电设计的，因此，当需要较长时限（大于 30s）加入电压时，必须在其线圈回路中串入一个附加电阻，在时间继电器没有加入电压时，附加电阻被时间继电器常闭触点短接，动作电压加入继电器线圈的最初瞬间，全部直流电压加在继电器的线圈上，一旦继电器动作后，其常闭触点断开，附加电阻串入继电器线圈回路，限制了流过线圈的电流。

　　4. 信号继电器

　　信号继电器在保护装置中用来作为保护装置整组或个别部分动作后的信号指示，并可以保持指示状态，以便进行事故分析和处理。

　　供电系统常用的 DX-11 型信号继电器有电流型和电压型两种：电流型（串联型）信号继电器的线圈为电流线圈，其阻抗小，串联在二次回路内不影响其他二次元件的动作；电压型信号继电器的线圈为电压线圈，阻抗大，须并联使用，其结构如图 2-7 所示。

　　在正常情况下，继电器线圈中没有电流通过，衔铁被弹簧拉住，信号牌由衔铁的边缘支持着保持在水平位置上，当信号继电器线圈中流过电流时，电磁力吸引衔铁释放

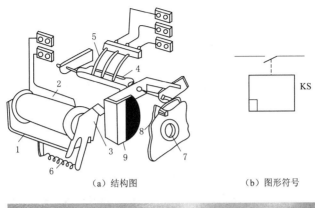

（a）结构图　　　　　　　　　（b）图形符号

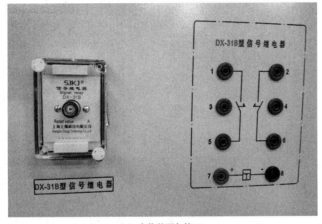

（c）实物外形与接口

图 2-7　DX-11 型信号继电器结构图、图形符号、实物外形与接口

1—电磁铁；2—线圈；3—衔铁；4—动触点；5—静触点；6—弹簧；

7—信号牌显示窗口；8—复归旋钮；9—信号牌

信号牌，信号牌因本身的重量下落在垂直位置上，实现机械自保持。透过继电器正面的玻璃孔可以看见带颜色的信号牌。信号牌下落时，与信号牌相连的轴同时转动 90°，固定在这根轴上的动触点与静触点接通，可以用它来接通光字牌或音响信号回路。复归时用手转动复归把手，由其再次把信号牌抬起让衔铁支持住，并保持在这个位置上准备下次动作。

【能力训练】

一、操作条件

1. 设备：继电保护实训屏、BT303 继电保护测试装置。

2. 工具：螺丝刀、微机型继电保护装置。

二、安全及注意事项

1. 工作小心，加强监护，防止误整定、误修改。

2. 默认保护装置所在一次设备处于带电状态。

3. 对所使用的工具要及时规整复位，并对场地进行 6s 工作。

三、操作过程

试验一：电流继电器整定点动作值、返回值及返回系数测试

1. 测试方法

熟悉实训设备外形与功能。SLJBX - 1B 型继电保护实验实训屏与 BT303 继电保护试验仪如图 2-8 所示。

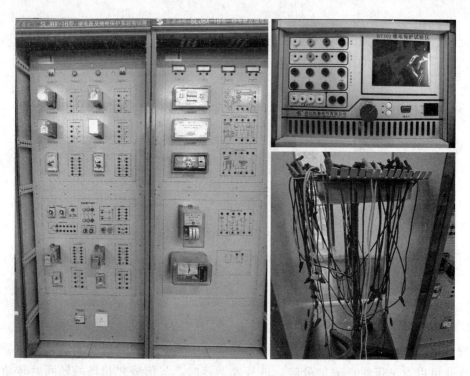

图 2-8 SLJBX - 1B 型继电保护实验实训屏与 BT303 继电保护试验仪

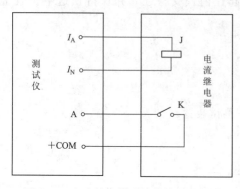

图 2-9 电流继电器试验接线原理简图

设置电流继电器整定螺钉指向 1.5 刻度，线圈串联接线，电流继电器整定动作值为 1.5A（当线圈并联接线时，继电器整定动作值为 1.5A×2＝3A）。

电流继电器动作电流的测试。将微机继电保护测试仪面板的 I_A 及 I_N 分别接至待测试继电器的动作线圈两端，继电器动作接点接至测试仪开关量输入的 A 端及 ＋COM 端。电流继电器试验接线原理简图如图 2-9 所示。A 相电流自 0.5A 开始增加，增加步长设为 0.1A，试验方式设为自动试验，移动光标到"确定"并按一下，再检查所设置参数及接线，如无误可将光标移至"开始"并按一下，此时测试仪 A 相输出到继电器的电流即为 0.5A，并按 0.1A/0.3s 的速度增加。由显示屏上可看到电流的有效值及继电器接点状态，接点动作后，测试仪输出即保持为动作时数值不变，显示出动作时间及动作时各输出量的有效值及相位，从左至右依次为 U_A、U_B、U_C、I_A、I_B、I_C，第一行为有效值，第二行为相位。将测试结果记入表 2-3。注意此时装置的动作时间为实训电流加入继电器动作的总时间，并不是继电器的动作时间。

电流继电器动作时间的测试。实训接线同上不变，设置 A 相电流为 1.65A（1.11N），取消步长设置，试验方式设为自动试验，移动光标到"确定"并按一下，再检查所设置参数及接线，如无误可将光标移至"开始"并按一下，此时测试仪输出为 1.1 倍整定电流，电流继电器可靠动作，此时测试仪记录的动作时间即为继电器动作时间，将测试结果记入表 2-3。

电流继电器返回电流的测试。实训接线同上不变，A 相电流自 1.65A 开始递减，设置步长设为 -0.1A，试验方式设为手动试验，移动光标到"确定"并按一下，再检查所设置参数及接线，如无误可将光标移至"开始"并按一下，此时测试仪 A 相输出到继电器的电流为 1.65A，继电器可靠动作，并输出动作电流与动作时间。向右旋转鼠标（或按下"▲"），使测试仪电流输出逐渐减小，当测试仪显示出返回时间及返回值（第三行为有效值，第四行为相位）时停止。将测试结果记入表 2-3，同理该返回时间并非继电器真正的返回时间。

电流继电器返回时间的测试。实训接线同上不变，设置 A 相电流为 1.65A（1.11N），设置 A 相电流自 1.65A 开始递减，设置步长设为 -1.65A，试验方式设为手动试验，移动光标到"确定"并按一下，再检查所设置参数及接线，如无误可将光标移至"开始"并按一下，此时测试仪输出为 1.1 倍整定电流，电流继电器可靠动作，向右旋转鼠标（或按一下"▲"），使测试仪电流输出电流为 0A，测试仪显示出返回时间及返回值（第三行为有效值，第四行为相位）。此时测试仪记录的返回时间即为继电器返回时间，将测试结果记入表 2-3。

2. 测试记录（可多次测试取平均值）

继电器的返回系数是返回电流与动作电流的比值。将测试结果记录于表 2-3 中。

表 2-3 测 试 结 果 记 录 表

DL-21C型电流继电器测试					
序号	整定值/A	动作电流/A	动作时间/s	返回电流/A	返回时间/s	返回系数
1						
2						
3						

3. 电流继电器的调整

返回系数调整。影响返回系数的因素较多，如轴尖的光洁度、轴承清洁情况、静触点位置等。影响较为显著的是舌片端部与磁极间的间隙和舌片的位置。改变舌片起始角可改变动作电流，改变终止角可改变返回电流；变更舌片两端的弯曲程度以改变与磁极间的距离，也能达到调整返回系数的目的；适当调整触点压力也能改变返回系数。

动作电流调整。调整弹簧反作用力；改变绕组连接方式；改变舌片位置。继电器在最小刻度值附近时，主要调整弹簧，以改变动作值；在刻度值最大附近时，主要调整舌片起始位置。

DL-21C 型电流继电器，仅有一副常开触点，面板①、②号端子作为触点引出端子；③、④号端子为备用端子。

试验二：电压继电器整定点动作值、返回值及返回系数测试

1. 测试方法

电压继电器整定螺钉指向 12 刻度，线圈并联接线，电压继电器整定动作值 12V（当线圈串联接线时，继电器整定动作值为 24V）。

电压继电器特性试验测试方法与电流继电器基本相同。测试返回电压与返回时间时，测试仪输出 1.1 倍 UN。

2. 测试记录（可多次测试取平均值）

将测试数据记入表 2-4。

表 2-4　　　　　　　　　测 试 结 果 记 录 表

DY-28C 型电压继电器测试					
序号	整定值/V	动作电流/V	动作时间/s	返回电流/A	返回时间/s	返回系数
1						
2						
3						

3. 电压继电器的调整

电压继电器的调整方法同电流继电器。

试验三：时间继电器测试报告

1. 测试方法

时间继电器动作电压、返回电压的测定。按图 2-10 接线，接线完毕后首先进行自检，然后请指导教师检查，确定无误后，开启继电保护试验仪电源进行调试。设置 U_A 为 0V，步长为 1V，步长有效标记。设置 U_B 为 -110V，试验方式选择自动。选择确定并单击开始，此时测试仪 U_A 电压以 1V 为单位递增，当时间继电器动作时，将动作电压记录在表 2-5 中。单击试验仪 "▼"，U_A 值以 1V 为单位递减，当时间继电器触点返回时，将时间继电器返回电压记录在表 2-5 中。

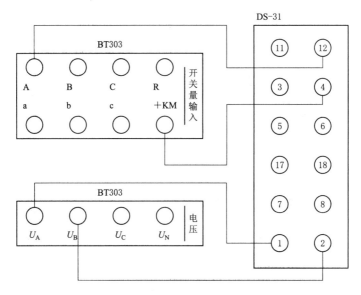

图 2-10 时间继电器试验接线原理简图

2. 测试记录

表 2-5 测 试 结 果 记 录 表

序号	整定时间/s	动作时间/s	动作电压/V	返回电压/V
1				
2				
3				

实验四：中间继电器测试报告

1. DZ-31B型中间继电器动作电压与返回电压的测试

按图 2-6 接线，接线完毕后首先进行自检，然后请指导教师检查，确定无误后，开启继电保护试验仪电源进行调试。设置 U_A 为 0V，步长为 1V，步长有效标记；设置 U_B 为 -110V，试验方式选择自动，选择确定并单击开始，此时测试仪 U_A 电压以 1V 为单位递增，当中间继电器 DZ-31B 动作时，将动作电压记录在表 3-1 中。单击试验仪 "▼"，U_A 值以 1V 为单位递减，当时间继电器触点返回时，将时间继电器返回电压记录在表 2-6 中。

表 2-6 测 试 结 果 记 录 表

序号	动作电压/V	返回电压/V	返回系数
1			
2			
3			

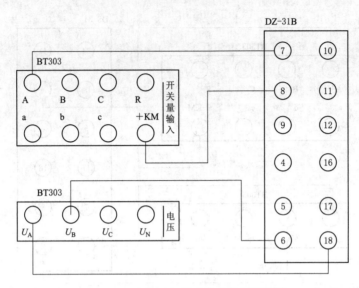

图 2-11　中间继电器试验接线原理简图

2. DZS-12B 中间继电器动作电压与返回电压的测试

按图 2-12 接线，接线完毕后首先进行自检，然后请指导教师检查，确定无误后，开启继电保护试验仪电源进行调试。设置 U_A 为 0V，步长为 1V，步长有效标记；设置 U_B 为 $-110V$，试验方式选择自动，选择确定并单击开始，此时测试仪 U_A 电压以 1V 为单位递增，当中间继电器 DZS-12B 动作时，将动作电压记录在表 2-7 中。单击试验仪 "▼"，U_A 值以 1V 为单位递减，当时间继电器触点返回时，将时间继电器返回电压记录在表 2-7 中。

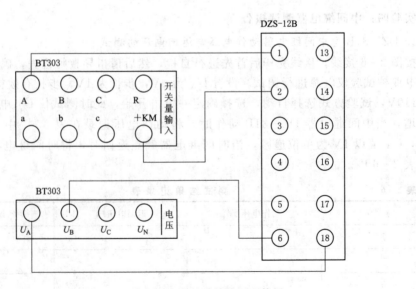

图 2-12　中间继电器试验接线原理简图

表 2 - 7	试 验 数 据 记 录 表		
序号	动作电压/V	返回电压/V	返回系数
1			
2			
3			

实训五：信号继电器测试报告

1. 电压型信号继电器的测试

按图 2 - 13 完成接线，接线完毕后首先进行自检，然后请指导教师检查，确定无误后，开启继电保护试验仪电源进行试验。设置 U_A 为 0V，步长为 1V，步长有效标记；设置 U_B 为 - 110V，试验方式选择自动，选择确定并单击开始，此时测试仪 U_A 电压以 1V 为单位递增，当电压信号继电器动作时，将动作电压记录在表 2 - 8 中。

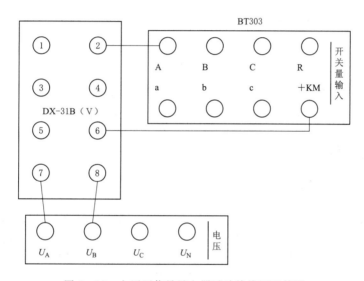

图 2 - 13　电压型信号继电器试验接线原理简图

2. 电流型信号继电器的测试

按图 2 - 14 完成接线，接线完毕后首先进行自检，然后请指导教师检查，确定无误后，开启继电保护试验仪电源进行试验。设置 I_A 为 0A，步长为 0.01A，步长有效标记；试验方式选择手动，选择确定并单击开始，手动增加试验仪电流输出（注意电流应不大于电流信号继电器额定电流 0.04A），当电流信号继电器动作时，将动作电压记录在表 2 - 8 中。

表 2 - 8	数 据 记 录 表	
电压型信号继电器 DX - 31B（V）		
序号	额定电压/V	动作电压/V

续表

电流型信号继电器 DX－31B（Ⅰ）		
序号	额定电流/A	动作电流/A

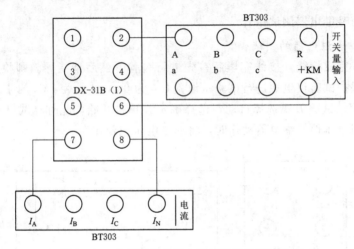

图 2-14　电压型信号继电器试验接线原理简图

四、学习结果评价

填写考核评价表，见表2-9。

表 2-9　　　　　　　考 核 评 价 表

序号	评价内容	评 价 标 准	考核方式	评价结果（是/否）
1	素养	具有良好的合作意识，任务分工明确	师评＋互评	□是　□否
		能够精益求精，完成任务严谨认真	师评	□是　□否
		能够遵守课堂纪律，课堂积极发言	师评	□是　□否
		遵守 6s 管理规定，做好实训室的整理归纳	师评＋互评	□是　□否
		无危险操作行为，能够规范操作	师评	□是　□否
2	知识	能熟练口述互感器与测量变换器的工作原理	师评	□是　□否
		能够绘制各种继电器的继电特性图	师评	□是　□否
		能够完成电流继电器、时间继电器、中间继电器、信号继电器的作用分析	师评＋互评	□是　□否
3	能力	能绘制各种继电器的图形符号	师评	□是　□否
		可用使用测试平台完成多种继电器的各项参数测定	师评	□是　□否
		能够分析继电器的参数是否合理	师评	□是　□否
		能够编写完成测试试验报告	师评	□是　□否
4	总评	是否能够满足下一步内容的学习	师评	□是　□否

【课后作业】

1. 试述电磁式继电器的基本结构和工作原理。

2. 什么叫电流继电器的动作电流、返回电流、返回系数？

3. 电磁式电流电压继电器的动作值如何调整，返回系数如何调整，返回系数是否越大越好？

4. 试述电磁式时间继电器的动作原理，如何调整其动作时间？

职业能力二　互感器与测量变换器

【核心概念】

互感器又称为仪用变压器，是电流互感器和电压互感器的统称。其功能主要是将高电压或大电流按比例变换成标准低电压（100V）或标准小电流（5A 或 1A，均指额定值），以便实现测量仪表、保护设备及自动控制设备的标准化、小型化。同时互感器还可用来隔开高电压系统，以保证人身和设备的安全。电量输出测量变换器，可以将一次侧高压大电流转换成低压小信号，通过二次仪表进行实际数值的显示。

【学习目标】

1. 掌握电压互感器和电流互感器的原理与注意事项。

2. 掌握测量变换器的工作原理与特性。

【基本知识】

一、互感器

（一）互感器的作用

为保证电力系统的安全和经济运行，需要对电力系统及其中各电力设备的相关参数进行测量，以便进行必要的计量、监控及保护。通常的测量和保护装置不能直接接到高电压、大电流的电力回路上，需要将这些高电平的参数按比例变换成低电平的参数或信号，以供给测量仪器、仪表、继电保护和其他类似的电器使用。进行这种变换作用的变压器，通常称为互感器或仪用变压器。

互感器是电力系统中测量仪表、继电保护和自动装置等二次设备获取电气一次回路信息的传感器。互感器作用主要包括：

（1）将高电压、大电流按比例变成低电压（100V）和小电流（5A 或 1A）。

（2）使测量二次回路与一次回路高电压和大电流实施电气隔离，以保证测量工作人员和仪表设备的安全。

（3）采用互感器后可使仪表、继电器制造标准化，而不用按被测量电压高低和电流大小来设计仪表、继电器，并使二次回路接线简单。

（4）取出零序电流、电压分量供反映接地故障的继电保护装置使用。

（5）当电路上发生短路时，保护测量仪表的电流线圈，使它不受大电流的损伤。为了确保工作人员在接触测量仪表和继电器时的安全，互感器的每个二次绕组都必须有一个可靠的接地，以防绕组间绝缘损坏而使二次部分长期存在高电压作为一种专门用于变换电流、电压的特殊的变压器，互感器的特性与一般变压器有类似之处，但也有其特定的性能要求。按量测参数分类，互感器通常分为电流互感器（TA）和电压互感器（TV）

在理想工作条件下，二次电流和电压与一次电流和电压成正比，若极性接线正确，二次电流和电压分别与一次电流和电压的相位差接近于 $0°$。全耦合理想变压器的传变原理，是互感器传变原理的基础。互感器的作用很多，大致可以分为如下 4 类：

（1）供测量表测量。测量电力系统各点的电流和电压。

（2）为保护装置提供一次系统信息。把强电系统的电流和电压传递给保护装置，经保护装置对系统故障的判断，正确动作于断路器，保证电网设备安全和稳定运行。

（3）绝缘隔离。电流、电压互感器的一次绕组和二次绕组之间有足够的绝缘，可保证所有低压设备与电网的高电压相隔离，保证人员和低压设备的安全。

（4）标准化、小型化。电力系统有不同的额定电流和电压，通过互感器一次、二次绕组匝数的适当配置，可以将不同的额定一次电流和电压变换成较小的标准的电流和电压一般二次电流额定值为 1A 或 5A，二次电压额定值为 57V、100V 或 1003V。

互感器的选择应满足继电保护、自动装置和测量仪表的要求。

（二）电流互感器

1. 概念

在继电保护回路中，电流互感器（TA）是用来将二次电流回路与一次电流的高压系统隔离，按一定比例将一次电流变成二次电流以满足保护的需要，且一、二次绕组之间有足够的绝缘，从而保证所有低压设备与高电压相隔离。二次绕组的额定电流一般为 1A 或 5A。为防止一、二次绕组绝缘击穿时危及人身和设备的安全，电流互感器二次侧有一端必须接地。

（1）电流互感器极性。

为了简便、直观地分析继电保护的工作，判别电流互感器一次电流与二次电流间的相位关系，应按规定标明电流互感器绕组的极性。

电流互感器一次和二次绕组的极性常按减极性原则标注，即当系统一次电流由极性端流入时，电流互感器的二次电流从极性端流出。同极性端以符号"＊"标注，如图 2-15 所示。

（2）电流互感器的误差。

电流互感器的磁势平衡方程为

$$N_1 I_1 - N_2 I_2 = N_1 I_0 \tag{2-1}$$

式中：N_1、N_2 分别为一次线圈匝数 1、二次线圈匝数；I_1、I_2 分别为一次电流、二次电流以；I_0 为励磁电流。

由式（2-1）可见，由于励磁电流的存在，电流互感器的一次折算后的电流和二次电流大小不相等、相位不相同，说明电流转换中存在数值和相位的偏差，即数值误差和角度误差。

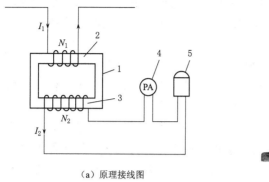

（a）原理接线图　　　　　　　（b）实物图

图 2-15　电流互感器原理接线图与实物图

1—电流互感器铁芯；2——次绕组；3—二次绕组；4—电流表；5—电流继电器

数值误差又称变比误差，用 f_1 表示。定义为：二次侧电流与一次折算后的电流的算术差与一次折算后的电流之比的百分数。即

$$f_i = \frac{I_2 - I_1'}{I_1'} \times 100\% \qquad (2-2)$$

电力系统中广泛采用的是电磁式电流互感器（TA），虽然其基本工作原理、结构形式与普通变压器相似，但是电流互感器的工作状态与普通变压器有显著的区别：

1）电流互感器的一次绕组串联在被测绕组中，匝数很少。一次电流（I_1）完全取决于一次电路的电压和阻抗，与电流互感器的二次负载无关。

2）电流互感器二次电路所消耗的功率随二次电路阻抗 Z 的增加而增大。

3）二次绕组匝数多，且所串联的仪表或继电器的线圈阻抗很小，所以正常运行时接近于在短路情况下工作。

由于电流互感器的铁芯发热、交变的磁通、二次回路导线及二次绕组的发热引起相应的损耗，使一次电流和二次电流在相位和数值上都有一定的误差。其额定电流就是在这个电流下，互感器允许长期运行且不会因发热而损坏。当负载电流超过额定电流，就叫作过负载。

2. 配置要求

电流互感器的配置与一次系统运行、接线方式、保护故障类型、电压等级均有关系。在现场应用中，要根据保护、测量和计量的要求配置适当性能的电流互感器。配置必须满足以下基本要求：

（1）电流互感器二次绕组的数量、铁芯类型和准确等级应满足继电保护自动装置、测量和计量的要求。

（2）电流互感器的配置应可靠保护系统的各种类型故障。对中性点有效接地系统，电流互感器应按三相配置；对中性点非有效接地系统，依据保护装置的具体要求，为保证两不同点发生两相接地故障时，能有 2/3 机会只切除一个故障元件，提高供电可靠性，可按两相或三相配置；当配电装置采用一个半断路器接线时，宜配置三组独立式 TA 每串。

（3）继电保护和测量仪表宜用不同的二次绕组供电，若受条件限制需共用一个二次绕组时，其性能应同时满足测量和保护的要求，且接线方式应注意避免仪表校验时影响继电保护的工作。

（4）每组电流互感器的二次绕组数量及其技术特性应满足继电保护、自动装置和测量、计量装置的要求。根据反措要求，采用双重化的保护，一个元件（或系统）的两套互为备用的主保护必须使用不同的二次绕组。

（5）电流互感器的二次回路不宜进行切换，当需要时，应采取防止开路的措施

（6）保护用电流互感器的配置应避免出现主保护的死区。接入保护电流互感器二次绕组的分配，应注意避免当一套保护停用而系统或设备继续运行时，出现电流互感器内部故障时的保护死区问题，并尽可能缩小不适当的保护重叠区

（7）当配电装置采用3/2断路器接线时，目前现场采用独立式电流互感器，该类电流互感器的安装需要注意的是等电位的位置设置。若等电位的位置设置不当，易形成保护死区。在电流互感器一次绕组并联方式调整中，因绕组与外壳存在压差会对外壳放电，为防止绕组绝缘损坏，需要设置等电位点，若电流互感器等电位的位置设置错误，容易形成保护死区点，该点的故障电流无法快速切除，导致跳闸范围扩大，不利于系统稳定，严重时还可能损坏电流互感器。

双母线及双母线带旁路接线方式电流互感器等电位点位置的设置，如图2-16所示。

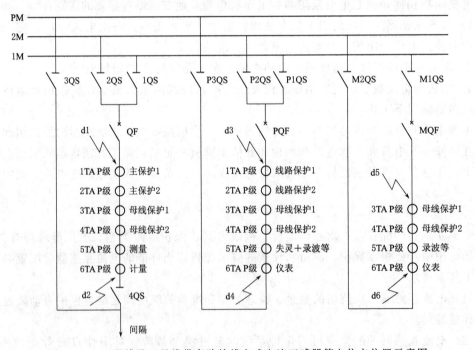

图2-16 双母线及双母线带旁路接线方式电流互感器等电位点位置示意图

3. 型号意义

电流互感器的型号由字母符号及数字组成，通常表示电流互感器绕组类型、绝缘种类、使用场所及电压等级等。字母符号含义如下：

第一位字母：L—电流互感器。

第二位字母：M—母线式（穿芯式）；Q—线圈式；Y—低压式；D—单匝式；F—多匝式；A—穿墙式；R—装入式；C—瓷箱式；Z—支柱式；V—倒装式。

第三位字母：K—塑料外壳式；Z—浇注式；W—户外式；G—改进型；C—瓷绝缘；P—中频；Q—气体绝缘。

第四位字母：B—过流保护；D—差动保护；J—接地保护或加大容量；S—速饱和；Q—加强型。

字母后面的数字一般表示使用电压等级。例如：LMK-0.5S 型，表示使用于额定电压 500V 及以下电路，塑料外壳的穿芯式 S 级电流互感器。LA-10 型，表示使用于额定电压 10kV 电路的穿墙式电流互感器。

（三）电压互感器

1. 概念

将电力主设备一次高电压降低至成比例的较小电压，然后送至测量仪表或保护装置的设备，称为电压互感器（TV）。它与两相或三相降压变压器相像，都是用来变换线路或母线、电气设备的电压的。但是变压器变换电压的目的是输送电能，因此容量很大，一般都是以千伏安或兆伏安为计算单位。而电压互感器变换电压的目的，主要是用来给测量仪表和继电保护装置供电，用来测量线路的电压、功率和电能，或者用来在线路发生故障时保护线路中的贵重设备、电机和变压器，因此电压互感器的容量很小，一般都只有几伏安、几十伏安，最大也不超过 1000V。

如图 2-17 所示，电压互感器是一个带铁芯的降压变压器。它主要由一次线圈、二次线圈、铁芯和绝缘组成。两个绕组都装在或绕在铁芯上。两个绕组之间以及绕组与铁芯之间都有绝缘，使两个绕组之间以及绕组与铁芯之间都有电的隔离。当在一次绕组上施加一个电压 U_1 时，在铁芯中就产生一个磁通 ϕ，根据电磁感应定律，则在二次绕组中就产生一个二次电压 U_2。改变一次或二次绕组的匝数，可以产生不同的一次电压与二次电压比，即可组成不同比的电压互感器。

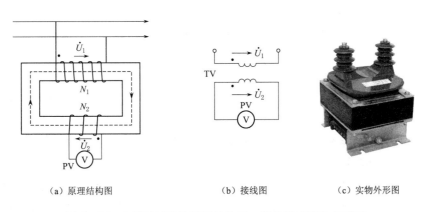

(a) 原理结构图　　　　(b) 接线图　　　　(c) 实物外形图

图 2-17　电压互感器的原理结构图、接线图和实物外形图

电压互感器的用途就是将继电保护装置、测量仪表和计量装置的电压回路与高压一次回路安全隔离，并取得固定的 100V 或 $100/\sqrt{3}\,V$ 的二次标准电压。运行时，一次绕组 N_1 并联在线路上，二次绕组 N_2 并联仪表或继电器。因此在测量高压线路上的电压时，尽管一次电压很高，但二次却是低压的，可以确保操作人员和仪表的安全。但是，电压互感器的线圈阻抗较小，一旦副边发生短路，电流将急剧增长而烧毁线圈。

（1）电压互感器的极性。

电压互感器一、二次绕组间的极性与电流互感器一样，按照减极性原则标注。用相同注脚表示同极性端子，当只需标出相对极性关系时，也可在同极性端子上标以符号"＊"。

（2）电压互感器的误差。

电压互感器的误差是由于空载电流和负载电流引起的，这些电流经电压互感器的绕组产生电压降，从而产生电压互感器的数值误差和相位误差。

数值误差又称变比误差，用 f_u 表示。定义为：二次侧电流与一次折算后的电流的算术差与一次折算后的电流之比的百分数。即

$$f_u = \frac{U_2 - U_1'}{U_1'} \times 100\% \qquad (2-3)$$

角度误差指 U_1' 与 U_2 间的相角差。

根据电压互感器误差产生的原因，可以采取以下方法减小误差：①尽量减小一次绕组与二次绕组之间的漏抗；②减小电压互感器的空载电流；③减小电压互感器的负载电流，即接入阻抗大的负载。

（3）电压互感器的配置原则。

1）对于主接线为单母线、单母线分段、双母线等，在母线上安装三相式电压互感器；当其出线上有电源，需要重合闸检同期或无压、需要同期并列时，应在线路侧安装单相或两相电压互感器。

2）对于 3/2 主接线，常常在线路或变压器侧安装三相电压互感器，而在母线上安装单相互感器以供同期并列和重合闸检无压、检同期使用。

3）内桥接线的电压互感器可以安装在线路侧，也可在母线上，一般不同时安装。安装地点不同对保护功能有所影响。

4）对于 220kV 及以下的电压等级，电压互感器一般有两至三个次级，一组接为开口三角形，其他接成星形。在 500kV 系统中，为了继电保护的完全双重化，一般选用三个次级的电压互感器，其中两组接成星形，一组接成开口三角形。

5）当计量回路有特殊需要时，可增加专供计量的电压互感器次级或安装计量专用的电压互感器组。

6）在小接地电流系统，需要检查线路电压或同期时，应在线路侧装设两相式电压互感器或装一台电压互感器接线间电压。

7）在大接地电流系统中，线路有检查线路电压或同期要求时，应首先选用电压抽取装置 500kV 线路一般装设三个电容式线路电压互感器，作为保护、测量和载波通信公用。

2. 电压互感器和电流互感器在结构上的主要差别

（1）电压互感器和电流互感器都可以有多个二次绕组，但电压互感器可以多个二次绕组共用一个铁芯，电流互感器则必须是每个二次绕组都必须有独立的铁芯，有多少个二次绕组，就有多少个铁芯。

（2）电压互感器一次绕组匝数很多，导线很细，二次绕组匝数较少，导线稍粗；而变电站用的高压电流互感器一次绕组只有 1 到 2 匝，导线很粗，二次绕组匝数较多，导线的粗细与二次电流的额定值有关。

（3）电压互感器正常运行时，严禁将一次绕组的低压端子打开，严禁将二次绕组短路；电流互感器正常运行时，严禁将二次绕组开路。

3. 电压互感器型号意义

第一个字母：J—电压互感器。

第二个字母：D—单相；S—三相；C—串级式；W—五铁芯柱。

第三个字母：G—干式，J—油浸式；C—瓷绝缘；Z—浇注绝缘；R—电容式；S—三相；Q—气体绝缘。

第四个字母：W—五铁芯柱；B—带补偿角差绕组。连字符后的字母：GH—高海拔地区使用；TH—湿热地区使用。

（四）互感器运行中的注意事项

（1）电流互感器二次侧不能开路，电压互感器二次侧不能短路。电流互感器二次侧开路会使二次侧感应出很高的尖锋电势，对人和设备造成威胁；电压互感器二次侧短路会使二次线圈电流猛增造成二次侧熔断器熔断，甚至烧坏电压互感器。

（2）电流互感器和电压互感器二次侧不能相互连接。由于电压互感器的负载是高阻抗回路，电流互感器的负载是低阻抗回路，如果电流互感器接电压互感器二次侧就会使电压互感器短路，如果电压互感器接于电流互感器二次侧，由于电压互感器内阻很高，使电流互感器近似开路。

（3）运行时，应把电流互感器和电压互感器的二次侧一点接地。电流互感器和电压互感器的二次侧接地属于保护接地，防止绝缘击穿二次侧窜入高电压，威胁人身安全和损坏设备。

（4）运行中需要短接电流互感器二次回路时，不能用保险丝去短接，如果用保险丝去短接电流互感器的二次回路，由于保险丝是易熔金属，当一次系统发生短路故障时，二次电流增大，可能使保险丝熔断，造成电流互感器开路。

（5）如电压互感器发生断线故障，处理时应首先采取措施防止该电压互感器所带的继电保护和自动装置产生误动作，然后再去检查熔断器熔断的原因。

（6）电压互感器退出运行时，应首先停用那些没有电压回路就会误动作的继电保护和自动装置。

（7）对于运行中的互感器要经常进行巡视维护，内容包括检查连线接头有无发热；互感器的声音是否正常、有无异味；瓷套管部分是否清洁、有无裂纹、有无放电现象，如是注油互感器要检查油面是否正常，有无渗油漏油现象。

二、测量变换器

(一) 变换器的作用

继电保护用的测量变换器主要用于整流型、静态型及数字型继电保护装置中。因为这些类型继电保护装置的测量元件，不能直接接电流互感器或电压互感器的二次线圈，需要将电压互感器的二次电压降低，或将电流互感器的二次电流变为电压后才能应用。这种中间变换装置称为测量变换器，其作用如下：

(1) 电量变换。将互感器二次侧电压（额定 100V）、电流（额定 1A 或 5A），转换成弱电压，以适应弱电元件的要求。

(2) 电气隔离。电流、电压互感器二次侧的保护、工作接地用于保证人身和设备的安全，而弱电元件往往与直流电源连接，直流回路不允许直接接地，故需要经变换器实现电气隔离。

(3) 调节定值。整流型、晶体管型继电保护可以通过改变变换器一次或二次线圈抽头来改变继电器的动作值。

(4) 用于电量的综合处理。通过变换器将多个电量综合成单一电量以利于简化保护。

(二) 变换器的分类

继电保护中常用的变换器有电压变换器（UV）、电流变换器（UA）和电抗变压器（UR）。

1. 电压变换器（UV）

电压变换器结构原理与电压互感器、变压器相同。一般用来把输入电压降低或使之可以调节，如图 2-18 (a) 所示。

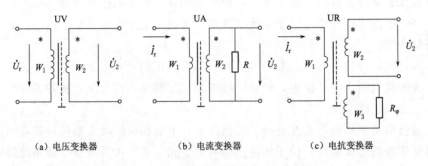

(a) 电压变换器　　　　　(b) 电流变换器　　　　　(c) 电抗变换器

图 2-18　测量变换器原理图

电压变换器原方与电压互感器相连，电压互感器二次侧有工作接地，电压变换器副方的"直流地"为保护电源的 0V，电容 C 容量很小，起抗干扰作用。

从电压变换器原方看进去，输入阻抗很大，对于负载而言电压变换器可以看成一个电压源，电压变换器二次侧电压与一次侧电压关系可近似表示为

$$U_2 = K_{UV} U_1 \tag{2-4}$$

式中：K_{UV} 为电压互感器的变比。

2. 电流变换器 （UA）

电流变换器的主要作用是将一次电流变换为一个与之成正比的二次侧电压。它由一台小型电流互感器和并联在二次侧的小负载电阻 R 组成。如图 2-18 （b）所示。

从电流变换器原方看进去，输入阻抗很小，对于负载而言电流变换器可以看成一个电流源。电流变换器二次电流（一般为毫安级）与一次电流成正比，二次电流在电阻上形成二次电压，表示为

$$U_2 = I_2 R = \frac{R}{n} I_1 = K_L I_1 \tag{2-5}$$

式中：K_L 为电流变换器的变换系数。

3. 电抗变换器 （UR）

电抗变换器是把输入电流直接转换成与电流成正比的电压的一种电量变换装置。二次侧绕组 W_3 和调相电阻 R_φ，用于改变输入电流与输出电压之间的相角差，如图 2-8 （c）所示。

电抗变换器输入阻抗很小，串于电流变换器二次回路；对于负载而言，电抗变换器近似为电压源。电抗变换器励磁阻抗相对于负载来说很小，可以认为一次电流全部作为励磁，这样二次电压为

$$U_2 = I_1' Z_e' = K_{ur} I_1 \tag{2-6}$$

式中：K_{ur} 为带有阻抗量纲的复常数，又称电抗变换器的转移阻抗；I_1' 为一次向二次折算电流。

【能力训练】（互感器接线与测试）

一、操作条件

（1）设备：电压互感器、电流互感器、微机型继电保护装置。

（2）工具：兆欧表、连接线。

二、安全及注意事项

（1）工作小心，加强监护，防止误整定、误修改。

（2）默认保护装置所在一次设备带电状态。

（3）对所使用的工具要及时规整复位，并对场地进行 6s 工作。

三、操作过程

试验一：绝缘电阻测量

（1）试品温度应在 10～40℃ 之间。

（2）用 2500V 兆欧表测量，测量前对被试绕组进行充分放电。

（3）试验接线：电磁式电压互感器需拆开一次绕组的高压端子和接地端子，拆开二次绕组。测量电容式电压互感器中间变压器的绝缘电阻时，须将中间变压器一次线圈的末端（通常为 X 端）及 C2 的低压端（通常为 δ）打开，将二次绕组端子上的外接线全部拆开，按图 2-19 接好试验线路。电流互感器按图 2-20 接好试验线路。

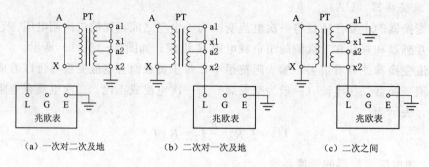

（a）一次对二次及地　　　（b）二次对一次及地　　　（c）二次之间

图 2-19　电磁式电压互感器绝缘电阻测量接线

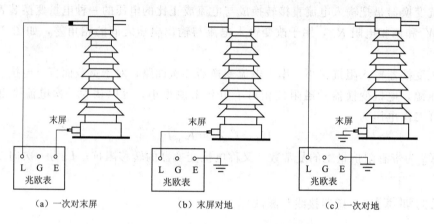

（a）一次对末屏　　　（b）末屏对地　　　（c）一次对地

图 2-20　电流互感器绝缘电阻测量接线

（4）驱动兆欧表达到额定转速或接通兆欧表电源后开始测量，待指针稳定（或 60s）后读取绝缘电阻值；读取绝缘电阻后，先断开连接被试绕组的连接线，然后再将绝缘电阻表停止运转。

（5）断开绝缘电阻表后应对被试品放电接地。

关键点：①采用 2500V 兆欧表测量；②测量前被试绕组应充分放电；③拆开端子连接线时，拆前必须做好记录，恢复接线后必须认真检查核对；④当电容式电压互感器一次绕组的末端在内部连接而无法打开时可不测量；⑤如果怀疑瓷套脏污影响绝缘电阻，可用软铜线在瓷套上绕一圈，并与兆欧表的屏蔽端连接。

试验要求：

试验二：绕组直流电阻测量

（1）对电压互感器一次绕组，宜采用单臂电桥进行测量。

（2）对电压互感器的二次绕组以及电流互感器的一次或二次绕组，宜采用双臂电桥进行测量，如果二次绕组直流电阻超过 10Ω，应采用单臂电桥测量。

（3）也可采用直流电阻测试仪进行测量，但应注意测试电流不宜超过线圈额定电流的 50%，以免线圈发热直流电阻增加，影响测量的准确度。

（4）试验接线：将被试绕组首尾端分别接入电桥，非被试绕组悬空，采用双臂电桥

（或数字式直流电阻测试仪）时，电流端子应在电压端子的外侧，如图 2-21 所示。

（5）换接线时应断开电桥的电源，并对被试绕组短路充分放电后才能拆开测量端子。如果放电不充分而强行断开测量端子，容易造成过电压而损坏线圈的主绝缘；一般数字式直流电阻测试仪都有自动放电和警示功能。

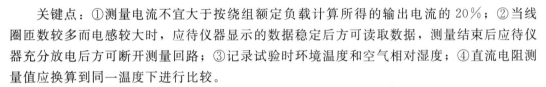

图 2-21　直流电阻测量接线

（6）测量电容式电压互感器中间变压器一、二次绕组直流电阻时，应拆开一次绕组与分压电容器的连接和二次绕组的外部连接线，当中间变压器一次绕组与分压电容器在内部连接而无法分开时，可不测量一次绕组的直流电阻。

关键点：①测量电流不宜大于按绕组额定负载计算所得的输出电流的 20%；②当线圈匝数较多而电感较大时，应待仪器显示的数据稳定后方可读取数据，测量结束后应待仪器充分放电后方可断开测量回路；③记录试验时环境温度和空气相对湿度；④直流电阻测量值应换算到同一温度下进行比较。

结果判断：与历次试验结果和同类设备的试验结果相比无显著差别。

【学习结果评价】

填写考核评价表，见表 2-10。

表 2-10　　　　　　　　　　考核评价表

序号	评价内容	评价标准	考核方式	评价结果（是/否）
1	素养	具有良好的合作意识，任务分工明确	师评＋互评	□是　□否
		能够精益求精，完成任务严谨认真	师评	□是　□否
		能够遵守课堂纪律，课堂积极发言	师评	□是　□否
		遵守 6s 管理规定，做好实训室的整理归纳	师评	□是　□否
		无危险操作行为，能够规范操作	师评	□是　□否
2	知识	能熟练讲述电压互感器、电流互感器的作用	师评	□是　□否
		能区分电压互感器和电流互感器的结构的异同点，掌握变换器的工作原理	师评	□是　□否
		能通过表格的形式梳理互感器的使用注意事项	师评	□是　□否
3	能力	能绘制互感器、变换器的原理图	师评	□是　□否
		具备电压互感器、电流互感器的测试能力	师评	□是　□否
		能完成互感器、变换器的安装与功能测试	师评＋互评	□是　□否
		能编写完成测试试验报告	师评	□是　□否
4	总评	是否能够满足下一步内容的学习	师评	□是　□否

【课后作业】

1. 比较电压变换器（UV）、电流变换器（UA）和电抗变压器（UR）这三种变换器的相同点和区别。

2. 过压继电器和低压继电器有何不同？它们的动作电压、返回电压和返回系数是如何定义的？

◆ 本 章 小 结 ◆

继电器是组成继电保护装置的基本元件。当输入继电器的物理量达到一定数值时，继电器动作，通过执行元件发出信号，或跳闸。继电器的种类很多，按照继电器的结构原理可分为电磁型、感应型、磁电型、整流型、极化型、半导体型和其他类型。掌握电流、电压、时间及其他继电器的调试方法，从而保证继电保护装置的可靠运行。

互感器包括电流互感器（TA）和电压互感器（TV），其作用是将一次回路的高电压和大电流变为二次回路的低电压和小电流，向测量仪表和继电保护装置的电流线圈和电压线圈供电，并将二次设备与高电压部分隔离，保证设备和工作人员的安全。

在电力系统中，多应用各种电量变送器，诸如交直流电流变送器、交直流电压变送器、功率变送器、频率变送器等。需要变送器按照所变送的参数，输出电流、电压等信号，供保护装置使用。功率变送器是将输入的电压和电流变换成功率的变换装置。按照变换种类分为有功功率变送器、无功功率变送器。

◆ 电 力 小 课 堂 ◆

电力大国工匠——从小小检修工到电力专家"电网医生"张霁明

2021年"五一"国际劳动节暨全国五一劳动奖和全国工人先锋号表彰大会上，国网宁波市鄞州区供电公司调控中心自动化运维班班长张霁明被授予2021年全国五一劳动奖章。在这沉甸甸的荣誉背后，是张霁明长年累月付出的异于常人的努力。

电网故障维修进入"毫秒"时代万家灯火后的"电网医生"在现代社会，电力已渗透入社会生产、生活乃至生存和发展的每时每刻，供电对于城市的影响已经可以跟水资源并列，一分钟没有电都会严重影响人们的生产生活。2021年2月8日17时29分，宁波市鄞州区10kV星光线突发故障，共涉及17家商场、饭店和3000余家居民用户。而这是春节前夕，家家户户都在准备过年，突然遭遇停电……在这关键时刻，配电自动化故障自愈FA功能迅速自动启动，立即搜索到故障位置，并自动开启远程遥控操作，仅用53s就完成了对故障区域的隔离和非故障区域的恢复，一次故障停电悄然消除。

如果把FA比作是医生用的CT，扫描及时发现电网"病灶"，立即判断"患者"生了什么病，而且能马上将"病灶"隔离开，这次完美诊治操作的就是"电网医生"张霁明，他将一场原本需要50min的抢修缩短至50s，刷新了浙江电网的速度，"毫秒"速度离不开张霁明二十年如一日的努力，也见证了他从普通检修工到高级工程师的蜕变。

工作任务三　输电线路保护的运行与调试

职业能力一　单侧电源输电线路相间短路的电流电压保护

【核心概念】

电流增大和电压降低是电力系统中发生短路故障的基本特征。利用此特征实现的保护是最基本的，也是最早得到应用的继电保护原理。由于接地短路有很大的特殊性，本任务学习电网相间短路故障的电流、电压保护原理，其整定配合的基本原则也适用于主设备的电流、电压保护在单侧有电源的电网中发生短路。通过保护装置的短路电流只能是指向被保护的方向，因而不需考虑保护装置反方向，即背后短路的问题，不需配备方向元件，其构成最简单。电流、电压保护的段数根据整定配合的需要而定，但一般至少有三段。没有人为延时的，动作最快的一段称为电流或电压瞬时速断保护，最后一段按照正常运行时或不正常运行而无短路时不能误动的原则整定，称为过电流保护或低电压保护。

【学习目标】

1. 掌握三段式电流保护的基本原理，整定计算及原理接线图。
2. 掌握电流保护的接线方式及各自的特点。

【基本知识】

一、瞬时电流速断保护（Ⅰ段）

根据对继电保护速动性的要求，保护装置切除故障的时间必须满足系统稳定和重要用户可靠供电。对于特高压输电线路，还要满足限制过电压的要求。在简单、可靠和保证选择性的前提下，原则上是越快越好。因此，在各种电气元件上，力求装设快速动作的继电保护装置。仅反映电流增大瞬时动作的电流保护，称为瞬时电流速断保护。

1. 工作原理及整定计算

在单侧电源辐射形电网中，各线路的始端均设有瞬时电流速断保护。当系统电源电势一定，线路上任一点发生短路时，短路电流的大小与短路点至电源之间的电抗（忽略电阻）与短路类型有关，最简单的三相短路电流 $\left[I_{\mathrm{k}}^{(3)}\right]$ 可以表示为以下形式，即

$$I_{\mathrm{k}}^{(3)} = \frac{E_{\mathrm{S}}}{X_{\mathrm{S}} + X_1 l} \qquad (3-1)$$

式中：E_{S} 为系统等效电源相电势；X_{S} 为系统等效电源到保护安装处之间的电抗；X_1 为线路单位千米长度的正序电抗；l 为短路点至保护安装处的距离，km。

由式（3-1）可见，当系统运行方式一定时，E_S和X_S为常数，流过保护安装处的短路电流，是短路点至保护安装处间距离l的函数。短路点距离电源越远（l越大），短路电流值越小。

当系统运行方式改变或故障类型变化时，即使是同一点短路，短路电流的大小也会发生变化。在继电保护装置的整定计算中，一般考虑两种极端的运行方式，即最大运行方式和最小运行方式。流过保护安装处的短路电流最大时的运行方式称为系统最大运行方式，此时系统的阻抗最小；反之，流过保护安装处的短路电流最小的运行方式称为系统最小运行方式，此时系统阻抗X_1最大。必须强调的是，在继电保护课程中的系统运行方式与电力系统分析课程中所提到的运行方式相比，概念上存在着某些差别。图3-1中曲线1表示最大运行方式下三相短路电流随距离的变化曲线。曲线2表示最小运行方式下两相短路电流随距离的变化曲线。

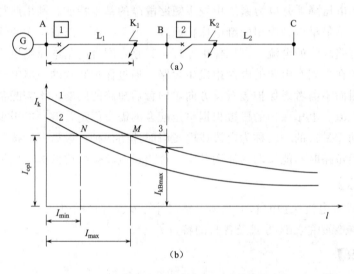

图 3-1 瞬时电流速断保护动作特性分析

如图3-1（a）所示假定在线路L_1和线路L_2上分别装设瞬时电流速断保护。根据选择性的要求，瞬时电流速断保护的动作范围不能超出被保护线路，即对速断保护1而言，在相邻线路L_2首端K_2点发生短路故障时，不应动作，而应由速断保护2动作切除故障。但实际上，K_1点和K_2点短路时，速断保护1流过的短路电流数值几乎一样。因此，K_1点短路时速断保护1能动作，而K_2点短路时速断保护1又不动作的要求不可能同时得到满足。

为了解决这个矛盾，通常的方法是优先保证动作的选择性，从保护装置启动参数的整定上保证下一条线路出口处短路时不启动。对于反应电流升高而动作的电流速断保护而言，能使该保护装置启动的最小电流值称为保护装置的启动电流（动作电流）I_{op1}^{I}，是用电力系统一次侧的参数表示的。显然，只有当实际的短路电流$I_K \geqslant I_{op1}^{I}$时，保护装置才能启动。因此，速断保护1的动作电流应大于K_2点短路时流过保护安装处的最大短路电流。由于在相邻线路L_2首端K_2点短路时最大短路电流和线路L_1末端B点短路时的最大短路电流几乎相等，因此速断保护 1 瞬时电流速断保护的动作可按大于本线路末端短路电流时流过保护安装处的最大短路电流来整定。

$$I_{\text{op1}}^{\text{I}} = K_{\text{rel}}^{\text{I}} I_{\text{kBmax}} \tag{3-2}$$

式中：$I_{\text{op1}}^{\text{I}}$ 为保护装置 1 瞬时电流速断保护的动作电流，又称一次动作电流，A；$K_{\text{rel}}^{\text{I}}$ 为可靠系数，考虑到继电器的整定误差、短路电流计算误差和非周期分量的影响等而引入的大于 1 的系数，一般取 $1.2\sim1.3$；I_{kBmax} 为被保护线路末端母线上三相短路时流过保护安装处的最大短路电流，A，一般取次暂态短路电流周期分量的有效值。

在图 3-1 中，直线 3 表示动作电流不随线路长度变化，其与曲线 1 和曲线 2 分别相交于 M 和 N 两点，在保护安装处到交点的线路上发生短路故障时，$I_{\text{k}} > I_{\text{op1}}^{\text{I}}$，速断保护 1 会动作。在交点以后的线路上发生短路故障时，$I_{\text{k}} > I_{\text{op1}}^{\text{I}}$，速断保护 1 不会动作。因此，瞬时电流速断保护不能保护本线路的全长。同时在图 3-1 中还可看出瞬时电流速断保护范围随系统运行方式和短路类型变化。在最大运行方式下三相短路时，保护范围最大，为 $l_{\max}$；在最小运行方式下两相短路时，保护范围最小，为 $l_{\min}$。

瞬时电流速断保护的选择是依靠保护整定值完成的。

瞬时电流速断保护的灵敏系数，是用最小保护范围来衡量的，一般规定，最小保护范围 l 不应小于线路全长的 $15\%\sim20\%$。

保护范围既可以用图解法求解，也可以用计算法求解。用计算法求解的方法如下：

图 3-1 中在最小保护区末端（交点 N）发生短路故障时，短路电流等于由式（3-3）所决定的保护动作电流，即

$$I_{\text{op1}}^{\text{I}} = \frac{\sqrt{3}}{2} \times \frac{E_{\text{S}}}{X_{\text{smax}} X_1 l_{\min}} \tag{3-3}$$

通过上式得最小保护长度为

$$l_{\min} = \frac{1}{X_1}\left(\frac{\sqrt{3}}{2} \times \frac{E_{\text{s}}}{I_{\text{op1}}^{\text{I}}} - X_{\text{smax}}\right) \tag{3-4}$$

式中：X_{smax} 为系统最小运行方式下的最大等值电抗，Ω；X_1 为输电线路单位千米正序电抗，Ω/km。

同理，最大保护区末端短路时，有

$$I_{\text{op1}}^{\text{I}} = \frac{E_{\text{S}}}{X_{\text{smin}} + X_1 l_{\max}} \tag{3-5}$$

解得最大保护长度为

$$l_{\max} = \frac{1}{X_1}\left(\frac{E_{\text{S}}}{I_{\text{op1}}^{\text{I}}} - X_{\text{smin}}\right) \tag{3-6}$$

式中：X_{smin} 为系统最大运行方式下最小等值电抗。

通常规定，最大保护范围 $l_{\min} \geqslant 50\% l$（$l$ 为被保护线路长度）、最小保护范围 $l_{\min} \geqslant (15\%\sim20\%)l$ 时，才能装设瞬时电流速断保护。

2. 线路-变压器组瞬时电流速断保护

瞬时电流速断保护一般只能保护线路的一部分，但在某些特殊情况下，如采用线路-变压器组的接线方式时，如图 3-2 所示，瞬时电流速断保护的保护范围可以延伸到被保

护线路以外，使全线路都能瞬时切除故障。因为线路-变压器组可以看成一个整体，当变压器内部故障时，切除变压器和切除线路的后果是相同的，所以当变压器内部故障时，由线路的瞬时电流速断保护切除故障是允许的，因此线路的瞬时电流速断保护的动作电流可以按躲过变压器二次侧母线短路流过保护安装处最大短路电流来整定，从而使瞬时电流速断保护可以保护线路的全长。

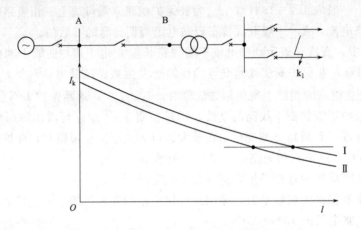

图 3-2 线路-变压器的电流速断保护

瞬时电流速断保护动作电流为

$$I_{op1}^{I} = K_{co} I_{kCmax} \tag{3-7}$$

式中：K_{co} 为配合系数，取 1.3；I_{kCmax} 为变压器低压母线短路时流过保护安装处最大短路电流。

灵敏系数计算公式为

$$K_{sen} = \frac{I_{kBmin}}{I_{op}^{I}} \tag{3-8}$$

式中：I_{kBmin} 为在被保护线路末端短路时，流过保护安装处的最小短路电流；I_{op}^{I} 为被保护线路的瞬时电流速断保护的动作电流。

一般规定，$K_{co} \geqslant 1.2 \sim 1.3$。

3. 原理接线

瞬时电流速断保护原理接线，如图 3-3 所示，它由电流继电器 KA（测量元件）、中

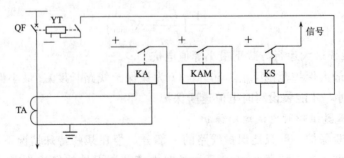

图 3-3 瞬时电流速断保护原理接线图

间继电器 KAM、信号继电器 KS 组成。

正常运行时，流过电路的电流是负荷电流，其值小于动作电流，速断保护不动作。当在被保护线路的速断保护范围内发生短路故障时，短路电流大于保护的动作值，KA 常开触点闭合，启动中间继电器 KAM，KAM 触点闭合，启动信号继电器 KS，并通过断路器的常开辅助触点，接到跳闸线圈 YT 构成通路，断路器跳闸切除故障线路。

接线图中接入中间继电器 KAM，是因为电流继电器的接点容量比较小，若直接接通跳闸回路，电路会被损坏。而 KAM 的接点容量较大，可直接接通跳闸回路。另外，考虑线路上装有管型避雷器，当雷击线路使避雷器放电时，避雷器的放电时间约为 0.01s，相当于线路发生瞬时短路；避雷器放电完毕，线路即恢复正常工作。在这个过程中，瞬时电流速断保护不应误动作，因此可利用带 0.06~0.08s 延时的中间继电器来增大保护装置固有动作时间，以防止管型避雷器放电引起瞬时电流速断保护的误动作。信号继电器 KS 的作用是在保护动作后指示并记录保护的动作情况，以便运行保护人员处理和分析故障。

二、限时电流速断保护（Ⅱ段）

由于瞬时电流速断保护不能保护线路的全长，因此保护范围以外的故障必须由其他的保护来切除。为了较快地切除其余部分的故障，可增设限时电流速断保护，其保护范围应包括本线路全长，这样可将其保护范围延伸到相邻线路的一部分。为了获得保护的选择性，以便和相邻线路保护相配合，限时电流速断保护必须带有一定的时限（动作时间），限时的大小与保护范围延伸的程度有关。为了尽量缩短保护的动作时限，通常是使限时电流速断保护的范围不超出相邻线路瞬时电流速断保护的范围，这样，它的动作时限只需比相邻线路瞬时电流速断保护的动作时限大一时限极差 Δt。

1. 工作原理及整定计算

限时电流速断保护的工作原理和整定原理可用图 3-4 来说明。

图中线路 L_1 和 L_2 都装设有瞬时电流速断保护和限时电流速断保护，线路 L_1 和 L_2 的保护分别为速断保护 1 和速断保护 2 为了区别起见，右上角用 Ⅰ、Ⅱ 分别表示瞬时电流速断保护和限时电流速断保护，下面讨论速断保护 1 限时电流速断保护的整定计算原则。

为了使线路 L_1 的限时电流速断保护的保护范围不超出相邻线路 L_2 瞬时电流速断保护的保护范围，必须使速断保护 1 限时电流速断保护的动作电流 I_{op1}^{II} 大于保护电流 2 的瞬时电流速断保护的动作电流 I_{op2}^{I}，即

$$I_{op1}^{II} > I_{op2}^{I} \tag{3-9}$$

写成等式为
$$I_{op1}^{II} = K_{rel}^{II} I_{op2}^{I}$$

式中：K_{rel}^{II} 为可靠系数，因考虑短路电流非周期分量已经衰减，一般取 1.1~1.2。

同时也不应超出相邻变压器速断保护范围以外，即

$$I_{op1}^{X} = K_{co} I_{kDmax} \tag{3-10}$$

式中：K_{co} 为配合系数，取 1.3；I_{kDmax} 为变压器低压母线 D 点发生短路故障时，流过保

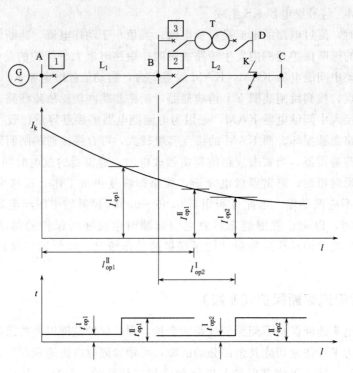

图 3-4 限时电流速断保护的动作电流和动作时限

护安装处的最大短路电流。

为了保证选择性，速断保护 1 的限时电流速断保护的动作时限 t_1^{X}，还要与速断保护 2 的瞬时电流速断保护、速断保护 3 的主保护动作时限 t_2^{I}、t_3^{I}、Δt 相配合，即

$$t_1^{\mathrm{X}}=t_2^{\mathrm{I}}+\Delta t \tag{3-11}$$

式中：Δt 为时限级差。

对于不同类型的断路器及保护装置，Δt 在 $0.3\sim0.6\mathrm{s}$ 范围内。

2. 灵敏系数的校验

为了能够保护本线路的全长，限时电流速断保护必须在系统最小运行方式下，线路末端发生两相短路时，具有足够的反应能力，这个能力通常用灵敏系数来衡量。

对于反应于数值上升而动作的过量保护装置，灵敏系数的含义是

$$K_{\mathrm{sen}}=\frac{保护护范围内发生金属短路时路时故障参数最算值}{保护护装置的动作参数} \tag{3-12}$$

保护范围内发生金属性短路时故障参数最小计算值保护装置的动作参数式（3-17）中故障参数（如电流、电压等）的计算值，应根据实际情况采用保护的系统最小运行方式和最不利的故障类型来选定，但不必考虑可能性很小的特殊情况。

验算保护的灵敏系数是否满足要求。其灵敏系数计算公式为

$$K_{\mathrm{sen}}=\frac{I_{\mathrm{kmin}}}{I_{\mathrm{op}}^{\mathrm{II}}} \tag{3-13}$$

式中：I_{kmin} 为在被保护线路末端短路时流过保护安装处的最小短路电流。

一般规定，$K_{sen} \geqslant 1.3 \sim 1.5$。

为了保证线路末端短路时，保护装置一定能够动作，对限时电流速断保护要求 $K_{sen} \geqslant 1.3$（其值一般有规定，当线路长度小于 50km 时，$K_{sen} \geqslant 1.5$；当线路长度在 $50 \sim 200km$ 时，$K_{sen} \geqslant 1.4$；当长度大于 200km 时 $K_{sen} \geqslant 1.3$）。

当线路末端短路时，可能会出现一些不利于保护启动的因素要求灵敏系数大于1。而在实际中存在这些因素时，为了使保护仍然能够动作，显然就必须留一定的裕度。不利于保护启动的因素如下：

（1）故障点一般不全是金属性短路，会存在弧光过渡电阻或接地过渡电阻，使短路电流减小，因而不利于保护装置动作。

（2）实际的短路电流由于计算误差或其他原因而小于计算值。

（3）保护装置所使用的电流互感器，在短路电流通过的情况下，一般都具有负误差，因此使实际流入保护装置的电流小于按额定电流比折算的数值。

（4）保护装置中的继电器，其实际启动数值可能具有正误差。

（5）考虑一定的裕度。

如果灵敏系数不能满足规程要求，可采用降低动作电流的方法来提高其灵敏系数。即使线路 L_1 的限时电流速断保护与线路 L_2 的限时电流速断保护相配合，即

$$I_{op1}^X = K_{rel}^X I_{op2}^X \qquad (3-14)$$

$$I_{op1}^X = I_{op2}^X + \Delta t \qquad (3-15)$$

3. 原理接线

限时电流速断保护的原理接线图如图 3-5 所示。

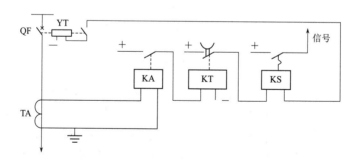

图 3-5　限时电流速断保护的原理接线图

限时电流速断保护原理接线图与瞬时电流速断保护原理接线图相似，不同的是必须用时间继电器 KT 代替图 3-5 的中间继电器，时间继电器是用来建立保护装置所必需的延时，由于时间继电器接点容量较大，可直接接通跳闸回路。当保护范围内发生短路故障时，电流继电器 KA 启动，其动合触点闭合，启动时间继电器 KT，经整定延时闭合其动合触点，启动信号继电器 KS 发出信号，并接通断路器的跳闸线圈 YT，使断路器跳闸，将故障切除。

与瞬时电流速断保护比较，限时电流速断保护的灵敏系数较高，它能保护线路的全长，并且还能作为该线路瞬时电流速断保护的近后备保护，即被保护线路首端故障时，如果瞬时电流速断保护拒动，由限时电流速断保护动作切除故障。但当相邻线路 L_2 故障而该线路保护或断路器拒绝动作时，线路 L_1 限时电流速断保护不一定会动作，故障不一定能切除，所以限时电流速断保护不起远后备保护的作用。为解决远后备保护的问题，还需装设过电流保护。

三、定时限过流保护（Ⅲ段）

（一）工作原理

定时限过流保护又称第Ⅲ段电流保护。前面已阐述瞬时电流速断保护和限时电流速断保护的动作电流都是根据某点短路电流整定的，而定时限过流保护与上述两种保护不同，它的动作电流按躲过最大负荷电流整定。正常运行时它不应启动，而在发生短路时启动，并以时间来保证动作的选择性，保护动作则是跳闸。这种保护不仅能够保护本线路的全长，而且也能保护相邻线路的全长或相邻元件全部，可以起到远后备保护的作用。过电流保护的工作原理可用图 3-6 所示的单侧电源辐射形电网来说明。

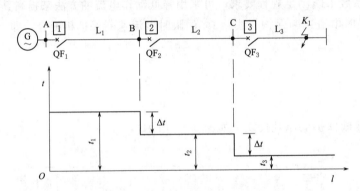

图 3-6 定时限过流保护工作原理图

过电流保护 1、过电流保护 2、过电流保护 3 分别装设在线路 L_1、L_2、L_3 靠电源的一端。当线路 L_3 上 K_1 点发生短路时，短路电流 I_k 将流过过电流保护 1、过电流保护 2、过电流保护 3，一般 I_k 均大于过电流保护 1、过电流保护 2、过电流保护 3 的动作电流。所以，过电流保护 1、过电流保护 2、过电流保护 3 均将同时启动。但根据选择性的要求，应该由距离故障点最近的过电流保护 3 动作，使断路器 QF_3 跳闸，切除故障，而过电流保护 1、过电流保护 2 则在故障切除后立即返回。显然要满足故障切除后过电流保护 1、过电流保护 2 立即返回的要求，必须依靠保护装置具有不同的动作时限来保证。用 t_1、t_2、t_3 分别表示过电流保护装置 1、2、3 的动作时限，则有

$$t_1 > t_2 > t_3$$

写成等式为

$$t_1 = t_2 + \Delta t$$
$$t_2 = t_3 + \Delta t \tag{3-16}$$

保护动作时限由图 3-6 可知，各保护装置动作时限的大小是从用户到电源逐级增加的，越靠近电源，过电流保护动作时限越长，其形状好比一个阶梯，因此称为阶梯形时限特性。由于各保护装置动作时限都是分别固定的，而与短路电流的大小无关，故这种保护称为定时限过流保护。

（二）整定计算

定时限过流保护动作电流整定一般应按以下两个原则来确定：

（1）在被保护线路通过最大正常负荷电流时，保护装置不应动作，即

$$I_{op}^{II} > I_{Lmax}$$

（2）为保证相邻线路上的短路故障切除后，定时限过流保护能可靠地返回，保护装置的返回电流应大于外部短路故障切除后流过保护装置的最大自启动电流 I_{Smax}，即

$$I_{re} > I_{Smax}$$

根据这两个条件，过电流保护的整定式为

$$I_{op}^{III} = \frac{K_{rel}^{III} K_{ss}}{K_{re}} I_{Lmax} \qquad (3-17)$$

式中：K_{rel}^{III} 为可靠系数，取 $1.15 \sim 1.25$；K_{ss} 为自启动系数，由电网电压及负荷性质所决定；K_{re} 为返回系数，与保护类型有关；L_{Lmax} 为最大负荷电流。

（三）灵敏系数

故障点一般不都是金属性短路，而是存在弧光过渡电阻或接地过渡电阻，它将使短路校验灵敏系数仍按公式 $K_{sen} = \dfrac{I_{kmin}}{I_{op}^{III}}$ 进行灵敏系数的校验。

应该说明的是，过电流保护应分别校验本线路近后备保护和相邻线路及元件远后备保护的灵敏系数。当过电流保护作为本线路主保护的近后备保护时，I_{kmin} 应采用最小运行方式，本线路末端两相短路的短路电流来进行校验，要求 $I_{kmin} \geqslant 1.3 \sim 1.5$；当过电流保护作为相邻线路的远后备保护时，$I_{kmin}$ 应采用最小运行方式，相邻线路末端两相短路时的短路电流来校验，要求 $I_{kmin} \geqslant 1.2$；作为 Y-d 连接的变压器远后备保护时，短路类型应根据过电流保护接线而定。

（四）时限整定

为了保证选择性，过电流保护的动作时限按阶梯原则进行整定，这个原则是从用户到电源的各保护装置的动作时限逐级增加一个 Δt。

从上面的分析可知，在一般情况下，对于线路 L_n 的定时限过流保护动作时限整定的一般表达式为

$$t_n = t_{(n+1)max} + \Delta t \qquad (3-18)$$

式中：t_n 为线路 L_n 过电流保护的动作时间，s。$t_n = t_{(n+1)max} + \Delta t$ 为由线路 L_n 供电的母线上所接的线路、变压器的过电流保护最长动作时间，s。

定时限过电流保护的原理接线图与限时电流速断保护相同。

四、阶段式电流保护的应用及评价

瞬时电流速断、限时电流速断和过电流保护都是反映电流升高而动作的保护装置。它们之间的区别主要在于按照不同的原则来选择启动电流。瞬时速断是按照躲过被保护元件末端的最大短路电流整定，限时速断是按照躲过下级各相邻元件瞬时电流速断最小保护范围末端的最大短路电流整定，而过电流保护则是按照躲过最大负荷电流整定。

由于瞬时电流速断不能保护线路全长，限时电流速断又不能作为相邻元件的后备保护，因此，为了迅速而有选择性地切除故障，常常将瞬时电流速断、限时电流速断和过电流保护组合在一起，构成阶段式电流保护。具体应用时，可以只采用瞬时速断加过电流保护，或限时速断加过电流保护，也可以三者同时采用。

现以图 3-7 所示的网络接线为例予以说明。在电网的最末端——用户的电动机或其他用电设备上，保护 1 采用瞬时动作的过电流保护即可满足要求，其动作电流按躲开电动机启动时的最大电流整定（如果电动机用手动经启动器启动，可不考虑自启动电流），与电网中其他保护在定值和时限上都没有配合关系。在电网的倒数第二级上，保护 2 应首先考虑采用 0.5s 的过电流保护，如果在电网中对线路 CD 上的故障没有提出瞬时切除的要求，则保护 2 只装设一个 0.5s 的过电流保护即可，而如果要求全线路 CD 上的大部分故障必须尽快切除，则可只增设一个瞬时电流速断，此时保护 2 就是一个速断加过电流的两段式保护。然后分析保护 3，其过电流保护由于要和保护 2 配合，动作时限要整定为 0.9~1.2s。一般在这种情况下就需要考虑增设瞬时电流速断或同时装设瞬时电流速断和

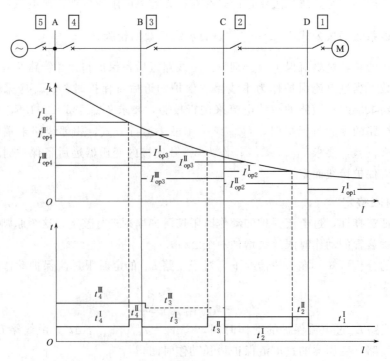

图 3-7 阶段式电流保护的配合和实际动作时间的示意图

限时速断,此时保护 3 可能是两段式也可能是三段式。越靠近电源端,过电流保护的动作时限越长,因此一般都需要装设三段式的保护。当一级限时速断不能满足对主保护的灵敏度要求时也可设两级限时速断,构成四段式保护。前面已提到,在三段式或四段式电流保护中,瞬时速断是辅助保护,其作用是弥补主保护性能的缺陷,快速切除靠近保护安装处的使母线电压大幅度降低的短路;限时速断是主保护;过电流是本线路的后备保护,也作为下级线路保护的远后备。如果在下条线路末端短路时远后备灵敏度不足,则应设置近后备保护。

具有上述配合关系的保护装置配置情况及各点短路时实际切除故障的时间均相应地表示在图 3-7 中。由图可见,当全网任何地点发生短路时,如果不发生保护或断路器拒绝动作的情况,则故障都可以在 $0.35 \sim 0.5 \mathrm{s}$ 的时间内予以切除。

使用 I 段、II 段和 III 段组成的阶段式电流保护,其最主要的优点就是简单、可靠,并且在一般情况下也能够满足快速切除故障的要求,因此在系统中特别是在 35kV 及以下的较低电压的系统中获得了广泛应用。三段式电流保护的功能逻辑框图如图 3-8 所示。这种保护的缺点是直接受系统的接线以及电力系统运行方式变化的影响,例如整定值必须按系统最大运行方式来选择,而灵敏性则必须用系统最小运行方式来校验,这就使它往往不能满足灵敏系数或保护范围的要求。但用微机保护和自适应原理可以大大提高这种保护的性能和应用范围。

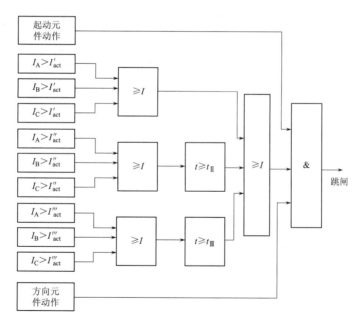

图 3-8 三段式电流保护的功能逻辑框图

瞬时电流速断保护虽然动作快,但不能保护线路全长。限时电流速断保护能保护线路全长,但下一条线路某些地方短路时不能起后备保护作用。定时限过电流保护虽能保护本线路和下一条线路全长,但动作时间比较长。这说明单独设置某种保护都不满足电力系统对保护的基本要求。为了保证对全线路实现迅速、可靠、有选择性的保护,可以将上述三种保护组合在一起构成线路的一套保护装置，称为三段式电流保护装置。其中Ⅰ段瞬时电流速断保护，Ⅱ段限时电流速断保护作为主保护，Ⅲ段定时限过流保护是后备保护。保护原理接线图如图3-9所示。

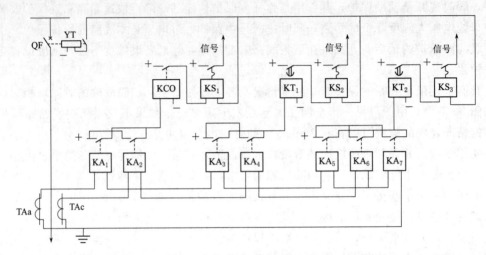

（a）原理图

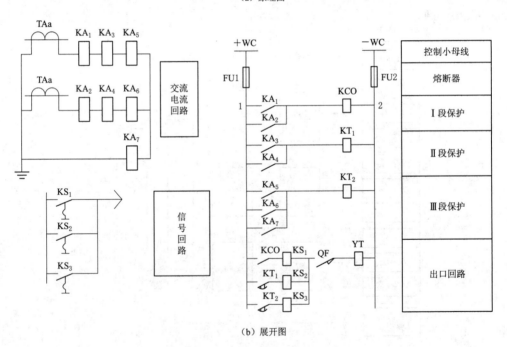

（b）展开图

图3-9 三段式电流保护的接线图

由 KA_1、KA_2、KCO、KS_1 组成Ⅰ段；KA_3、KA_4、KT_1、KS_2 组成Ⅱ段；KA_5、KA_6 KA_7、KS_3 组成Ⅲ段。

原理图中各元件均以完整的图形符号表示，如图3-9（a）所示，这样便于阅读，对保护的动作有整体概念；但原理图不便于现场查线及调试，接线复杂的保护原理图绘制、

62

阅读比较困难。

展开图是以电气回路为基础,将继电器和各元件的线圈、触点按保护动作顺序,自左而右、自上而下绘制的接线图。图 3-9(b)为三段式电流保护的展开图。展开图的特点是分别绘制保护的交流电流回路、交流电压回路、直流回路及信号回路。各继电器的线圈和触点也分开,分别画在其各自所属的回路中,但属于同一个继电器或元件的所有部件都注明同样的文字符号。所有继电器元件的图形符号按国家标准统一编制。

阅读展开图时,一般按先交流回路后直流回路、从上而下、自左向右的顺序进行。例如当线路首端发生短路时,短路电流大于保护装置中的三种电流继电器的动作值,所以,电流继电器 KA_1、KA_2,KA_3、KA_4,KA_5、KA_6 和 KA 同时被启动,其常开触点闭合,启动时间继电器 KT_1、KT_2 和信号继电器 KS,因为 KT、KT_2 动作时间比较长,其触点来不及闭合出口继电器 KC_0 已经启动,出口继电器启动后,它的常开触点闭合,接通断路器的跳闸线圈器跳闸。

【能力训练】(瞬时电流速断保护)

一、操作条件

1. 设备:继电保护实训平台、继电保护测试仪。
2. 工具:螺丝刀、试验连接线。

二、安全及注意事项

1. 工作小心,加强监护,防止误整定、误修改。
2. 默认保护装置所在一次设备带电状态。
3. 对所使用的工具要及时规整复位,并对场地进行 6s 工作。

三、操作过程

试验一:常规电流速断保护实验

1. 实验接线

常规电流速断保护实验接线如图 3-10 所示,将保护安装处(1QF)的电流互感器的

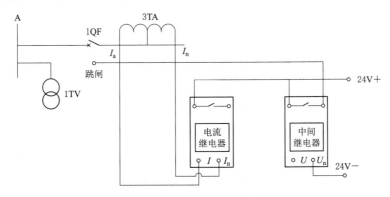

图 3-10 电流速断保护实验接线

端子 I_a、I_n 分别与 DL-31 电流继电器的电流输入端子 I 和 I_n 连接。电流继电器的动作触点连接至中间继电器电压线圈上，中间继电器的动作触点与断路器 1QF 的跳闸信号接孔连接，控制 1QF 跳闸。

注意：实验台上的保护实验模式切换开关应拨到"独立模式"，否则继电器无法获取电流信号！

2. 整定值设置

根据图 3-10 中给出的一次模型结构及参数进行整定计算，将电流整定值填入表 3-1，并对 DL-31 电流继电器进行整定。

提示：整定值应考虑保护安装处电流互感器的变比，转变为二次电流。

3. 测试电流速断保护的动作范围

首先打开测试仪电源，运行"电力网信号源控制系统"软件，在"文件"菜单中选择"打开项目"，选择"常规电流保护实验模型.ddb"打开。双击左侧树形菜单中的"文件管理"中的"常规电流保护实验模型.ddb"，并双击"测试"打开实验模型。在"选项"中单击"显示元件名称"和"显示元件参数"，各元件名称和参数将显示在系统模型一次图中。

(1) 在线路上设置三相短路故障。方法：在线路模型图标上单右击，选择"设置故障"。单击图 3-11 中 AB 线路指示处，设置故障。"线路全长%"根据需要输入数值 1~99，过渡电阻 R_f、R_g 均设为 0，"故障限时"设置为 0（0 表示最长的故障限时）。

提示：在故障设置中，输入的"线路全长%"切勿设置为 0 或者 100%。如果有需要，应该直接在相应母线上设置故障。

(2) 单击菜单中的"设备管理"，选择"设备初始化"。

(3) 单击"运行"，等待软件界面左下角状态栏出现"下载数据结束"的提示后，按下实验台面板上 1QF 处的红色合闸按钮，控制测试仪发出系统正常运行时的电流电压信号。

图 3-11 故障设置方法示意图

(4) 按下实验台面板上的"短路按钮"，控制测试仪发出设置的故障状态下的电流电压信号，观察保护的动作情况，并记录动作值。

(5) 断路器断开后，软件界面一次图上断路器 1QF 将呈现断开状态（绿色），再次做实验前要先将断路器合上，方法是：右键单击断路器所在的线路，单击"故障设置"将"故障设置"前的选中项取消。然后双击断路器，选择"合闸"并确定，再次进行"设备初始化"后即可对断路器合闸。

(6) 设置不同的短路点，重复步骤 (1)~(5)，测试不同地点发生短路时保护动作情况，测多组数据后找出保护在三相短路时的保护范围，填入表 3-1。

(7) 在线路上设置 AB 相间短路故障，同样测出保护在 AB 相间短路时的保护范围，填入表 3-1。

表 3－1		电流速断保护和电流电压联锁速断保护实验记录表		
项　　目	电流整定值/A	电压整定值/V（用相电压表示）	保护范围	
			三相短路	AB 相间短路
电流速断保护				
电流电压联锁速断保护				

试验二：电流电压联锁速断保护实验

1. 实验接线

电流电压联锁速断保护实验接线如图 3－12 所示，将保护安装处（1QF）的电压互感器（1TV）的端子 U_a、U_b，分别连接 DY－36 电压继电器的 U、U_n；将保护安装处（1QF）的电流互感器（TA）的端子 I_a、I_n，分别连接 DL－31 电流继电器的 I、I_n；电流继电器和电压继电器的动作接点串联后经过中间继电器控制 1QF 跳闸。注意电压继电器应接入常闭触点！

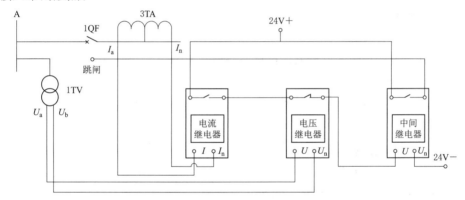

图 3－12　电流电压联锁保护实验接线图

2. 整定值设置

对电流电压联锁速断保护进行整定计算，将整定值填入表 3－1，并对电压继电器和电流继电器进行整定。

提示：电压整定值也应为二次值，电压互感器二次额定电压为 100V。

3. 测试电流电压联锁速断保护的动作范围

同样的，测出保护在三相短路和 AB 相间短路情况下的保护范围，填入表 3－1。

四、学习结果评价

填写考核评价表，见表 3－2。

表 3－2			考 核 评 价 表		
序号	评价内容	评 价 标 准		考核方式	评价结果（是/否）
1	素养	具有良好的合作意识，任务分工明确		师评＋互评	□是　□否
		能精益求精，完成任务严谨认真		师评	□是　□否
		能遵守课堂纪律，课堂积极发言		师评	□是　□否
		遵守 6s 管理规定，做好实训室的整理归纳		师评＋互评	□是　□否
		无危险操作行为，能规范操作		师评	□是　□否

续表

序号	评价内容	评 价 标 准	考核方式	评价结果（是/否）
2	知识	能熟练口述三段式电流保护的工作原理	师评	□是 □否
		能正确比较三段式电流保护的"四性"性能	师评	□是 □否
		能将正确计算不同故障情况下的各保护的动作整定值	师评	□是 □否
3	能力	能分析三段式保护的优缺点和使用场景	师评	□是 □否
		具备计算分析三段式保护的灵敏度的能力	师评	□是 □否
		能使用松菱电气 SLJBX－1B 型继电器及继电保护试验屏完成实训项目	师评＋互评	□是 □否
		能编写完成测试试验报告	师评	□是 □否
4	总评	是否能够满足下一步内容的学习	师评	□是 □否

【课后作业】

1. 什么是三段式电流保护？

2. 三段式电流保护中各段电流保护有何特点？

3. 画图说明限时电流速断保护构成及工作原理。

4. 画出说明三段式电流保护时限特性。

【知识扩展】

反时限过电流保护

1. 构成反时限特性的基本方法

为缩短Ⅲ段电流保护动作时限，可采用反时限特性。当故障点越靠近电源，流过保护的短路电流越大，保护的动作时限越短，其动作特性曲线如图 3－13 所示。反时限过电流保护在一定程度上具有三段式电流保护的功能，即近处故障时动作时限短，在远处故障时动作时限自动加长，可以同时满足速动性和选择性。

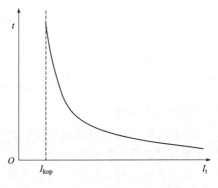

图 3－13　反时限过电流保护的动作曲线

职业能力二　单侧电源输电线路电流电压保护的接线方式

【核心概念】

为了能反映各种类型的相间短路，应合理地选择保护的接线方式。电流保护的接线方式是指电流继电器线圈与电流互感器二次绕组之间的连接方式。正确地选择电流保护的接线方式，对保护的技术、经济性都有很大影响。

【学习目标】

1. 掌握单侧电源输电线路电流电压保护的接线方式原理。

2. 掌握电流保护的接线方式及各自的特点。

【基本知识】

一、电流保护的接线方式

作为相间短路的电流保护，其基本的接线方式主要有以下三种：三相三继电器完全星形接线、两相两继电器不完全星形接线与两相三继电器不完全星形接线。

流入电流继电器的电流与电流互感器二次绕组电流的比值称为接线系统数，用 K_{con} 表示，即

$$K_{con} = \frac{I_r}{I_2} \tag{3-19}$$

式中：I_r 为流入电流继电器的电流；I_2 为电流互感器的二次电流。

由式（3-16）得到 $I_r = K_{con} I_2$，而电流互感器的二次电流 I_2 与一次电流 I_1 的关系是 $I_2 = \dfrac{I_1}{n_{TA}}$，所以电流保护中电流继电器的动作电流 I_{opr} 和保护装置一次动作电流 I_{op} 的关系为

$$I_{opr} = \frac{K_{con}}{n_{TA}} I_{op}$$

下面分别介绍电流保护的三种基本接线形式。

1. 三相三继电器完全星形接线

如图 3-14 所示，三相三继电器完全星形接线是将三相电流互感器的二次绕组与三个电流继电器的线圈分别按相连接，三相电流互感器的二次绕组和电流互感器的线圈均接成星形。三个电流继电器的接点并联连接，构成"或"门。当其中任一接点闭合，均可启动时间继电器或中间继电器。这种接线方式 $K_{con}=1$，它能反映三相短路、两相短路、中性点直接接地电网的单相接地短路。

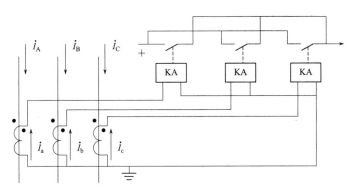

图 3-14　三相三继电器完全星形接线

这种接线方式虽然所需的元件数目较多、接线复杂、投资大，但可提高保护动作的可靠性和灵敏度。因此广泛应用于发电机、变压器等贵重设备及中性点直接接地系统的保护中。

2. 两相两继电器不完全星形接线

两相两继电器不完全星形接线是将两个继电器的线圈和在 A、C 两相上装设的两个电流互感器的二次绕组分别按相连接，如图 3-15 所示。这种接线方式，接线系数 $K_{con} = 1$，它能反映三相短路、两相短路。在中性点不接地系统线路应采用这种接线方式。

在小接地电流系统中，发生单相接地故障时，没有短路电流，只有较小的电容电流相间电压仍然是对称的。为提高供电可靠性，允许电网带一点接地继续运行一段时间。故在这种电网中，在不同地点发生两点接地短路时，要求保护动作只切除一个接地故障点若。采用不完全星形接线且在电流互感器装设在同名的两相上，在不同线路的不同相别上发生两相接地短路时，则有 6 种故障的可能，其中有 4 种情况只切除一条线路，也即有 2/3 的概率切除一条线路，有 1/3 的概率切除两条线路，如图 3-16 和表 3-3 所示。

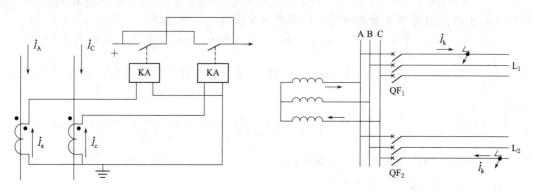

图 3-15 两相两继电器不完全星形接线　　　图 3-16 两回路线示意图

表 3-3　　不同线路的不同相别发生两点接地短路时不完全星形接线保护动作情况

线路 L_1 接地相别	A	A	B	B	C	C
线路 L_2 接地相别	B	C	C	A	A	B
L_1 保护动作情况	动作	动作	不动作	不动作	动作	动作
L_2 保护动作情况	不动作	动作	动作	动作	动作	不动作
停电线路数	1	2	1	1	2	1

两相不完全星形接线方式较简单、经济，对中性点非直接接地系统在不同线路的不同相别上发生两点接地短路时，有 2/3 的概率只切除一条线路，这比三相完全星形接线优越。因此在中性点非直接接地系统中，广泛采用两相不完全星形接线。

3. 两相三继电器不完全星形接线

两相两继电器不完全星形接线，用于 Y-d11 接线变压器（设保护装在 Y 侧）时，其灵敏度将受到影响。为了简化问题的讨论，假设变压器的线电压比 $n_T = 1$，当变压器 d 侧 ab 两相发生短路故障时，根据短路相、序分量边界条件，可得 $I_{ck} = 0$，$I_{C1} = -I_{C2}$。画出的相量图如图 3-17（b）所示，经过变换得 Y 侧电流相量图，如图 3-17（c）所示。由相量图及电流分布图可知，Y 侧三相均有短路电流存在，而 B 相短路电流是其余两相的两倍。但 B 相没装电流互感器，不能反映该相的电流，其灵敏系数是采用三相完全星形接线保护的一半。为克服这一缺点，可采用两相三继电器式接线，如图 3-18 所示。第三个继电器接在中性线上，流过的是 A、C 两相电流互感器二次电流的相量和，等于 B 相电流的二次值，从而可将保护的灵敏系数提高一倍，与采用三相完全星形接线相同。

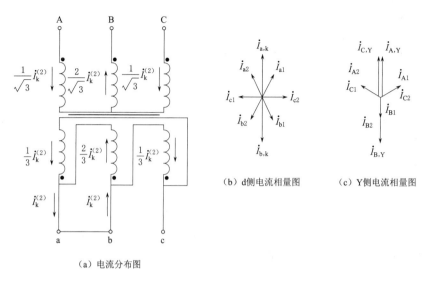

（a）电流分布图

（b）d 侧电流相量图　　　（c）Y 侧电流相量图

图 3-17　Y-d11 接线变压器 d 侧 AB 两相发生短路时的电流分布

三相星形连接需要三个电流互感器、三个电流继电器和四根二次电缆，相对来讲是复杂和不经济的。一般广泛应用于发电机、变压器等大型重要的电气设备的保护中，因为它能提高保护动作的可靠性和灵敏性。此外，它也可以用在中性点直接接地电网中，作为相间短路和单相接地短路的保护。

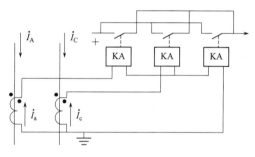

图 3-18　两相三继电器不完全星形接线

由于两相星形连接比较简单经济，因此，在中性点非直接接地电网中，广泛地采用它作为相间短路的保护，但它不能完全反映单相接地短路，当设备为 Y/△连接的降压变压器时，为了提高低压侧两相短路时保护的灵敏度，可在中线上加接电流继电器。

需要说明的是，随着微机保护在电力系统中的广泛使用，采用三相完全星形连接的情况更为普遍。

二、瞬时电流电压连锁速断保护

1. 工作原理及整定计算

瞬时电流电压连锁速断保护，就是瞬时电流速断保护和瞬时电压速断保护相互闭锁的一种保护装置。保护动作参数的整定原则和瞬时电流速断保护一样，按躲过被保护线路末端短路来整定。由于该保护采用了电流元件、电压元件相互闭锁，在外部故障时，只要有一个测量元件不动作，保护就能满足选择性。通常的整定方法是按系统在经常出现的运行方式（简称正常运行方式）下有较大的保护范围来进行整定计算。

设被保护线路的长度为 L ，正常运行方式下的保护范围为 L_1 ，为了保证选择性，要求 $L_1 < L$ 。

写成等式 $$L_1 = K_{rel} \approx 0.8 \tag{3-20}$$

式中：K_{rel} 为可靠系数，取 $1.2 \sim 1.3$ 。

对应于保护范围 L_1 ，保护的动作电流为

$$I_{op} = \frac{E_s}{X_s + X_1 L_1}$$

式中：E_s 为系统的等值计算相电势；X_s 为正常运行方式下，系统的等值电抗；X_1 为线路单位千米长度的正序电抗。

保护的动作电压（通常考虑线电压）为

$$U_{op} = \sqrt{3}\, I_{op} X_1 L_1 \tag{3-21}$$

从式（3-18）可看出，U_{op} 就是在正常运行方式下，保护范围 L_1 末端三相短路时，保护安装处母线 A 上的残余电压。因此，在正常运行方式下，电流元件、电压元件的保护范围是相等的，其保护范围约为被保护线路全长的 80% 。

2. 原理接线图

瞬时电流电压联锁速断保护装置的原理接线图如图 3-19 所示。

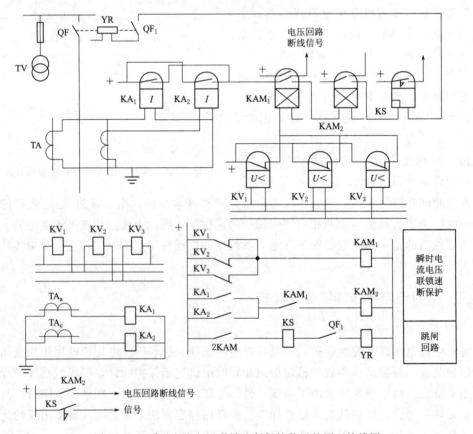

图 3-19　瞬时电流电压联锁速断保护装置的原理接线图

电压元件为三个低电压继电器,其线圈分别接在电压互感器二次侧的三个线电压上,这样可以保证在不同相间的两相短路时,电压元件有较高的灵敏系数。它们的接点并联后接到中间继电器 KAM_1 的线圈上。增加中间继电器 KAM_1 是为了增加低电压继电器的接点数目,因为电压回路断线时,电压继电器会动作,要求发出电压回路断线信号;而发生故障时,电压继电器也会动作,要去启动跳闸回路。电流元件采用两相两继电器不完全星形接线,两个电流继电器的接点并联后通过中间继电器 KAM_1 与电压继电器的接点组成"与"门。当发生故障时,只有电流元件、电压元件同时动作,整套保护才动作。当电压回路断线时,电流元件不动作,电压元件动作,仅仅发出电压回路的断线信号。

由于瞬时电流电压连锁速断保护接线比较复杂,所以只有当瞬时电流速断保护不能满足灵敏系数要求时,才考虑采用。

同理,也可以组成限时电流电压连锁速断保护。由于实际很少采用,故不讨论。

3. 低电压启动的过电流保护

对于过电流保护,当灵敏系数不满足要求时,必须采取措施提高灵敏系数。提高灵敏系数最简单的方法就是在原来过电流保护的基础上加装低压启动元件,即采用低电压启动的过电流保护。

系统在正常运行时,不论负荷电流多大,母线上的电压都很高,低电压继电器不会动作。在此情况下,即使电流继电器动作,保护也不会误动作。因此,在计算电流元件的动作电流时,可以不按躲过最大负荷电流 I_{Lmax},而只需躲开正常工作电流,一般用电气设备的额定电流 I_N 来计算,即保护的动作电流为

$$I_{op} = \frac{K_{rel}}{K_{re}} I_N \tag{3-22}$$

这样就大大地减少了保护装置的动作电流,从而提高了它的灵敏系数。

保护的动作电压按躲过最小工作电压来整定,即

$$U_{op} = \frac{K_{re}}{K_{rel}} U_{wmin} \tag{3-23}$$

式中:K_{rel} 为可靠系数,取 0.9;K_{re} 为返回系数,取 1.15;U_{wmin} 为最小工作电压,取 $0.9U_N$(U_N 为额定电压)。

将式(3-23)数据代入式(3-20),得

$$U_{op} \approx 0.7 U_N \tag{3-24}$$

对于过电流元件灵敏系数的校验与单独的过电流保护灵敏系数的校验。低电压元件灵敏系数应按最不利的短路情况下保护安装处相间残余电压最高的情况来校验,即按在最大运行方式下,在保护范围末端短路来校验,即

$$K_{sen} = \frac{U_{op}}{U_{rsdmax}} \tag{3-25}$$

式中:U_{rsdmax} 为最大运行方式下,保护范围末端短路时保护安装处的最高残余电压(线

电压)。

一般规定，电压元件的 $K_{sen} \geqslant 1.3$。

【能力训练】(熟悉使用 SLJBX-1B 型断电器模拟实验套件)

一、操作条件

1. 设备：继电保护实训平台、继电保护测试仪。
2. 工具：螺丝刀、试验连接线。

二、安全及注意事项

1. 工作小心，加强监护，防止误整定、误修改。
2. 默认保护装置所在一次设备带电状态。
3. 对所使用的工具要及时规整复位，并对场地进行 6s 工作。

三、操作过程

试验：断路器模拟试验套件

(一) 断路器模拟试验套件正常状态检查

SLJBX-1B 型继电器及继电保护实训屏上电，将漏电保护开关及屏面上端交直流空气开关依次合上，交直流电源指示灯显示正常为绿色。断路器模拟试验套件中，断路器上端 L11、L12、L13 指示灯依次为黄、绿、红并显示正常，QF 手跳手合控制及指示处，手跳按钮灯显示为绿色；此时 QF 辅助触点常闭接点应为闭合状态，常开触点为断开状态。当按动手合按钮，QF 手合按钮灯显示为红色，同时 L21、L22、L23 点亮表示 QF 断路器已经合闸，此时手合触点闭合，QF 辅助触点常开触点闭合，常闭触点断开；按动手跳按钮，此时断路器恢复到分闸状态，手分触点先闭合后延时断开。断路器模拟试验套件如图 3-20 所示。

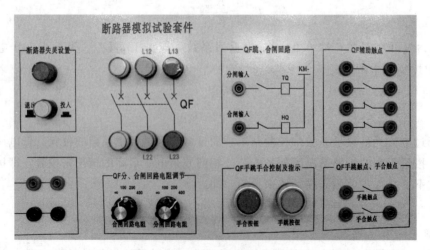

图 3-20 断路器模拟试验套件

试验套件左上端为合闸延时控制继电器与分闸延时继电器及断路器失灵设置按钮，用于分合闸延时控制及断路器失灵的设置，如设置合闸延时为 30s，当按下手合按钮，或导通合闸回路时，断路器延时约 30s 后合闸成功。按下断路器失灵设置按钮，断路器失灵模块告警蜂鸣器响，操作 QF 手跳、手合按钮，或导通分合闸回路，断路器不动作。试验套件左下端为 5 路 DC220V 直流电源输出模块，可作为直流工作继电器的电源。

试验套件中下部分为 QF 分、合闸回路电阻调节开关，可以通过旋转调节开关，调节 QF 分、合闸回路的电阻以调节分、合闸回路的电流。当调节开关旋转至∞时，为模拟断路器固有的回路电阻；当调节开关旋转至 100 时，模拟断路器回路电阻为固有回路电阻并联上 100Ω 电阻的阻值。同理当调节开关旋转至 200Ω 与 400Ω 时，模拟断路器回路电阻为固有回路电阻并联上各选择电阻的阻值。分、合闸回路电流，可通过钳形电流表（钳形电流表由用户自备）测得。

（二）模拟试验套件与其他继电器及继电保护的配合实训

断路器模拟试验套件可作为电磁式继电器动作出口对象；与自动重合闸装置配合完成诸如过流保护与自动重合闸装置综合实训等项目。

四、学习结果评价

填写考核评价表，见表 3-4。

表 3-4   考 核 评 价 表

序号	评价内容	评 价 标 准	考核方式	评价结果（是/否）
1	素养	具有良好的合作意识，任务分工明确	师评＋互评	□是 □否
		能够精益求精，完成任务严谨认真	师评	□是 □否
		能够遵守课堂纪律，课堂积极发言	师评	□是 □否
		遵守 6s 管理规定，做好实训室的整理归纳	师评＋互评	□是 □否
		无危险操作行为，能够规范操作	师评	□是 □否
2	知识	掌握单侧电源输电网络电流电压保护的不同接线方式	师评	□是 □否
		能够分析不同接线方式的优缺点	师评	□是 □否
		掌握瞬时电流电压联锁速断保护的原理	师评	□是 □否
3	能力	能够正确绘制不同接线方式的原理图	师评	□是 □否
		能够完成在 SLJBX-1B 型继电器及继电保护实训屏上完成接线和调试	师评＋互评	□是 □否
		能够编写完成测试试验报告	师评	□是 □否
4	总评	是否能够满足下一步内容的学习	师评	□是 □否

【课后作业】

1. 画图说明三相完全星形接线方式的特点。
2. 画图说明两相不完全星形接线方式的特点。

【知识拓展】

标 幺 制

在电力系统短路故障分析中，常采用没有量纲的相对值——标幺值进行运算，以简化计算过程。没有量纲的标幺值表示方法定为标幺制。

在标幺制中，各种物理量都要指定一个基准值。某个物理量的标幺值即为其有名值与基准值之比。在电力系统中，常用物理量的有名值有 U、I、Z、S，对应指定其基准值为 U_B、I_B、Z_B、S_B。在三相电力系统中，习惯使用三相功率和线电压表示，因此有 $S_B = \sqrt{3} U_B I_B$，$U_B = \sqrt{3} Z_B I_B$。所以只要选取两个基准值，通常是 S_B 和 U_B 其余两个基准值便可随之确定。

S_B 和 U_B 的选取要适当，以便于标幺值和有名值之间的换算，并使各量大小合适。三相功率基准值 S_B 通常取 100MVA，当电力系统容量很大时，如 500kV 系统可取 1000MVA。线电压基准值通常选取的是该电压级的平均额定电压 $U_{av} \approx 1.05 U_N$（取整数）。各电压级的平均额定电压见表 3-5（U_N 为电网额定电压）。

表 3-5   **各电压级的平均额定电压**

U_N	0.38	3	6	10	35	110	220	330	500
U_{av}	0.4	3.15	6.3	10.5	37	115	230	345	525

基准值选定后，各电气量的标幺值可做如下计算：

$$S_* = S/S_B \qquad U_* = U/U_B \qquad I_* = \frac{I}{I_B} = \frac{\sqrt{3} U_{av} I}{S_B} \qquad Z_* = \frac{Z}{Z_B} = \frac{\sqrt{3} S_B}{U_{av}^2}$$

某些电力设备的参数，如发电机、变压器等，常用自身三相额定容量 SN 和额定线压 JN 为基准的标幺值表示。如果在电力系统计算中选取的 S_B、U_B 与 S_N、U_N 不同，则原标幺值要换算为新基准的标幺值。设某阻抗原标幺值为 Z_*，则以 S_B、U_B 为基准的标幺值为 $Z_* = \left(Z_{N*} \dfrac{U_N^2}{S_N} \right) \dfrac{S_B}{U_B^2}$。

对称分量法及其应用

任意不对称的三相相量 $\dot{F}_A$、$\dot{F}_B$、$\dot{F}_C$ 都可以分解为三组相序不同的对称分量，即正序分量 $\dot{F}_{A1}$、$\dot{F}_{B1}$、$\dot{F}_{C1}$，负序分量 $\dot{F}_{A2}$、$\dot{F}_{B2}$、$\dot{F}_{C2}$，零序分量 $\dot{F}_{A0}$、$\dot{F}_{B0}$、$\dot{F}_{C0}$，如图 3-21 所示。

三相相量 $\dot{F}_A$、$\dot{F}_B$、$\dot{F}_C$ 的关系如图 3-21 所示。

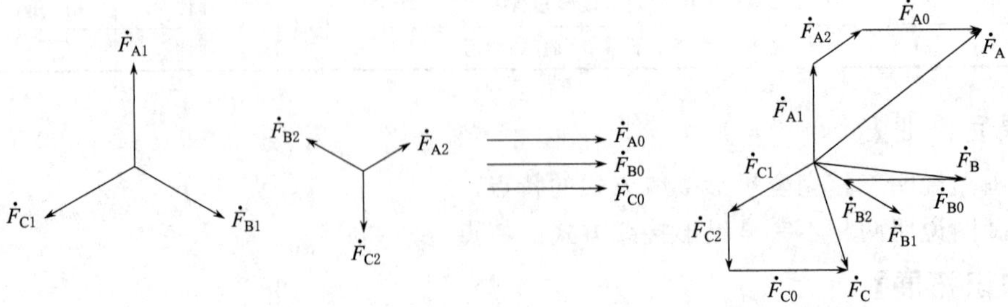

图 3-21   三相向量 $\dot{F}_A$、$\dot{F}_B$、$\dot{F}_C$ 及分解后的正序、负序、零序分量

职业能力三　双侧电源网络的方向电流保护

【核心概念】

为了能反映各种类型的相间短路，应合理地选择保护的接线方式。电流保护的接线方式是指电流继电器线圈与电流互感器二次绕组之间的连接方式。正确地选择电流保护的接线方式，对保护的技术、经济性都有很大影响。

【学习目标】

1. 分析在双侧电源网络时代三段式电流保护存在的问题。
2. 掌握方向电流保护的工作原理。
3. 掌握功率继电器的原理特性分析。
4. 掌握功率方向继电器的连接方式。

【基本知识】

一、方向性电流保护的工作原理

对于图 3-22（a）所示的双侧电源网络，由于两侧都有电源，所以在每条线路的两侧均需装设断路器和保护装置。当 k_1 点发生短路时，应由保护 2、6 动作跳开断路器切除故障，不会造成停电，这正是双端供电的优点。但是单靠电流的幅值大小能否保证保护 5、1 不会误动？

假如在 AB 线路上短路时流过保护 5 的短路电流小于在 BC 线路上短路时流过的电流，则为了对 AB 线路起保护作用，保护 5 的整定电流必然小于 BC 线路上短路时的短路电流，从而在 BC 线路短路时误动。同理，当 CD 线路上短路时流过保护 1 的电流小于 BC 线路短路时流过的电流时，在 BC 线路上短路时也会造成保护 1 的误动。假定保护的正方向是由母线指向线路，分析可能误动的情况，都是在保护的反方向短路时可能出现。

从上述分析可见，在双侧电源的情况下，单靠电流或电压判据难以正确区分故障的位置。在这种情况下，需要引入新的判据来解决这个问题。而比较方便的判据是电压和电流的乘积（功率）。从物理角度来说，可以有三种功率：视在功率、有功功率和无功功率。这其中，视在功率是复数，作为判据不好使用，有功功率和无功功率为实数，均可以作为新的判据引入。通常使用的是有功功率作为新的判据。

分析图 3-22（a）的 k_1 点发生短路时流过线路的短路功率（指短路时母线电压与线路电流相乘所得到的有功功率）方向，是从电源经由线路流向短路点，与保护 2、3 和保护 6、7 的正方向一致。分析 k_2 点和其他任意点的短路，都有相同的特征，即短路功率的流动方向正是保护应该动作的方向，并且短路点两侧的保护只需要按照单电源的配合方式整定配合，即可满足选择性要求。保护如果加装一个可以判别短路功率流动方向的元件，并且当功率方向由母线流向线路（正方向）时才动作，并与电流保护共同工作，便可以快速、有选择性地切除故障，称为方向性电流保护。方向性电流保护既利用了电流的幅值特性、又利用功率方向的特征。

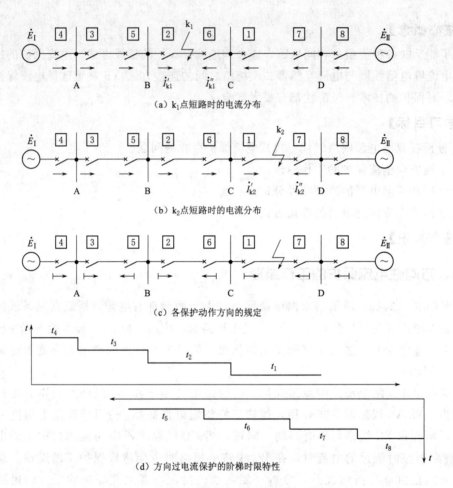

（a）k₁点短路时的电流分布

（b）k₂点短路时的电流分布

（c）各保护动作方向的规定

（d）方向过电流保护的阶梯时限特性

图 3-22　双侧电源网络及其变化动作方向的规定

　　在图 3-22 所示的双侧电源网络接线中，假设电源 $\dot{E}_{II}$ 不存在，则发生短路时，保护 1、2、3 的动作情况与由电源 $\dot{E}_{I}$ 单独供电时一样，它们之间的选择性是能够保证的。如果电源 $\dot{E}_{I}$ 不存在，则保护 5、6、7 由电源 $\dot{E}_{II}$ 单独供电，此时它们之间也同样能够保证动作的选择性。

　　以上分析可知，当两个电源同时存在时，在每个保护上加装功率方向元件，该元件只当功率方向由母线流向线路时动作，而当短路功率由线路流向母线时不动作，从而使保护继电器的动作具有一定的方向性。按照这个要求配置的功率方向元件及规定的动作方向如图 3-22（c）所示。

　　当双侧电源网络_上的电流保护装设方向元件以后，就可以把它们拆开看成两个单侧电源网络的保护，其中，保护 1、2、3 反应于电源 $\dot{E}_{I}$ 供给的短路电流而动作，保护 5、

6、7 反应于电源 $\dot{E}_{II}$ 供给的短路电流而动作，两组方向保护之间不要求有配合关系，其工作原理和整定计算原则与上节所介绍的三段式电流保护相同。在图 3-22（d）中示出了方向过电流保护的阶梯形时限特性。由此可见，方向性电流保护的主要特点就是在原有电流保护的基础上增加一个功率方向判断元件，以保证在反方向故障时把保护闭锁使其不致误动作。

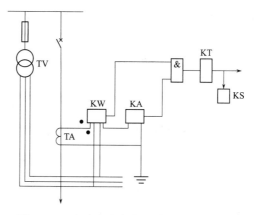

图 3-23　方向电流保护的单相原理接线图

具有方向性的电流保护的单相原理接线图如图 3-23 所示，主要由方向元件 KW、电流元件 KA 和时间元件 KT 组成，方向元件和电流元件必须都动作以后，才能去启动时间元件，再经过预定的延时后动作于跳闸。

二、方功率方向继电器的工作原理

在图 3-24（a）所示的网络接线中，对保护 1 而言，当正方向 k_1 点三相短路时，如

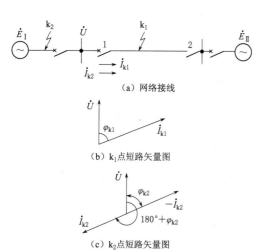

(a) 网络接线

(b) k_1 点短路矢量图

(c) k_2 点短路矢量图

图 3-24　方向继电器原理

果短路电流 $\dot{I}_{k1}$ 的规定正方向是从保护安装处母线流向被保护线路，则它滞后于该母线电压 $\dot{U}$ 一个相角 φ_{k1}（φ_{k1} 是从母线至 k_1 点之间的线路阻抗角），其值为 0～90°，如图 3-24（b）所示。当反方向 k_2 点短路时，通过保护 1 的短路电流是由电源 E_{II} 供给的。此时对保护 1 如果仍按规定的电流正方向观察，则 $\dot{I}_{k2}$ 落后于母线电压 $\dot{U}$ 的相角将是 $180°+\varphi_{k2}$（φ_{k2} 为从该母线至 k_2 点之间的线路阻抗角），其值为 $180°<180°+\varphi_{k2}<270°$，如图 3-24（c）所示。如以母线电压（即加于保护 1 的电压）U 作为参考矢量，并设 $\varphi_{k1}=\varphi_{k2}=\varphi_k$，则 $\dot{I}_{k1}$ 和 $\dot{I}_{k2}$ 的相位相差 180°。即在正方向短路时，电流落后于电压的角度为一锐角，在反方向短路时为钝角。

因此，判别短路功率的方向或电流、电压之间的相位关系，就可以判别发生故障的方向。用以判别功率方向或测定电流、电压间相位角的继电器或元件称为功率方向继电器或方向元件。由于它主要反应加入继电器中电流和电压之间的相位，因此用相位比较方式来实现最简单。对于传统模拟式保护，长期以来，方向元件用工作任务二所介绍的四极感应圆筒式继电器实现。在微机保护中计算短路功率的大小和方向或者只判断其方向，其基本原理是相同的，并且可以用记忆作用消除方向元件的死区，动作速度快，获得更好的特

性。为直观起见，此处以模拟式保护为例说明方向继电器的原理。

对继电保护中方向继电器的基本要求如下：

（1）应具有明确的方向性，即在正方向发生各种故障（包括故障点有过渡电阻的情况）时，能可靠动作，而在反方向发生任何故障时可靠不动作。

（2）故障时继电器的动作有足够的灵敏度。

三、相间短路功率方向继电器的接线方式

为了满足继电保护对功率继电器的要求，功率方向继电器广泛采用90°接线方式，如图3-25所示。所谓的90°接线方式是指在三相对称的情况下，当 $\cos\varphi=1$ 时，加入A相继电器的电流 $\dot{I}_A$ 和电压 $\dot{U}_{BC}$ 相位相差90°。

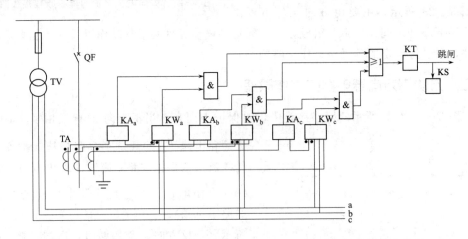

图3-25 功率方向元件采用90°接线时三相方向过电流保护的原理接线图

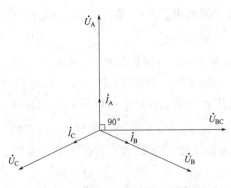

图3-26 $\cos\varphi=1$ 时的向量图

图3-26为采用90°接线方式时，将三个继电器分别接于 $\dot{I}_A$、$\dot{U}_{BC}$，$\dot{I}_B$、$\dot{U}_{CA}$ 和 $\dot{I}_C$、$\dot{U}_{AB}$ 而构成的三相方向过电流保护的原理接线图。顺便指出，对功率方向继电器的接线，必须十分注意继电器电流线圈和电压线圈的极性问题。

四、双侧电源网络中电流保护整定的特点

1. 电流速断

对应用于双侧电源线路上的电流速断保护，可画出线路上各点短路时短路电流的分布曲线，如图3-27所示。其中曲线①为由电源 $\dot{E}_1$ 供给的电流；曲线②为由 $\dot{E}_2$ 供给的电流，由于两侧电源容量不同，因此电流大小也不同。当任一侧区外相邻线路出口处（如图3-27中的 k_1 点和 k_2 点短路时，短路电流 $\dot{I}_{k1}$ 和 $\dot{I}_{k2}$ 要同时流过两侧的保护1和保护2，此时按照选择性的要求，两个保护均不动作，因此两个保护的启动电流应相同，并按照较大的一个

短路电流整定，例如当 $\dot{I}_{k2max} > \dot{I}_{k1max}$ 时应取

$$\dot{I}^{I}_{op1} = \dot{I}^{I}_{op2} = K'_{rel}\dot{I}_{k2max} \tag{3-26}$$

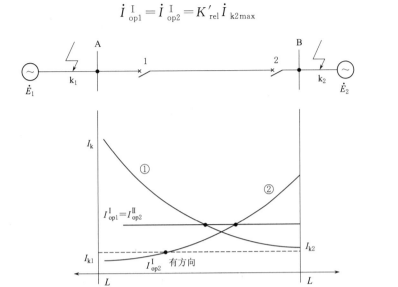

图 3-27　双侧电源网络上的电流速断保护的整定

这样整定的结果将使位于小电源侧保护 2 的保护范围缩小。两端电源容量的差别越大时，对保护 2 的影响就越大。

为了解决这个问题，就需要在保护 2 处装设方向元件，使其只有当电流从母线流向被保护线路时才动作，这样保护 2 的启动电流就可以按照躲开 k_1 点短路来整定，整定公式如下：

$$\dot{I}^{I}_{op2} = K'_{rel}\dot{I}_{k1max} \tag{3-27}$$

如图 3-27 中的虚线所示，其保护范围较之前增加了很多。必须指出，在上述情况下，保护 1 处无需装设方向元件，因为它从定值上已经可靠地躲开了反方向短路时流过保护的最大电流 $\dot{I}_{k1max}$。

2. 限时电流速断保护

应用于双侧电源网络中的限时电流速断保护，其基本的整定原则仍应与下一级保护的无时限电流速断保护相配合，但需考虑保护安装地点与短路点之间有电源或分支电路的影响。对此可归纳为如下两种典型的情况：

（1）助增电流的影响。如图 3-28 所示，分支电路中有电流，此时故障线路中的短路电流 $\dot{I}_{BC}$ 将大于 $\dot{I}_{AB}$，其值为 $\dot{I}_{BC} = \dot{I}_{AB} + \dot{I}'_{AB}$ 这种使故障线路电流增大的现象，称为助增。有助增以后的短路电流分布曲线也示于图 3-28 中。

此时保护 1 电流速断保护的整定值仍按躲开相邻线路出口短路整定为 $\dot{I}^{I}_{op1}$，其保护范围末端位于 M 点。在此情况下，流过保护 2 的电流为 I_{ABM}，其值小于 I_{ABM}（$= I'_{op1}$），因此保护 2 的限时电流速断保护的整定值为 $I^{II}_{op2} = K^{II}_{rel}I_{ABM}$。

引入分支系数 K_b，其定义为

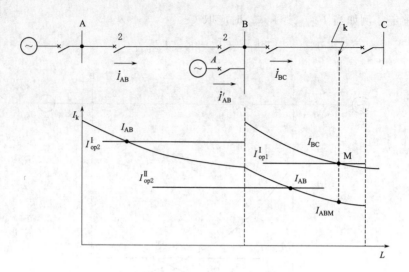

图 3-28 有助增电流时限时电流速断保护的整定

$$K_b = \frac{\text{故障线路流过的短路电流}}{\text{前一级保护所在线路上流过的短路电流}} \quad (3-28)$$

在图 3-28 中，整定配合点 M 处的分支系数为

$$K_b = \frac{I_{BCM}}{I_{ABM}} = \frac{I_{op1}^I}{I_{ABM}} \quad (3-29)$$

代入以上公式，则得

$$I_{op2}^{II} = \frac{K_{rel}^{II}}{K_b} I_{op1}^I \quad (3-30)$$

与单侧电源线路的整定相比，在分母上多了一个大于 1 的分支系数。

(2) 外汲电流的影响。如图 3-29 所示，分支电路为并联的线路，此时故障线路中的电流 $\dot{I}'_{BC}$ 将小于 $\dot{I}_{AB}$，其关系为 $\dot{I}_{AB} = \dot{I}'_{BC} + \dot{I}''_{BC}$，这种使故障线路中的电流减小的现象，称为外汲。此时分支系数 $K_b < 1$，短路电流的分布曲线亦示于图 3-29 中。

有外汲电流影响时分析方法同有助增电流的情况，限时电流速断的启动电流仍应按式(3-27)整定。

当变电站母线上既有电源又有并联的线路时，其分支系数可能大于 1，也可能小于 1，此时应根据实际可能的运行方式，选取分支系数的最小整定值进行计算。对单侧电源供电的线路，实际为 $K_b = 1$ 的一种特殊情况。

五、对方向性电流保护评价

由以上分析可见，在具有两个以上电源的网络接线中，必须采用方向性保护才有可能保证各保护之间动作的选择性。但当保护安装地点附近正方向发生三相短路时，由于母线电压降低至 0，方向元件将失去判别相位的依据，不能动作，其结果将导致整套保护拒动，出现方向保护"死区"，需要采用其他措施克服这一缺陷。

鉴于上述缺点的存在，在继电保护中应力求不用方向元件。实际上是否能取消方向元

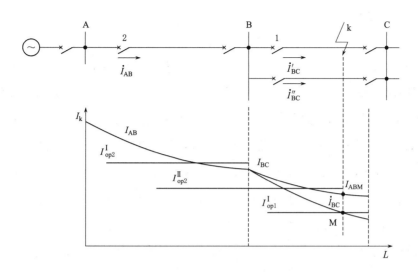

图 3-29　有外汲电流时限时电流速断保护的整定

件而同时保证动作的选择性，将根据电流保护的工作情况和具体的整定计算来确定。例如：

（1）对于电流速断保护，以图 3-27 中的保护 1 为例，如果反方向线路出口处短路时，由电源 $\dot{E}_2$ 供给的最大短路电流小于本保护装置的启动电流 I'_{op1}，则反方向任何地点短路时，由电源 $\dot{E}_2$ 供给的短路电流都不会引起保护 1 的误动，这实际上是已经从整定值上躲开了反方向的短路，因此就可以不用方向元件。

（2）对于过电流保护，一般都很难从电流的整定值躲开，而主要决定于动作时限的大小。

【能力训练】（整流型功率方向继电器电气特性检测）

一、操作条件

1. 设备：继电保护实训平台、继电保护测试仪。
2. 工具：螺丝刀、试验连接线。

二、试验目的

1. 学会运用微机继电保护试验仪测量电流和电压之间相角的方法。
2. 掌握功率方向继电器的动作特性、接线方式及动作特性的试验方法。
3. 研究接入功率方向继电器的电流、电压的极性对功率方向继电器的动作特性的影响。

三、操作过程

（一）LG-11 整流型功率方向继电器的工作原理

LG-11 型功率方向继电器是目前广泛应用的整流型功率方向继电器，其比较幅值的

两电气量动作方程为

$$|\dot{K}_k\dot{I}_m+\dot{K}_y\dot{U}_m| \geqslant |\dot{K}_k\dot{I}_m-\dot{K}_y\dot{U}_m|$$

式中：$\dot{K}_k$ 为转移阻抗；$\dot{K}_y$ 为电压回路变换系数；$\dot{I}_m$ 为继电器电流；$\dot{U}_m$ 为继电器电压。

继电器的原理接线如图 3-30 所示，其中图 3-30（a）为继电器的交流回路图，也就是比较电气量的电压形成回路，加入继电器的电流为 $\dot{I}_m$，电压为 $\dot{U}_m$。电流 $\dot{I}_m$ 通过电抗变压器 DKB 的一次绕组 W_1，二次绕组 W_2 和 W_3 端钮获得电压分量 $\dot{K}_k\dot{I}_m$，它超前电流 $\dot{I}_m$ 的相角就是转移阻抗 $\dot{K}_k$ 的阻抗角 φ_k，绕组 W_4 用来调整 φ_k 的数值，以得到继电器的最灵敏角。电压 $\dot{U}_m$ 经电容 C_1 接入中间变压器 YB 的一次绕组 W_1，由两个二次绕组 W_2 和 W_3 获得电压分量 $\dot{K}_y\dot{U}_m$，$\dot{K}_y\dot{U}_m$ 超前 $\dot{U}_m$ 的相角为 90°。DKB 和 YB 标有 W_2 的两个二次绕组的连接方式如图 3-30 所示，得到动作电压 $\dot{K}_y\dot{I}_m+\dot{K}_y\dot{U}_m$，加于整流桥 BZ1 输入端；DKB 和 YB 标有 W_3 的二次绕组的连接方式如图 3-29 所示，得到制动电压 $\dot{K}_y\dot{I}_m-\dot{K}_y\dot{U}_m$，加于整流桥 BZ2 输入端。图 3-30（b）为幅值比较回路，它按循环电流式接线，执行元件采用极化继电器 JJ。

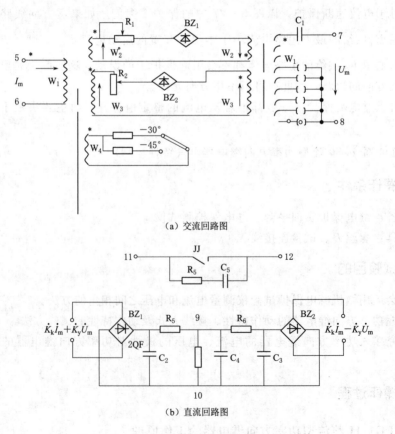

（a）交流回路图

（b）直流回路图

图 3-30 LG-11 功率方向继电器原理接线图

继电器最大灵敏角的调整是利用改变电抗变压器 DKB 第三个二次绕组 W_4 所接的电阻值来实现的。继电器的内角 $\alpha = 90° - \varphi_k$，当接入电阻 R3 时，阻抗角 $\varphi_k = 60°$，$\alpha = 30°$；当接入电阻 R_4 时，$\varphi_k = 45°$，$\alpha = 45°$。因此，继电器的最大灵敏角 $\varphi_{sen} = -\alpha$，并可以调整为两个数值，一个为 $-30°$，另一个为 $-45°$。

当在保护安装处正向出口发生相间短路时，相间电压几乎降为 0，这时功率方向继电器的输入电压 $\dot{U}_m \approx 0$，动作方程为 $|\dot{K}_k \dot{I}_m| = |\dot{K}_k \dot{I}_m|$，即 $|\dot{U}_A| = |\dot{U}_B|$。由于整流型功率方向继电器的动作需克服执行继电器的机械反作用力矩，也就是说必须消耗一定的功率（尽管这一功率的数值不大），因此，要使继电器动作，必须满足 $|\dot{U}_A| > |\dot{U}_B|$ 的条件。所以在 $\dot{U}_m \approx 0$ 的情况下，功率方向继电器动作不了，因而产生了电压死区。

为了消除电压死区，功率方向继电器的电压回路需加设"记忆回路"，就是需电容 C_1 与中间变压器 YB 的绕组电感构成对 50Hz 串联谐振回路。这样当电压 $\dot{U}_m$ 突然降低为零时，该回路中电流 $\dot{I}_m$ 并不立即消失，而是按 50Hz 谐振频率经过几个周波后逐渐衰减为零。而这个电流与故障前电压 $\dot{U}_m$ 同相，并且在谐振衰减过程中维持相位不变。因此，相当于"记住了"短路前电压的相位，故称为记忆回路。

由于电压回路有了记忆回路的存在，当加于继电器的电压 $\dot{U}_m \approx 0$ 时，在一定的时间内 YB 的二次绕组端钮有电压分量 $\dot{K}_y \dot{U}_m$ 存在，就可以继续进行幅值的比较，因而消除了在正方向出口短路时继电器的电压死区。

在整流比较回路中，电容 C_2 和 C_3 主要是滤除二次谐波，C_4 用来滤除高次谐波。

（二）实训内容

1. 功率方向继电器电压潜动现象检查

LG-11 功率方向继电器实训接线如图 3-31 所示。图中由试验仪 bc 相分别输入功率方向继电器的电压线圈，A 相电流输入至继电器的电流线圈，注意同名端方向。

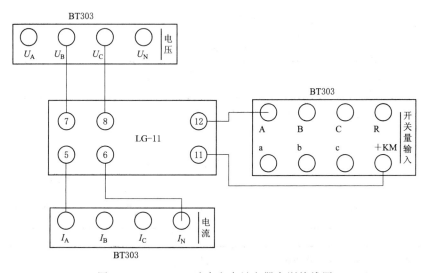

图 3-31　LG-11 功率方向继电器实训接线图

实训步骤如下：

（1）熟悉 LG-11 功率方向继电器的实训接线图和实训原理。认真阅读 LG-11 功率方向继电器原理图（图 3-29）和实训接线图（图 3-30）。

（2）按实训接线图接线。检查功率继电器是否有潜动现象。电压潜动测量：将电流回路开路，对电压回路加入 110V 电压；测量极化继电器 JJ 两端之间电压，若小于 0.1V，则说明无电压潜动。

2. 用实训法测 LG-11 整流型功率方向

继电器角度特性 $U_{pu}=f(\varphi)$，并找出继电器的最大灵敏角和最小动作功率。

实训步骤如下：

（1）-30°灵敏度角测试：LG-11 连接片为-30°按图 3-31 进行实训接线。

（2）按表 3-6 设置试验仪输出参数（测逆时针测动作边界）：电压超前电流为正，否则为负。

表 3-6　　　　　　　电压超前时参数设置表（测逆时针测动作边界）

参　　数	相位	步长	步长是否有效
$U_{bc}=100.0V$	0°	0°	
$I_a=5.0A$	200°	-1°	√

当继电器动作时，将实训数据记入表 3-6。

（3）按表 3-7 设置试验仪输出参数（测顺时针测动作边界）：电压超前电流为正，否则为负。

表 3-7　　　　　　　电压超前时参数设置表（测顺时针测动作边界）

参　　数	相位	步长	步长是否有效
$U_{bc}=100.0V$	0°	0°	
$I_a=5.0A$	200°	1°	√

当继电器动作时，将实训数据记入表 3-8。

表 3-8　　　　　　　　　　实 训 数 据 记 录 表

逆时针测动作边界			
名称	U_{bc}	I_{ab}	计算电压与电流夹角
数值	100.0V	5.0A	$\|360-X_1\|$　　$X_1>180°$
相位	0°	X_1　　115	-115
顺时针测动作边界			
名称	U_{ab}	I_a	计算电压与电流夹角
数值	100.0V	5.0A	$\|360-X_2\|$　　$X_2>180°$
相位	0°	X_2　　304	56

注　逆时针测动作边界动作值：电压超前电流为正，否则为负。
　　顺时针测动作边界动作值：电压超前电流为正，否则为负。

（4）灵敏度角计算：

$$X_m = \frac{X_1 + X_2}{2} = \frac{-115 + 56}{2} = -29.5°$$

四、学习结果评价

填写考核评价表，见表 3-9。

表 3-9　　　　　　　　　　　　考 核 评 价 表

序号	评价内容	评 价 标 准	考核方式	评价结果（是/否）
1	素养	具有良好的合作意识，任务分工明确	师评+互评	□是　□否
		能够精益求精，完成任务严谨认真	师评	□是　□否
		能够遵守课堂纪律，课堂积极发言	师评	□是　□否
		遵守 6s 管理规定，做好实训室的整理归纳	师评	□是　□否
		无危险操作行为，能够规范操作	师评	□是　□否
2	知识	能分析双侧电源网络中采用三段式电流的存在的问题	师评	□是　□否
		能够口述方向保护采用的原理	师评	□是　□否
		掌握功率方向继电器的工作原理	师评	□是　□否
3	能力	能够正确区分正方向和反方向	师评	□是　□否
		能够使用实训屏对功率继电器进行功能测试	师评+互评	□是　□否
		能够完成方向保护的参数配置	师评	□是　□否
		能够编写完成测试试验报告	师评	□是　□否
4	总评	是否能够满足下一步内容的学习	师评	□是　□否

【课后作业】

1. 功率方向继电器的最大灵敏角和动作范围如何确定？试举例说明之。最大灵敏角的含义是什么？什么叫继电器的内角？

2. 在输电线路上，采用功率方向继电器构成方向保护时，保护有死区，为什么叫死区？

3. 产生死区的原因是什么？死区的大小和继电器的哪些构造参数有关？如何消除死区？试指出在理论上和实际上消除死区的措施。

4. 何谓 90°接线？保证采用 90°接线的功率方向继电器的正方向三相和两相短路时正确动作的条件是什么，为什么？采用 90°接线的功率方向继电器在相间短路时会不会有死区，为什么？

职业能力四　输电线路接地故障保护

【核心概念】

我国 3～35kV 的电网采用中性点非直接接地系统，即中性点不接地或经消弧线圈接地方式，发生单相接地故障时，由于不能构成回路，或短路回路中阻抗很大，因而故障电流很小，故又称小电流接地系统；110kV 及以上系统采用中性点直接接地方式，发生点接地时构成接地短路，故障相中流过很大电流，所以又称大接地电流系统。

为了能反映各种类型的相间短路，应合理地选择保护的接线方式。电流保护的接线方式是指电流继电器线圈与电流互感器二次绕组之间的连接方式。正确地选择电流保护的接线方式，对保护的技术、经济性都有很大影响。

【学习目标】

1. 掌握中性点直接接地系统输电线路接地故障的特点。
2. 掌握零序电流保护的基本原理。
3. 能够对零序电流保护的动作值进行整定。

【基本知识】

一、中性点直接接地系统输电线路接地故障的特点

（1）接地故障分析。中性点直接接地系统又称为大接地电流系统，因为发生这种电网接地故障时，会出现很大的短路电流。当发生接地故障时，要求继电保护动作，跳开相应的断路器。我国110kV及以上电压等级的电网，均采用大接地电流系统。统计表明，在大接地电流系统中发生的故障，绝大多数为单相接地故障，因此需要针对接地故障配置专门的保护装置。三相完全星形接线的电流保护，虽然具备反应接地故障的能力，但那是专门为相间短路配置的保护，保护的整定值、时限配合等都不是针对接地故障的，所以如果依赖过电流保护作为接地故障的保护的话，保护的灵敏度和快速性往往不满足要求（灵敏度低、动作时间长）。

中性点直接接地系统发生单相接地故障时，接地相对地电压为零，其他两相对地电压不变，三相电压不平衡，三相电压相量和不为零，产生了零序电压；接地相产生很大短路电流，其余两相为正常负荷电流（忽略负荷电流时为零），三相电流相量和不为零，产生了零序电流。所以产生零序电压和零序电流是中性点直接接系统发生接地故障时最显著的特点。通过获取接地故障时产生的零序分量构成专门的接地保护，称为零序保护。零序电压的分布特点是：接地故障点处的零序电压最高，离故障点越远，零序电压越低，变压器中性点处的零序电压为零。零序电流的分布特点是：零序电流的大小和电源没有直接的关系，零序电流的大小与变压器中性点是否接地以及接地的位置和接地的数目有关。

（2）零序电流互感器。对于电缆线路，可采用零序电流互感器以取得零序电流，如图3-32所示。

（3）零序电流滤过器。在不能采用零序电流互感器的电路中，可采用零序电流滤过器。根据对称分量的表达式，将三相电流互感器的二次侧同极性端并联，使构成零序电流滤过器。如图3-33所示，构成零序电流滤过器的三个电流互感器的变比、型号及励磁特性完全一致。

实际上，由于三相电流互感器的励磁特性不可能完全一致，在正常运行和相间故障时，继电器中会有不平衡电流流过。分析可知正常运行时不平衡电流很小，相间短路时由于铁芯饱和使不平衡电流增大。接地保护的动作电流必须大于此时的不平衡电流。

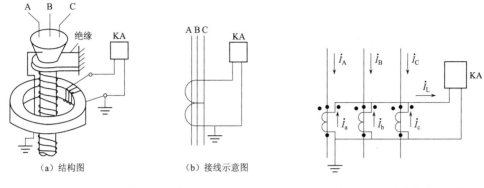

（a）结构图	（b）接线示意图

图 3-32　零序电流互感器　　　　　　　图 3-33　零序电流滤过器

（4）零序电压滤过器。获取零序电压，需要采用零序电压滤过器。构成零序电压滤过器时，须考虑零序电磁通的铁芯路径，所以采用的电压互感器铁芯形式只能是三个单相的或三相五柱式的。根据对称分量表达式，互感器的二次绕组顺极性接成开口三角形，即可取得零序电压，如图 3-34 所示。

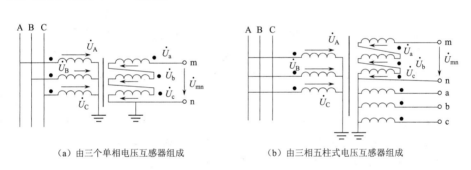

（a）由三个单相电压互感器组成　　　　　（b）由三相五柱式电压互感器组成

图 3-34　零序电压滤过器

二、中性点直接接地电网的零序保护

1. 阶段式零序电流保护

中性点直接接地系统发生接地故障时的保护通常采用零序电流保护。与相间短路故障时的电流保护相似，零序电流保护也采用阶段式，通常采用三段式或四段式保护。三段式零序电流保护由瞬时零序电流速断（零序Ⅰ段），限时零序电流速断（零序Ⅱ段）、零序过电流（零序Ⅲ段）组成。这三段保护在保护范围、动作值整定、动作时限配合等方面与三段式电流保护相类似。三段式零序电流保护原理接线如图 3-35 所示。

零序Ⅰ段的动作电流整定时应考虑如下因素：①应躲过被保护线路末端发生接地故障时可能出现的最大不平衡电流；②应躲过由于三相断路器触头不同时合闸所出现的最大零序电流；③当保护中采用单相或综合自动重合闸时，还考虑到非全相运行时电力系统发生振荡情况下产生的巨大零序电流。按条件①和②确定的零序Ⅰ段为灵敏零序Ⅰ段，按条件③确定的零序Ⅰ段为不灵敏的零序Ⅰ段，在自动重合闸装置动作时自动闭锁灵敏零序Ⅰ

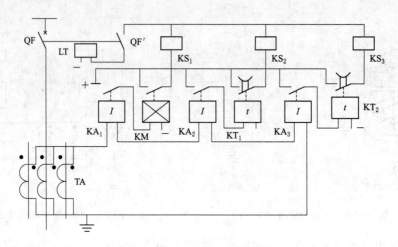

图 3 - 35 三段式零序电流保护

段，投入不灵敏零序Ⅰ段。零序Ⅰ段只能保护线路的一部分。

零序Ⅱ段的动作电流应和相邻下一线路零序Ⅰ段保护动作值相配合，动作时限应比相邻下一线路零序Ⅰ段时限长一个时限级差。零序Ⅱ段能保护线路全长。

零序Ⅲ段即零序过电流保护与相间短路的过电流保护相似，用作本线路接地故障的近后备和相邻下一线路接地故障的远后备。动作电流应按躲过相邻下一线路相间短路时流过本保护的最大不平衡电流来确定。动作时限也是按阶梯形时限配合原则确定。

2. 零序方向电流保护

在两侧变压器的中性点均接地的电网中，当线路上发生单相接地故障时，故障点的零序电流将分为两个支路，分别流向两侧的接地中性点。这种情况与双侧电源电网中反应相间短路故障的过电流保护一样，如果不装设方向元件不能保证保护动作的选择性，如图 3 - 36 所示。所以与方向过电流保护相同，必须在零序电流保护基础上增加零序功率方向继电器，以判别零序电流的方向，构成零序方向电流保护。三段式零序方向电流保护原理接线如图 3 - 37 所示。

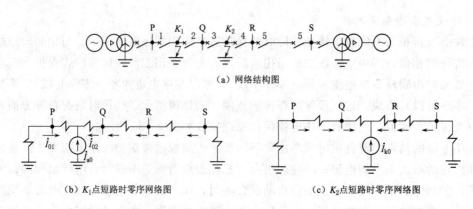

（a）网络结构图

（b）K_1点短路时零序网络图

（c）K_2点短路时零序网络图

图 3 - 36 零序方向电流保护方向性分析

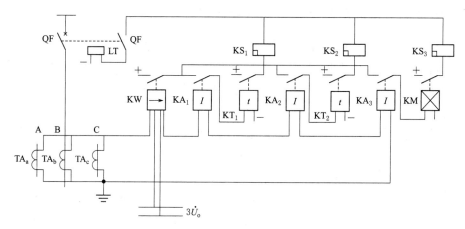

图 3-37　三段式零序方向电流保护原理接线图

三、中性点不接地电网单相接地故障的特点

中性点不接地系统正常运行时，系统的三相电压对称，三相对地电容电流很小且对称，故没有零序电压和零序电流。电源中性点和对称星形边接电容的中性点（大地）同电位，即中性点对地电压为零 $U_N=0$，各相对地电压等于各自相电压。

当发生单相接地故障时：①接地故障相对地电压降为零，其他两相对地电压升高为线电压（$\sqrt{3}$ 倍相电压），产生零序电压，但相间电压仍保持不变；②接地故障相电容电流也降为零，其他两相电容电流随之升高到正常电流的 $\sqrt{3}$ 倍，产生零序电流；③非故障线路的零序电流为本线路两非故障相电容电流的相量和，其相位超前零序电压 90°，方向由母线流向线路；故障线路始端的零序电流等于系统全部非故障线路对地电容电流之和，其相位滞后零序电压 90°，其方向为由线路流向母线，如图 3-38 所示。

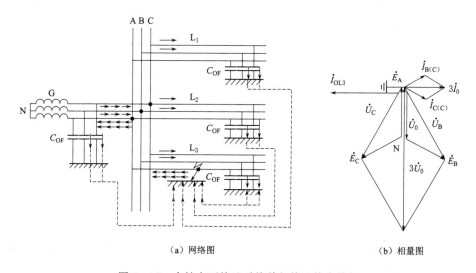

（a）网络图　　　　　　　　　　　　　（b）相量图

图 3-38　中性点不接地系统单相接地特点分析

四、中性点不接地电网单相接地故障保护

中性点不接地电网发生单相接地故障时，由于故障点电流很小，三相线电压仍然对称，对负荷供电影响小，因此一般情况下，要求保护动作于信号，不必立即跳闸，允许继续运行 1～2h，只有在对人身和设备安全有危险时，才动作于跳闸。

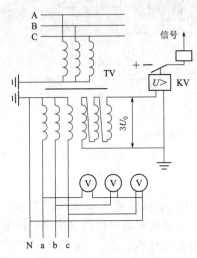

图 3-39 绝缘监视装置原理接线图

中性点不接地系统单相接地的保护方式通常有无选择性地绝缘监视装置、零序电流保护、零序功率方向保护等。

1. 绝缘监视装置

绝缘监视装置是利用单相接地时出现的零序电压的特点构成的，其原理接线如图 3-39 所示。电压互感器的二次侧有两组绕组，其中一组接成星形，分别接三只电压表用以测量三相对地电压；另一组绕组接成开口三角形，以取得零序电压，在开口三角形的开口处接入一个过电压继电器，用来反映系统的零序电压，动作时接通信号回路。

2. 零序电流保护

当发生单相接地故障时，故障线路的零序电流是所有非故障元件的零序电流之和，所以当出线较多时，故障线路零序电流比非故障线路零序电流大得多，利用这个特点就可以构成选择性的零序电流保护。原理示意图如图 3-40 所示。

3. 零序功率方向保护

当变电站出线较少时，故障线路零序电流与非故障线路零序电路大小比较接近，很难实施选择性地零序电流保护，可以利用故障线路与非故障线路零序功率方向不同的特点，构成有选择性地零序功率方向保护。原理接线图如图 3-41 所示。

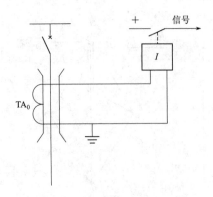

图 3-40 用零序电流互感构成的
零序电流接地保护

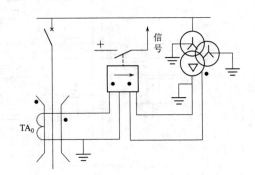

图 3-41 零序功率方向保护原理接线图

【能力训练】（以 EDCS-8110B3 线路保护测控装置为实训平台）

一、操作条件

1. 设备：继电保护实训平台、继电保护测试仪。
2. 工具：螺丝刀、试验连接线；

二、安全及注意事项

1. 工作小心，加强监护，防止误整定、误修改。
2. 默认保护装置所在一次设备带电状态。
3. 对所使用的工具要及时规整复位，并对场地进行 6s 工作。

三、操作过程

EDCS-8110B3 线路保护测控装置适用于 110kV 以下电压等级的非直接接地系统或小电阻接地系统中线路的保护及测控，可组屏安装，也可在开关柜就地安装。设备的功能配置见表 3-10。

表 3-10　　　　　　　　　　功　能　配　置

类型	名　称	线路保护测控装置
保护功能	过流Ⅰ段保护	√（可选择经复压闭锁、方向闭锁）
	过流Ⅱ段保护	√（可选择经复压闭锁、方向闭锁）
	过流Ⅲ段保护	√（可选择经复压闭锁、方向闭锁，可选择定、反时限方式）
	过流加速	√（可选择前加速、后加速方式）
	三相一次重合闸	√（检无压、检同期、不检定）
	过负荷保护	√（可选择告警、跳闸）
	零序过流Ⅰ段保护	√
	零序过流Ⅱ段保护	√
	零序过流Ⅲ段保护	√（可选择定、反时限方式）
	零序过流加速保护	√（可选择前加速、后加速方式）
	低周减载	√（具有低电压闭锁、可选择经滑差闭锁）
	零序过压告警	√
	小电流接地选线告警	（可选择不接地系统、经消弧线圈接地系统）
	过电压保护	√
	失压保护	（可选择经电流闭锁）
同期合闸	同期合闸功能	√（检无压、检同期、不检定）

续表

类型	名　　称	线路保护测控装置
测控功能	遥测量	电流、电压、频率、有功、无功、功率因素、相角测量等
	电度计量	上、下网有功电度；上、下网无功电度
	遥信监视	9 路自定义遥信开入
	事件 SOE 记录	√
	装置上电、停电、复位记录	√
	事故、手动录波	√
	断路器遥控分/合	一组
	系统参数、定值设置	√
	软压板投退	√
	独立的操作回路	√
	自恢复功能	√
故障诊断	TV 断线	√
	TA 断线	√
	TWJ 异常	√
	控制回路断线	√
	装置失电告警	√
	弹簧未储能告警	√
	通信异常告警	√
通信功能	CAN 通信接口	1 路（自定义 XSJ－7000DH 规约）
	以太网通信接口	1 路（IEC60870－5－103 规约）
	RS－485 通信接口	1 路（IEC60870－5－103 规约）
装置调试	出口传动	√
	装置检修状态	√
	事件报告清除	√
结构尺寸	机箱结构	4U 19″/2
	机箱尺寸	260mm（宽）×177.5mm（高）×276mm（深）

注　√标配；○选配。

（一）功能原理

1. 过流Ⅰ段保护

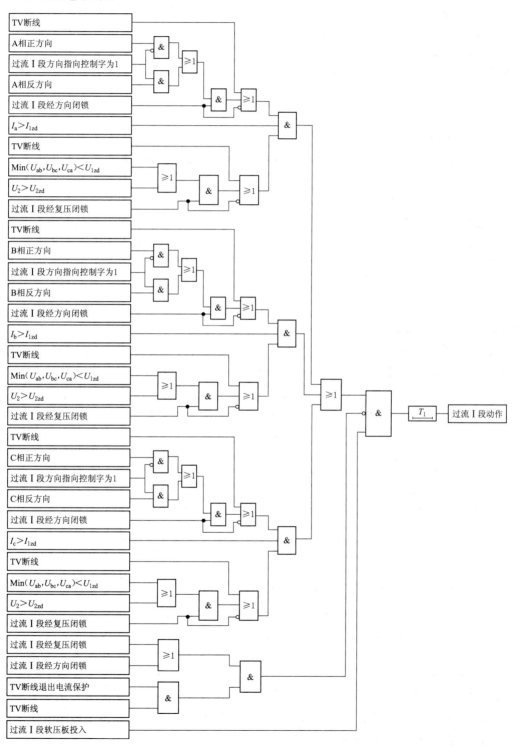

其中：U_{ab}、U_{bc}、U_{ca} 为线电压；U_{1zd} 为低电压定值；U_2 为负序电压；U_{2zd} 为负序电压定值；I_a、I_b、I_c 为三相保护电流；I_{1zd} 为过流 I 段定值；T_1 为过流 I 段时间定值；

2. 过流 II 段保护

过流 II 段逻辑与过流 I 段相同，只是定值及控制字取相应段。

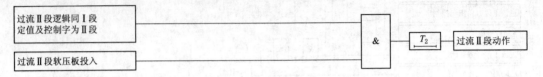

3. 过流 III 段保护

过流 III 段定时限逻辑图与过流 I 段相同，只是定值及控制字取相应段。

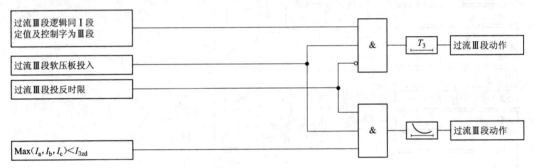

其中：当"过流 III 段时限特性"定值整定为 1 时，为一般反时限方式；整定为 2 时，为非常反时限方式；整定为 3 时，为极端反时限方式。各种方式的取值见表 3-11。

表 3-11　　　　　　　　　　　　　　α 和 β 取值表

反时限类型	α	β
一般反时限	0.02	0.14
非常反时限	1.0	13.5
极端反时限	2.0	80.0

$$t = \frac{\beta}{\left(\dfrac{I}{I_p}\right)^{\alpha} - 1} \times t_p$$

式中：I 为故障电流，取保护 A、B、C 相电流；t_p 为时间系数，取过流 III 段时间定值，范围是 $0.05 \sim 1$；I_p 为电流基准值，取过流 III 段电流定值；t 为动作时间。

4. 零序过流 I 段逻辑

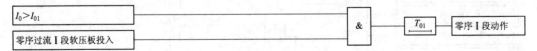

其中：I_0 为零序电流，取自本侧零序电流互感器。T_{01} 为零序过流 I 段的时间定值。I_{01} 为零序过流 I 段的电流定值。

5. 零序过流Ⅱ段逻辑

其中：I_0 为零序电流，取自本侧零序电流互感器；T_{02} 为零序过流Ⅱ段的时间定值；I_{02} 为零序过流Ⅱ段的电流定值。

6. 零序过流Ⅲ段逻辑

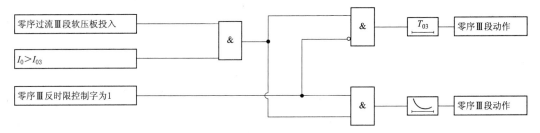

其中：I_0 为零序电流，取自本侧零序电流互感器；I_{03} 为零序过流Ⅲ段电流定值；T_{03} 为零序过流Ⅲ段的时间定值。

当"零序过流Ⅲ段时限特性"定值整定为1时，为一般反时限方式；整定为2时，为非常反时限方式；整定为3时，为极端反时限方式。各种方式的取值见表3－12。

表 3－12　　　　　　　　α 和 β 取 值 表

反时限类型	α	β
一般反时限	0.02	0.14
非常反时限	1.0	13.5
极端反时限	2.0	80.0

$$t = \frac{\beta}{\left(\dfrac{I}{I_p}\right)^{\alpha} - 1} \times t_p$$

式中：I 为故障电流，取零序电流；t_p 为时间系数，取零序过流Ⅲ段时间定值，范围是 0.05～1；I_p 为电流基准值，取零序过流Ⅲ段电流定值；t 为反时限零序动作时间。

（二）装置定值

本装置保护功能按照最大配置设计，表3－13、表3－14所列各保护定值是典型配置。用户根据保护配置通过保护控制字和软压板进行投退。保护定值为8套定值区，可切换。其余定值均只有1套定值区。

表 3－13　　　　　　　　系 统 定 值

序号	定 值 名 称	定值范围	整定步长	备　　注
1	控制字 1	0000～FFFF	—	
2	控制字 2	0000～FFFF	—	

续表

序号	定值名称	定值范围	整定步长	备注
3	保护电流互感器一次值	0～8000A	1A	出厂设置：根据工程项目实际录入，如未提供时设置为500A
4	保护电流互感器二次值	1/5A	1A	出厂设置：根据工程项目实际录入，如未提供时设置为5A
5	测量电流互感器一次值	0～8000A	1A	用于一次值显示 出厂设置：根据工程项目实际录入。如未提供时，测量电流互感器一次值设置为500A，测量电流互感器二次值为5A
6	测量电流互感器二次值	1/5A	1A	
7	零序电流互感器一次值	0～4000A	1A	用于一次值显示 出厂设置：根据工程项目实际录入，如未提供时，零序电流互感器一次值设置为500A，零序电流互感器二次值为5A
8	零序电流互感器二次值	1/5A	1A	
9	母线电压互感器一次值	0.0～110.0kV	0.1kV	用于一次值显示 出厂设置：根据工程项目实际录入，如未提供时，母线电压互感器一次值设置为10.0kV，母线电压互感器二次值为100V
10	母线电压互感器二次值	100V	—	
11	线路电压互感器一次值	0.0～110.0kV	0.1kV	用于一次值显示及重合闸检无压或检同期时相、线电压的选择 出厂设置：根据工程项目实际录入，如未提供时设置母线电压互感器一次值设置为10.0kV，母线电压互感器二次值为100.0V
12	线路TV二次值	57.7V/100.0V	—	
控制字1	以下整定控制字如无特殊说明，则置"1"表示相应功能投入，置"0"表示相应功能退出			
	1 零序电流自产	0/1	1	0：外加；1：自产 不用零序保护时可不整定 出厂设置：0
	2 三瓦/两瓦	0/1	1	0：三瓦；1：两瓦 本定值用于功率计算 出厂设置：0

整定说明：

(1) 系统定值和保护行为相关，务必根据实际情况整定。

(2) 零序电流自产：自产的零序电流仅用于跳闸和告警功能，不能用于小电流接地选线。该控制字设定为"1"，表示零序电流自产，设定为"0"，表示零序电流外加（由端子411～412引入）。出厂默认值为"0"。

(3) 线路电压互感器二次值为100V值，如果检同期相别为相电压检同期，那么在同期时计算压差，将母线电压输入增大1.732倍后进行计算，如果线路电压互感器二次值为57.7时则按实际采样进行计算压差，检无压合闸时统一按实际采样电压进行判别无压门槛。

表 3－14 保　护　定　值

序号	所属组	定值名称	定值符号	定值范围	整定步长	备　注
1	控制字	控制字 1		0000～FFFF	—	
2		控制字 2		0000～FFFF	—	
3		控制字 3		0000～FFFF	—	
4	过流保护	过流Ⅰ段定值	I1zd	0.10～20.00In	0.01A	装置及后台根据实际值整定，并不是以倍数方式整定，定值范围以倍数表示，只为说明保护电流互感器额定二次值为 1A 或 5A 时的有效范围，下同 出厂设置：100.00
5		过流Ⅰ段时间	T1	0～100.00s	0.01s	出厂设置：100.00
6		过流Ⅱ段定值	I2zd	0.10～20.00In	0.01A	出厂设置：100.00
7		过流Ⅱ段时间	T2	0～100.00s	0.01s	出厂设置：100.00
8		过流Ⅲ段定值	I3zd	0.10～20.00In	0.01A	出厂设置：100.00
9		过流Ⅲ段时间	T3	0～100.00s	0.01s	出厂设置：100.00
10		过流低电压	Ulzd	2.00～100.00V	0.01V	按线电压整定 出厂设置：100.00
11		过流负序电压	U2zd	2.00～57.00V	0.01V	按相电压整定 出厂设置：57.00
12	零序过流保护	零序Ⅰ段定值	I01	0.10～20.00A	0.01A	出厂设置：1.00
13		零序Ⅰ段时间	T01	0～100.00s	0.01s	出厂设置：100.00
14		零序Ⅱ段定值	I02	0.10～20.00A	0.01A	出厂设置：1.00
15		零序Ⅱ段时间	T02	0～100.00s	0.01s	出厂设置：100.00
16		零序Ⅲ段定值	I03	0.10～20.00A	0.01A	出厂设置：1.00
17		零序Ⅲ段时间	T03	0～100.00s	0.01s	出厂设置：100.00
18	过流加速保护	过流加速定值	Ijs	0.10～20.00In	0.01A	出厂设置：20.00
19		过流加速时间	Tjs	0～1.00s	0.01s	出厂设置：1.00
20	零序加速保护	零序加速定值	I0js	0.10～100.00A	0.01A	出厂设置：1.00
21		零序加速时间	T0js	0～1.00s	0.01s	出厂设置：1.00
22	过负荷	过负荷定值	Igfh	0.10～3.00In	0.01A	出厂设置：15.00
23		过负荷时间	Tgfh	0～100.00s	0.01s	出厂设置：100.00
24	低周减载	低周减载频率	Flzd	45.00～50.00Hz	0.01Hz	出厂设置：50.00
25		低周减载时间	Tlf	0.10～100.00s	0.01s	出厂设置：100.00
26		低周减载低电压	Ulf	10.00～90.00V	0.01V	按线电压整定 出厂设置：90.00
27		df/dt 闭锁定值	DFzd	0.30～10.00Hz/s	0.01Hz/s	出厂设置：10.00

序号	所属组	定值名称	定值符号	定值范围	整定步长	备注
28	重合闸	重合闸同期角	DGch	0°～90.0°	0.1°	出厂设置：90.0
29		重合闸时间	Tch	0～100.00s	0.01s	出厂设置：100.00
30	过流反时限选择	过流Ⅲ段反时限	FSXI	1～3	1	1：一般反时限 2：非常反时限 3：极端反时限 出厂设置：1
31	过流反时限选择	零序Ⅲ段反时限	FSXL	1～3	1	1：一般反时限 2：非常反时限 3：极端反时限 出厂设置：1
32	小电流接地选线	零序过压定值	ULzd	2.00～57.00V	0.01V	也作为小电流接地选线电压定值 出厂设置：57.00
33		接地选线定值	I0jd	0.05～2.00A	0.01A	小电流接地选线定值 出厂设置：0.80
34	过电压保护	过电压定值	Ugyz	100.00～160.00V	0.01V	出厂设置：160.00
35		过电压时间	Tgy	0～100.00s	0.01s	出厂设置：100.00
36	失压保护	失压定值	Usyz	2.00～80.00V	0.01V	出厂设置：80.00
37		失压时间	Tsy	0～100.00s	0.01s	出厂设置：100.00
38		失压电流闭锁	Ibsz	0.10～2.00In	0.01A	失压有流判据电流定值 出厂设置：10.00
39	小电流接地选线	接地选线时间	Tjd	2.00～100.00s	0.01s	出厂设置：100.00
控 制 字						
1	过流Ⅲ反时限		FSX	0/1	1	0：过流Ⅲ段定时限 1：过流Ⅲ段反时限 出厂设置：0
2	I1复压闭锁		UBL1	0/1	1	过流Ⅰ段经复压闭锁 出厂设置：0
3	I2复压闭锁		UBL2	0/1	1	过流Ⅱ段经复压闭锁 出厂设置：0
4	I3复压闭锁		UBL3	0/1	1	过流Ⅲ段经复压闭锁 出厂设置：0
5	I1方向闭锁		FBL1	0/1	1	过流Ⅰ段经方向闭锁 出厂设置：0
6	I2方向闭锁		FBL2	0/1	1	过流Ⅱ段经方向闭锁 出厂设置：0
7	I3方向闭锁		FBL3	0/1	1	过流Ⅲ段经方向闭锁 出厂设置：0

续表

		控 制 字			
8	零序Ⅲ反时限	L0FSX	0/1	1	0：零序过流Ⅲ段定时限 1：零序过流Ⅲ段反时限 出厂设置：0
9	投电压互感器断线检测	TVDX	0/1	1	电压互感器断线告警投退 出厂设置：1
10	电压互感器断线退保护	TUL	0/1	1	0：退出方向、复压闭锁成为纯过流保护 1：退出过流保护 出厂设置：0
11	投前加速	QJS	0/1	1	0：后加速； 1：前加速 出厂设置：0
12	投 df/dt 闭锁	DF	0/1	1	滑差闭锁投退 出厂设置：0
13	重合闸检同期	JTQ	0/1	1	两者均不投入时则重合闸为不检方式 出厂设置：0
14	重合闸检无压	JWY	0/1	1	
15	零序功率方向	FP0	0/1	1	0：用于不接地系统 1：用于经消弧线圈接地系统 出厂设置：0
16	I1 方向指向	I1FXZX	0/1	1	0：正方向 1：反方向 出厂设置：0
17	I2 方向指向	I2FXZX	0/1	1	0：正方向 1：反方向 出厂设置：0
18	I3 方向指向	I3FXZX	0/1	1	0：正方向 1：反方向 出厂设置：0
19	失压电流闭锁	SYBS	0/1	1	失压保护是否有流闭锁 出厂设置：0
20	重合闸控制字	CHKZZ	0/1	1	0：保护启动重合闸 1：不对应启动重合闸 出厂设置：0

注　(1) 在整定定值前先选择需要整定的定值区。

(2) 当某项定值不用时，如果是过量保护则整定为上限值；如果是欠量保护则整定为下限值；时间整定为100s，功能控制字退出，硬压板打开。

(3) 速断保护、加速保护时间一般需要整定几十到100ms的延时。由于微机保护没有过去常规保护100ms的继电器动作延时，所以整定成0.00s时可能躲不过合闸时的冲击电流，对于零序速断、零序加速保护还存在断路器三相不同期合闸产生的零序电流的冲击。

(4) 只有控制字、软压板状态（若未设置此功能则不判）、硬压板状态（若未设置此功能则不判）均有效时才投入相应保护元件，否则退出该保护元件。

四、学习结果评价

填写考核评价表，见表 3 - 15。

表 3 - 15 　　　　　　　　　　　考 核 评 价 表

序号	评价内容	评 价 标 准	考核方式	评价结果（是/否）
1	素养	具有良好的合作意识，任务分工明确	师评＋互评	□是　□否
		能够精益求精，完成任务严谨认真	师评	□是　□否
		能够遵守课堂纪律，课堂积极发言	师评	□是　□否
		遵守 6s 管理规定，做好实训室的整理归纳	师评	□是　□否
		无危险操作行为，能够规范操作	师评	□是　□否
2	知识	能够熟练掌握电力系统接地的故障类型	师评	□是　□否
		能够正确分析不平衡三相交流电的正序、负序、零序的组成	师评	□是　□否
		掌握故障情况下零序电流的分布情况	师评	□是　□否
3	能力	能够绘制中性点接地系统中，基地故障时零序电压的分布图	师评	□是　□否
		具备三段式零序电流保护的动作整定值的分析能力	师评	□是　□否
		能够完成对零序电流继电器的测试	师评＋互评	□是　□否
		能够编写完成测试试验报告	师评	□是　□否
4	总评	是否能够满足下一步内容的学习	师评	□是　□否

【课后作业】

1. 什么是中性点直接接地电网和中性点非直接接地电网？我国哪些电压电网属于前者，哪些电压电网属于后者？两者之间主要区别是什么，主要优缺点是什么？

2. 当中性点直接接地电网发生单相接地时，其故障的特点是什么？试说明在不同地点发生接地时，零序电流和零序电压的大小和分布特点。某点的零序电压和零序电流的大小和方向与哪些因素有关？

3. 在继电保护中，通常依靠什么方法获取零序电压和零序电流？试说明滤取零序电压和零序电流的基本原理和基本组成元件。

❖❖❖❖❖❖❖ **本 章 小 结** ❖❖❖❖❖❖❖

线路保护的任务是有选择地、快速地、可靠地切除输、配电线路发生的各种故障。根据电网的形式及其发生故障的种类，线路保护有：过流保护、方向过流保护、接地保护、电流电压联锁速断保护、距离保护、输电线路全线快速保护。

瞬时电流速断保护又称第Ⅰ段电流保护，它是反映电流升高，不带时限动作的一种电流保护。带时限电流速断保护又称第Ⅱ段电流保护。带时限电流速断要保护全线路，在线路末端短路时它应动作。定时限过流保护，又称第Ⅲ段电流保护。线路正常运行时它不启动，而在发生短路时启动，并以时间来保证动作的选择性，使保护动作于跳闸。在过电流保护的基础上加装一个方向元件，就构成了方向过电流保护。零序电流保护与相间电流保护一样，也可以构成阶段式保护。通常采用三段式保护，也有采用四段式的。

电 力 小 课 堂

"电力安全"生产可谓是老生常谈。说它老，是因为安全是个一贯至关重要的话题。由于工作性质的原因，电力施工企业的职工长年累月地工作在环境差、危险性大的电力施工现场，每时每刻都要把安全挂在心上，不能有丝毫麻痹。因此电力安全也成为电力行业永恒的话题。

据不完全统计，2020 年我国电力行业发生人身伤亡事故 36 起，死亡 46 人，重伤 6 人，轻伤 3 人。事故起数同比减少 2 起，减幅 5.2%，事故死亡人数同比增加 3 人，增幅 6.9%。全年未发生重大以上电力人身伤亡事故，发生较大事故 2 起，死亡 8 人，发生一般事故 34 起，死亡 38 人，重伤 6 人，轻伤 3 人；2020 年发生的人身伤亡事故中，高处坠落事故 13 起，死亡 19 人；触电事故 8 起，死亡 7 人，重伤 1 人；机械伤害事故 4 起，死亡 4 人；中毒窒息事故 3 起，死亡 8 人；物体打击事故 3 起，死亡 3 人；坍塌事故 2 起，死亡 3 人；起重伤害事故 1 起，死亡 1 人；爆炸事故 1 起，死亡 1 人；灼烫事故 1 起，重伤 5 人，轻伤 3 人。

电力工作是高危行业，危险处处有。安全，是电力工作者的生命，所谓"差之毫厘，谬以千里。"一个简单的操作可能关系到多少人的生命。有资料显示，在电力责任事故中，90%以上的是责任人心存侥幸，安全措施未做到位而造成的。的确，在企业的安全生产实践中正是一些人有了"及格就行"的思想，才导致了事故的发生，轻则设备受损，重则人身伤亡。如果每个安全责任人能够树立"只有满分"的思想，100%严格按安规办事，检查到位，不漏过一个细节，措施到位，不漏过一个疑点，许多的事故都是可以避免的。

工作任务四 输电线路距离与纵联保护

职业能力一 距离保护的构成及原理

【核心概念】

电流、电压保护的主要优点是简单、经济、可靠，在 35kV 及以下电压等级的电网中得到了广泛的应用。但是由于它们的定值选择、保护范围以及灵敏度等受系统运行方式变化的影响较大，难以应用于更高电压等级的复杂网络中。为满足更高电压等级复杂网络快速、有选择性地切除故障元件的要求，必须采用性能更加完善的继电保护装置，距离保护就是其中一种。

【学习目标】

1. 掌握距离保护的作用。
2. 掌握距离保护的基本原理。
3. 掌握距离保护的时限特性。
4. 掌握距离保护的构成。

【基本知识】

一、距离保护的作用

在结构简单的电网中，应用电流、电压保护或方向电流保护，一般能满足可靠性、选择性、灵敏性和快速性的要求。但在高电压或结构复杂的电网中是难于满足要求的。此外，对长距离、重负荷线路，由于线路的最大负荷电流可能与线路末端短路时的短路电流相差甚微，这种情况下，即使采用过电流保护，其灵敏性也是常常不能满足要求。

自适应电流保护，根据保护安装处正序电压、电流的故障分量，可计算出系统正序等值阻抗 Z_{eqs1}；同时通过选相可确定故障类型，取相应的短路类型系数 K_k 值，使自适应电流保护的整定值随系统运行方式、短路类型而变化。这样，自适应电流保护克服了传统电流保护的缺点，从而使保护区达到最佳效果。但在高电压、结构复杂的电网中，自适应电流保护的优点还不能得到充分发挥。

因此，在结构复杂的高压电网中，应采用性能更加完善的保护装置，距离保护就是其中的一种。

二、距离保护的基本原理

距离保护就是反映故障点至保护安装处之间的距离，并根据该距离的大小确定动作时限的一种继电保护装置。当故障点距保护安装处越近时，保护装置感受的距离越短，保护的动作时限就越短；反之，当故障点距保护安装处越远时，保护装置感受的距离越长，保护的动作时限就越长。这样，故障点总是由离故障点近的保护首先动作切除，从而保证了在任何形状的电网中，故障线路都能有选择性地被切除。

　　因此，作为距离保护测量核心元件的阻抗继电器，应能测量故障点至保护安装处的距离。方向阻抗继电器不仅能测量阻抗的大小，而且还应能测量出故障点的方向。线路阻抗的大小反映了线路的长度。因此，测量故障点至保护安装处的阻抗，实际上是测量故障点至保护安装处的线路距离。如图 4-1 所示，设阻抗继电器安装在线路 M 侧，设保护安装处的母线测量电压为 U_m，由母线流向被保护线路的测量电流

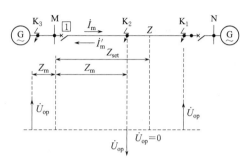

图 4-1　距离保护的基本原理

为 I_m，当电压互感器、电流互感器的变比为 1 时，加入继电器的电压、电流即为 U_m、I_m。

　　当被保护线路上发生短路故障时，阻抗继电器的测量阻抗 Z_m 为

$$Z_\text{m} = \frac{U_\text{m}}{I_\text{m}} \tag{4-1}$$

阻抗继电器的工作电压 U_op 为

$$U_\text{op} = U_\text{m} - I_\text{m} Z_\text{set} \tag{4-2}$$

式中：Z_set 为阻抗继电器的整定阻抗，整定阻抗角等于被保护线路阻抗角。

　　由图 4-1 可见，U_op 即为 Z 点电压。当 Z 点发生故障时，有 $U_\text{m}/I_\text{m} = Z_\text{set}$，所以 Z_set 即为 MZ 线路段的正序阻抗。这样，U_op 是整定阻抗末端的电压，当整定阻抗确定后，U_op 就可在保护安装处测量到。

　　保护区末端 Z 点短路故障时，有 $Z_\text{m} = Z_\text{set}$，$U_\text{op} = I_\text{m} Z_\text{m} - I_\text{m} Z_\text{set} = 0$；正向保护区外 K_1 点短路故障时，有 $Z_\text{m} > Z_\text{set}$，$U_\text{op} = I_\text{m} Z_\text{m} - I_\text{m} Z_\text{set} > 0$，应注意的是，$U_\text{op} > 0$ 的含义是指 U_op 与 $I_\text{m}(Z_\text{m} - Z_\text{set})$ 同相位；正向保护区内 K_2 点短路时，有 $Z_\text{m} < Z_\text{set}$，$U_\text{op} = I_\text{m}(Z_\text{m} - Z_\text{set}) < 0$；反向 K_3 点短路故障时，由于此时流经保护的电流与规定正方向相反，故式（4-2）表示的工作电压为

$$U_\text{op} = U_\text{m} - I_\text{m} Z_\text{set} = I'_\text{m}(Z_\text{m} + Z_\text{set}) > 0$$

这里 $U_\text{op} > 0$ 的含义是表示 U_op 与 I'_op 同相位。从上述分析可知，正向保护区外短路故障时母线电压相位与反向短路故障，工作电压具有相同的相位。不同地点短路故障时 U_op 的相位变化如图 4-2 所示。因此，只要检测工作电压的相位变化，不仅能测量出阻抗的大小，而且还能检测出短路故障的方向。显然，以 $U_\text{op} \leqslant 0$ 作阻抗继电器的判据，构成的是方向阻抗继电器。

　　要实现 $U_\text{op} \leqslant 0$ 为动作判据的阻抗继电器，通常可用两种方法。第一种方法是设置极化电压

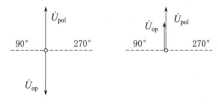

（a）区内短路故障　　（b）区外短路故障

图 4-2　区内、外故障时 U_op 与 U_pol
的相位关系

U_{pol}，一般与 U_m 同相位。当以 U_{pol} 作参考相量作出区内、外短路故障时，U_{op} 与 U_{pol} 的相位关系如图 4-2 所示。由图 4-2 可见，当 U_{op} 甲与 U_{pol} 反相位时，判定为区内故障；U_{op} 与 U_{pol} 同相位时，判定为区外故障或反方向故障。极化电压 U_{pol} 只作相位参考作用，并不参与阻抗测量，称为阻抗继电器的极化电压。显然，U_{pol} 是继电器正确工作所必需的，任何时候其值不能为零。因继电器比较的是 U_{op} 与 U_{pol} 的相位，与 U_{op}、U_{pol} 的大小无关，故以这种原理工作的阻抗继电器可称按相位比较方式工作的阻抗继电器。其动作判据为

$$90° \leqslant \arg \frac{U_{op}}{U_{pol}} \leqslant 270° \tag{4-3}$$

或

$$-90° \leqslant \arg \frac{U_{op}}{-U_{pol}} \leqslant 90° \tag{4-4}$$

极化电压的作用如下：

(1) U_{pol} 是相位比较原理工作的方向阻抗继电器工作所必需的。U_{op} 与 U_{pol} 的数值大小不会影响故障点的距离和方向的测量结果，即在理论上 U_{op} 与 U_{pol} 的幅值大小无要求，关心的是两者间的相位。实际上 U_{pol} 的幅值大小也应在适当范围内，过大和过小都是不适宜的。对于 U_{pol} 的相位，原则上应与 $I_m Z_{set}$ 同相位，即金属性短路故障时与保护安装处母线上测量电压 U_m 同相位。显然，极化电压 U_{pol} 必须有正确的相位和合适的幅值，继电器才能正确工作。如果极化电压 U_{pol} 消失，阻抗继电器是无法工作的。

(2) 可保证方向阻抗继电器正、反向出口短路故障时有明确的方向性。由图 4-2 可见，正向出口短路故障时，工作电压 $U_{op} < 0$；反向出口短路故障时，工作电压 $U_{op} > 0$。为保证继电器由明确方向性，极化电压 U_{pol} 应克服电压互感器二次负荷不对称在继电器端子上产生的不平衡电压的影响，防止极化电压 U_{pol} 失去应有的相位造成继电器失去方向性的可能。

(3) 根据相位比较原理工作方式的阻抗继电器性能特点的要求，极化电压有不同的构成方式，从而可获得阻抗继电器的不同功能，以改善阻抗继电器性能。

常用的方法是引入插入电压 U_{in}，一般与 U_m 同相位，若令

$$U_1 = U_{in} - U_{op} \tag{4-5}$$
$$U_2 = U_{in} + U_{op} \tag{4-6}$$

则作出区内、外短路故障时 U_1、U_2 相量关系如图 4-3 所示。由图可见，继电器的动作判据可写成

$$|U_1| \geqslant |U_2| \tag{4-7}$$

即

$$|U_{in} - U_{op}| \geqslant |U_{in} + U_{op}| \tag{4-8}$$

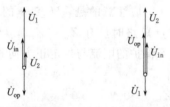

(a) 区内短路故障　(b) 区外短路故障

图 4-3　区内区外短路故障时
U_1、U_2 相位关系

虽然 U_m 插入电压不影响继电器的阻抗测量，但它是继电器正确工作所必需的，任何时候其值不能为 0。由于继电器比较的是动作电压 U 和制动电压 U_2 的幅值大小，与 U_1 和 U_2 的相位无关。

三、距离保护时的限特性

距离保护的动作时限 t_{op} 与保护安装处到短路点间距离的关系为时限特性即 $t_{op} = f(Z_m)$。与三段式电流保护类似，具有阶梯时限特性的距离保护获得了广泛的应用。以三段式距离保护为例，保护装置 1 和保护装置 2 都具有不同保护范围的相应动作时间，如图 4-4 所示。

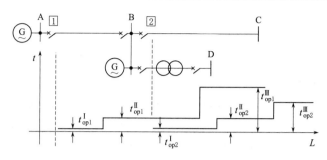

图 4-4　距离保护时限特性

四、距离保护的构成

三段式距离保护装置一般由启动元件、方向元件、阻抗元件、时间元件组成，其逻辑关系如图 4-5 所示。

图 4-5　距离保护逻辑关系图

（1）启动元件的主要作用是在发生故障瞬间启动保护装置。启动元件可采用反映负序电流或负序与零序电流的负荷电流的元件构成，也可以采用反映突变量的元件构成。

（2）方向元件的作用是保证动作的方向性，防止反方向发生短路故障时，保护装置误动作。方向元件采用方向继电器，也可以采用由方向元件和阻抗元件相结合而构成的方向阻抗继电器。

（3）测量元件用阻抗继电器实现，主要作用是测量短路点到保护安装处的距离（或阻抗）。

（4）时间元件的主要作用是按照故障点到保护安装处的远近，根据预定的时限特性动作的时限，以保证动作的选择性。

【能力训练】（以 EDCS-8210B 高压输电线路保护装置为例）

一、操作条件

（1）设备：继电保护装置、输电线路。

（2）工具及图纸：凤凰螺丝刀、短接线、输电线路保护图册。

二、安全及注意事项

（1）在操作非电量保护装置时，履行操作监护制度，并做必要的安全防护。

（2）防止误入带电间隔，不要盲目碰触高压导线及设备，避免触电危险。

（3）对所使用的纸质图纸、工具要及时规整复位，并对场地进行 6s 工作。

三、操作过程

（一）熟悉 EDCS-8210B 高压输电线路保护装置

距离保护的性能指标如下：

（1）阻抗定值范围：0.05～125.00Ω。

（2）时间定值范围：0.01～10s。

（3）阻抗定值误差：不大于±5%或0.05Ω。

（4）时间定值误差：不大于±1%或30ms（0.7倍定值）。

（二）EDCS-8210B高压输电线路保护装置距离保护工作原理

本装置设有三段式圆特性相间、接地距离保护和两个用于远后备的四边形相间、接地距离保护。本保护由正序电压极化，从而有较大的测量故障过渡电阻的能力。为更好地用于短线路保护，扩大测量过渡电阻的能力，还设有阻抗偏移角，可将Ⅰ、Ⅱ段阻抗向第Ⅰ象限偏移。

正序极化电压较高时，有正序电压极化的距离保护有很好的方向性。当正序电压下降至10%U_n以下时，进入三相低压程序，由正序电压记忆量极化，Ⅰ、Ⅱ段距离保护在动作前设置正的门槛，保证母线三相故障时继电器不失去方向性。继电器动作后则改为反门槛，保证正方向三相故障动作后一直保持到故障切除。Ⅲ段距离保护始终采用反门槛，因而三相短路Ⅲ段稳态特性包含原点，不存在电压死区。

（三）操作说明

1. 按键说明

按键说明如图4-6所示。

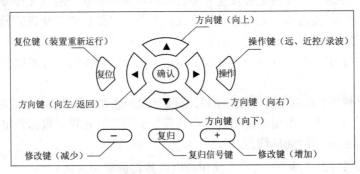

图4-6 按键说明图

2. 菜单说明

菜单操作原则：在主画面，操作【确认】键，进入Ⅰ级菜单操作画面。每屏为四个菜单项，当前菜单项为白字黑底，按如下操作步骤进入要选择项：

（1）操作"确认"键，菜单进入下级菜单或具体画面。

（2）操作"◀"键，菜单由具体画面返回主画面或回到上级菜单。

（3）操作"▲"或"▼"键选择上一行或下一行菜单项，在定值修改中可作为翻屏键使用。

3. 操作权限及密码管理

装置在进行定值整定、出口传动、通道校正、密码修改时，需要输入正确的密码，即操作它们时需要相应的操作权限。装置的权限管理采用三级密码方式，其对应的操作权限如下：

厂家密码：用于出厂功能总配置。

调试密码：供现场的技术管理人员，如继保人员、站长，用于整定运行定值、通信参数、变比、打印参数等。

运行密码：供现场一线运行人员使用，常用于定值区切换、软压板投退等。

4．树形目录结构

人机界面树形结构如图4-7所示。

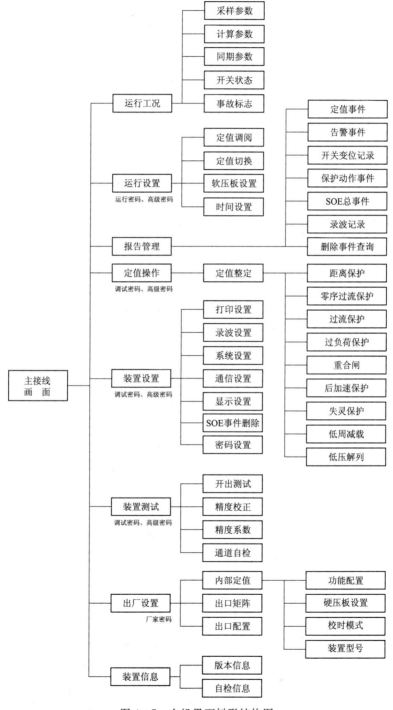

图4-7　人机界面树形结构图

5. 菜单功能说明

一级菜单	二级菜单	三级菜单	功 能 说 明
运行工况	采样参数		显示保护装置电流电压实时采样值
	计算参数		显示通过实时采样值计算出的参数
	同期参数		显示保护装置实时同期参数值
	开关状态		显示保护装置硬压板、外部开关状态
	事故标志		显示保护装置所有保护动作事件标志
运行设置	定值调阅		显示任一区定值内容
	定值切换		切换当前定值运行区
	软压板设置		投退相关保护功能压板
	时间设置		设置保护装置运行时间
报告管理	定值事件		显示最近的定值修改记录
	告警事件		显示最近的告警事件记录
	开关变位记录		显示最近的开关变位记录
	保护动作事件		显示最近的保护动作事件记录
	SOE 总事件		显示最近的所有事件记录
	录波记录		显示最近的录波记录
	删除事件查询		显示最近 1 次的删除事件记录
定值操作	定值整定		整定任一区定值内容
装置设置	打印设置		设置打印方式
	录波设置		设置录波启动方式
	系统设置	系统参数	设置本保护装置所应用场合的系统参数
	通信设置		设置通信的地址、波特率、通信方式
	显示设置		设置保护装置 SOE 事件的显示方式、液晶关背光方式
	SOE 事件删除		清除保护装置所记录的 SOE 事件
	密码设置		设置保护装置的运行密码、调试密码、高级密码
装置测试	开出测试		保护功能退出，执行开关和信号节点传动测试
	精度校正		根据给定自动调整采样模块在单位输入下精度
	精度系数		调整采样模块在单位输入下的精度
	通道自检		检测装置及外部光纤通道是否正常。仅 EDCS-8210B3 才有
出厂设置	内部定值		厂家进行修改，出厂整定好
	出口矩阵		厂家进行修改，出厂整定好
	出口设置		厂家进行修改，出厂整定好
装置信息	版本信息		显示保护装置程序版本、校验码以及程序生成时间
	自检信息		显示保护装置的闭锁保护信息、B 码校时信息

四、学习结果评价

填写考核评价表，见表 4 - 1。

表 4 - 1　　　　　　　　考 核 评 价 表

序号	评价内容	评　价　标　准	考核方式	评价结果（是/否）
1	素养	具有良好的合作意识，任务分工明确	师评＋互评	□是　□否
		能够精益求精，完成任务严谨认真	师评	□是　□否
		能够遵守课堂纪律，课堂积极发言	师评	□是　□否
		遵守 6s 管理规定，做好实训室的整理归纳	师评	□是　□否
		无危险操作行为，能够规范操作	师评	□是　□否
2	知识	能够熟练分析常规电流保护存在的不足	师评	□是　□否
		能够口述距离保护的工作原理	师评	□是　□否
		能够完成阻抗继电器的动作原理分析	师评	□是　□否
3	能力	能够完成距离保护的动作向量图绘制	师评	□是　□否
		能够完成 EDCS - 8210B 高压输电线路保护装置距离保护装置的面板操作	师评	□是　□否
		能够对微机保护装置进行基本操作	师评＋互评	□是　□否
		能够编写完成测试试验报告	师评	□是　□否
4	总评	是否能够满足下一步内容的学习	师评	□是　□否

【课后作业】

1. 什么是距离保护，主要优点有哪些？

2. 距离保护由哪些元件构成？

职业能力二　阻 抗 继 电 器

【核心概念】

由于微机数字式保护的巨大优越性，终将完全取代传统的模拟式继电保护装置。但继电保护技术中很多原理是在模拟式保护的基础上发展起来的，这些原理和技术有些直接应用于微机保护，有些对微机保护也有重要参考价值。为了不割裂技术发展的历史，也为了使初学者容易理解和掌握继电保护的基础知识，下面仍然在模拟式距离保护的基础上对这些原理进行阐述。

【学习目标】

1. 掌握阻抗继电器的动作特性。

2. 掌握阻抗继电器的接线方式。

3. 能够使用 SLJBX - 1B 型实训装置进行灵敏角测试。

【基本知识】

一、距离保护的作用

距离保护的基本任务是短路时准确测量出短路点到保护安装点的距离（阻抗），按照预定的保护动作范围和动作特性判断短路点是否在其动作范围内，决定是否应该跳闸和确定跳闸时间。模拟式距离保护将前两项任务结合在一起完成，由此发展成一整套距离保护技术。但微机保护有计算、方程式求解、存储、比较、逻辑判断等能力，因而将前两项任务分别独立完成更为简单、灵活和精确。距离继电器是距离保护装置的核心元件，其主要作用是直接或间接测量短路点到保护安装地点之间的阻抗，并与整定阻抗值进行比较，以确定保护是否应该动作，故又称阻抗继电器。除了按人工智能原理的神经网络构成的以外，距离继电器按其构成方式可分为单相补偿式（第 I 类）和多相补偿式（第 II 类）两种。

距离保护中的测量元件是由阻抗继电器构成，它是距离保护的核心元件。正常运行时，阻抗继电器通入负荷电流的二次值及母线电压的二次值，故障时通入短路电流的二次值及母线残余电压的二次值。阻抗继电器根据测量到的电压与电流的比值不同决定继电器是否动作。下面以单相式阻抗继电器为例进行分析。

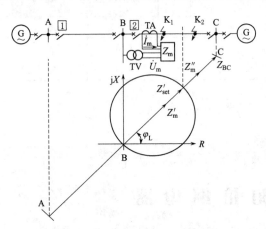

单相式阻抗继电器是指加入继电器只有一个电压 U_r（可以是相电压或线电压）和一个电流 I_r，（可以是相电流或两相电流差）的阻抗继电器，U_r，和 I_r 比值称为继电器的测量阻抗 Z_m。如图 4-8 所示，BC 线路上任意一点故障时，阻抗继电器通入的电流是故障电流的二次值，接入的电压是保护安装处母线残余电压的二次值 U_r，则阻抗继电器的测量阻抗（感受阻抗）Z_m 可表示为

图 4-8 阻抗继电器动作特性分析

$$Z_m = \frac{U_r}{I_r} \qquad (4-9)$$

由于电压互感器（TV）和电流互感器（TA）的变比均不等于 1，所以故障时阻抗继电器的测量阻抗不等于故障点到保护安装处的线路阻抗，但 Z_m 与 Z_k 成正比，比例常数为 $\frac{n_{TA}}{n_{TV}}$。

在复数平面上，测量阻抗 Z_n 可以写成 $R+j$ 的复数形式。为了便于比较测量阻抗 Z_n 与整定阻抗 Z_{set}，通常将它们画在同一阻抗复数平面上。以图 4-8 中的保护装置 2 为例：将线路的始端 B 置于坐标原点，保护正方向故障时的测量阻抗在第 I 象限，即落在直线 BC 上，BC 与 R 轴之间的夹角为线路的阻抗角。保护反方向故障时的测量阻抗则在第 III 象限，即落在直线 BA 上。假如保护装置 2 的距离 I 段测量元件的整定阻抗 $Z_{set}^I = 0.85 Z_{BC}$，且整定阻抗角 $\varphi_{set} = \varphi_L$（线路阻抗角），那么，$Z_{set}^I$ 在复数平面上的位置必然在

BC 上。

Z_{set}^{I} 表示的这一段直线即为继电器的动作区，直线以外的区域即为非动作区。在保护范围内的 K_1 点短路时，测量阻抗 $Z'_m < Z_{set}^{I}$，继电器动作；在保护范围外的 K_2 点短路时，测量阻抗 $Z''_m < Z_{set}^{I}$，继电器不动作。

实际上具有直线形动作特性的阻抗继电器是不能采用的，因为在考虑故障点过渡电阻的影响及互感器角度误差的影响时，测量阻抗 Z_n 将不会落在整定阻抗的直线上。为了在保护范围内故障时阻抗继电器均能动作，必须扩大其动作区。目前广泛应用的是在保证整定阻抗 Z 不变的情况下，将动作区扩展为位置不同的各种圆或多边形。

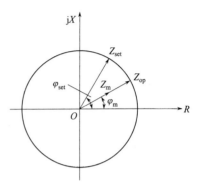

图 4 - 9　全阻抗继电器的动作特性

1. **圆特性阻抗继电器**

圆特性阻抗继电器也称为全阻抗继电器如图 4 - 9 所示，全阻抗继电器的特性圆是一个以坐标原点为圆心，以整定阻抗的绝对值 $|Z_{set}|$ 为半径所作的一个圆，圆内为动作区，圆外为非动作区。不论故障发生在正方向短路故障，还是反方向短路故障，只要测量阻抗 Z_m 落在圆内，继电器就动作，所以称为全阻抗继电器。当测量阻抗落在圆周上时，继电器刚好能动作，对应于此时的测量阻抗称为阻抗继电器的动作阻抗，以 Z_{op} 表示。对全阻抗继电器来说，不论 U_m 与 I_m 之间的相位差 φ_m 如何，$|Z_{op}|$ 均不变，总是 $|Z_{op}| = |Z_{set}|$，即全阻抗继电器无方向性。

在构成阻抗继电器时，为了比较测量阻抗 Z_m 和整定阻抗 Z_{set}，总是将它们同乘以线路电流，变成两个电压后，进行比较。而对两个电压的比较，则可以比较其绝对值（也称比幅），也可以比较其相位（也称为比相）。

对于图 4 - 9 所示的全阻抗继电器特性，只要其测量阻抗落在圆内，继电器就能动作，所以该继电器的动作方程为

$$|Z_m| \leqslant |Z_{set}| \tag{4-10}$$

上式两边同乘以电流 l_n，计及 $I_m Z_m = U_m$，得

$$|U_m| \leqslant |I_m Z_{set}| \tag{4-11}$$

若令整定阻抗 $Z_m = k$，则式（4 - 11）为

$$|K_{uv} U_m| \leqslant |K_{ur} I_m| \tag{4-12}$$

式中：K_{uv} 为电压变化器变换系数；K_{ur} 为电抗变换器变换系数。

式（4 - 12）表明，全阻抗继电器实质上是比较两电压的幅值。其物理意义是：正常运行时，保护安装处测量到的电压是正常额定电压，电流是负荷电流，式（4 - 12）不成立，阻抗继电器不启动；在保护区内短路故障时，保护测量到的电压为残余电压，电流是短路电流，式（4 - 12）成立，阻抗继电器启动。

2. **方向阻抗继电器**

方向阻抗继电器的特性圆是一个以整定阻抗 Z_{set} 为直径而通过坐标原点的圆，如图 4 - 10

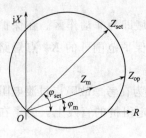

图 4-10 方向阻抗
继电器的特性圆

所示,圆内为动作区,圆外为制动区。当保护正方向故障时,测量阻抗位于第Ⅰ象限,只要落在圆内,继电器即启动,而保护反方向短路时,测量阻抗位于第Ⅲ象限,不可能落在圆内,继电器拒动,故该继电器具有方向性。

方向阻抗继电器的整定阻抗一经确定,其特性圆便确定了。当加入继电器的 U_m 和 I_m 之间的相位差(测量阻抗角) φ_m 为不同数值时,此种继电器的动作阻抗 Z_{op} 甲也将随之改变。当 φ_m 等于整定阻抗角 φ_{set} 时,继电器的动作阻抗达到最大,等于圆的直径。此时,阻抗继电器的保护范围最大,工作最灵敏。因此,这个角度称为方向阻抗继电器的最大灵敏角,通常用 φ_{set} 表示。当被保护线路范围内故障时,测量阻抗角 $\varphi_m = \varphi_k$(线路短路阻抗角)。为了使继电器工作在最灵敏条件下,应选择整定阻抗角 $\varphi_{set} = \varphi_k$,若 φ_k 不等于 φ_{sen},则动作阻抗 Z_{op} 甲将小于整定阻抗 Z_{set},这时继电器的动作条件是 $Z_m < Z_{op}$ 甲,而不是 $Z_m < Z_{set}$。

(1)幅值比较。绝对值比较方式如图 4-11(a)所示,阻抗继电器启动(即测量阻抗 Z_m 位于圆内)的条件是

$$|Z_m - 0.5Z_{set}| \leqslant |0.5Z_{set}| \tag{4-13}$$

式(4-13)两边乘以电流 I_m,以比较两个电压的幅值,得

$$|U_m - 0.5I_m Z_{set}| \leqslant |0.5I_m Z_{set}| \tag{4-14}$$

将整定阻抗与变换系数间关系代入式(4-14),得

$$|K_{UV}U_m - 0.5K_{ur}I_m| \leqslant |0.5K_{ur}I_m| \tag{4-15}$$

(2)相位比较。相位比较方式如图 4-11(b)所示,当 Z_m 位于圆周上时,阻抗 Z_m 与($Z_{set} - Z_m$)之间的相位差为 $\theta = 90°$,可以证明 $-90° \leqslant \theta \leqslant 90°$ 是方向阻抗继电器的能够启动的条件。其启动方程为

$$-90° \leqslant \arg \frac{Z_m}{Z_{set} - Z_m} \leqslant 90° \tag{4-16}$$

其中

$$\theta = \arg \frac{Z_m}{Z_{set} - Z_m}$$

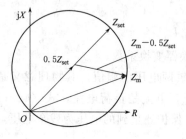

(a)幅值比较式分析

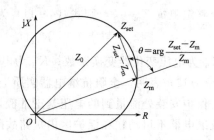

(b)相位比较式分析

图 4-11 方向阻抗继电器的动作特性

当动作方程用电压形式表示时，其启动方程为

$$-90° \leqslant \arg \frac{K_{uv}U_m}{K_{ur}I_m - K_{uv}U_m} \leqslant 90° \tag{4-17}$$

（3）幅值比较与相位比较关系。若令幅值比较的动作量 $A = 0.5Z_{set}$，制动量 $B = Z_m - 0.5Z_{set}$，则继电器启动条件是 $|A| > |B|$；按相位比较实现的方向阻抗继电器被比较的两个阻抗为 $C = Z_m$，$D = (Z_{set} - Z_m)$，当 C、D 的相位差 $-90° \leqslant \theta \leqslant 90°$，继电器启动。由此可以推出两种比较之间被比较阻抗的一般关系为

$$C = A + B$$
$$D = A - B \tag{4-18}$$

若比较绝对值的两个阻抗 A、B 已知，由式（4-18）可以求得比较相位的两个阻抗。若已知相位比较的两个阻抗 C、D，通过下式可求得比较绝对值的两个阻抗 A、B，即

$$\left. \begin{array}{l} 2A = C + D \\ 2B = C - D \end{array} \right\} \tag{4-19}$$

也可以写成

$$A = C + D$$
$$B = C - D \tag{4-20}$$

由上述分析可知，同一动作特性的阻抗继电器既可按绝对值比较方式构成，也可按比较相位方式构成，利用式（4-19）和式（4-20）就可以方便地由已知的一组比较阻抗求得另一组比较阻抗。必须注意的是：①只适用于 A、B、C、D 为同一频率的正弦交流电；②只适用于相位比较动作范围为 $-90° \leqslant \theta \leqslant 90°$ 和幅值比较方式，且动作条件为 $|A| > |B|$ 的情况；③对短路暂态过程中出现的非周期分量和谐波分量，以上的转换关系显然是不成立的，因此不同比较方式构成的继电器受暂态过程的影响而不同。

3. 偏移特性阻抗继电器

由式（4-15）和式（4-16）可知，当加入阻抗继电器测量电压 $U_m = 0$ 时，比幅原理阻抗继电器处于动作边缘，实际上由于执行元件总是需要动作功率的，阻抗继电器将不启动；而比相原理阻抗继电器只有一个电压无法比较相位，继电器也将不启动。显然，在保护安装出口处三相短路故障，即出现"动作死区"。

偏移特性阻抗继电器的特性是正方向的整定阻抗为 Z_{set}，同时反方向偏移一个 αZ_{set}，称 α 为偏移度，其值在 0~1。阻抗继电器的动作特性如图 4-12 所示，圆内为动作区，圆外为制动区。偏移特性阻抗继电器的特性圆向第Ⅲ象限作了适当偏移，使坐标原点落入圆内，则母线附近的故障也在保护范围之内，因而电压死区不存在了。由图 4-12 可见，圆的直径为 $|Z_{set} + \alpha Z_{set}|$，圆的半径为 $|Z_{set} - Z_0|$。

这种继电器的动作特性介于方向阻抗继电器和全阻抗继电器之间。例如当采用 $\alpha = 0$ 时，即为方向阻抗继电器，而当 $\alpha = 1$ 时，则为全阻抗继电器，其动作阻抗 Z_{op} 与测量阻抗角 ϕ_m 有关，但又没有完全的方向性。实用上通常采用 $\alpha = 0.1 \sim 0.2$，以便消除方向阻

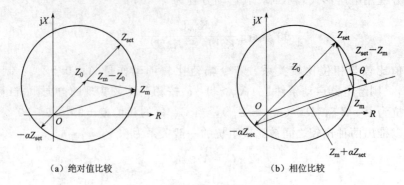

（a）绝对值比较　　　　　　　（b）相位比较

图 4-12　方向阻抗继电器的动作特性

抗继电器的死区。

（1）绝对值比较。绝对值比较方式如图 4-12（a）所示，阻抗继电器的启动条件为

$$|Z_m - Z_0| \leqslant |Z_{set} - Z_0| \tag{4-21}$$

将等式两端同乘以电流，则比较两个电压幅值的阻抗继电器启动条件为

$$|U_m - I_m| \leqslant |I_m Z_{set} - I_m Z_0| \tag{4-22}$$

$$|K_{UV} - 0.5(1-\alpha)K_{ur}I_m| \leqslant |0.5(1+\alpha)K_{ur}I_m| \tag{4-23}$$

（2）相位比较。相位比较方式如图 4-12（b）所示，当 Z_m 位于圆周上时，（$Z_m + \alpha Z_{set}$）与（$Z_{set} - Z_m$）之间的相位差为 $\theta = 90°$。同样可以证明，$-90° \leqslant \theta \leqslant 90°$ 也是继电器能够启动的条件。

将（$Z_m + \alpha Z_{set}$）和（$Z_{set} - Z_m$）都乘以电流 I_m，即可得到用以比较其相位的两个电压为

$$C = \alpha K_{ur}I_m + K_{uv}U_m$$
$$D = K_{ur}I_m - K_{uv}U_m$$

最后，重复总结一下三个阻抗的意义和区别，以便加深理解：

1）Z_m 是继电器的测量阻抗，当加入阻抗继电器的测量电压 U_m 是与测量电流 I_m 是的比值确定，Z_m 的阻抗角就是测量电压 U_m 与测量电流 I_m 之间的相位差 φ_m。

2）Z_{set} 是阻抗继电器的整定阻抗，一般取保护安装点到保护范围末端的线路阻抗为整定阻抗。对全阻抗继电器而言，就是圆的半径，对方向阻抗继电器而言，就是在最大灵敏角方向上的直径，而对偏移特性阻抗继电器，则是在最大灵敏角方向上由圆点到圆周上的长度。

3）Z_{op} 是阻抗继电器的动作阻抗，它表示使阻抗继电器启动的最大测量阻抗，除全阻抗继电器以外，Z_{op} 是随着 φ_m 的不同而改变，当 $\varphi_m = \varphi_{sen}$ 时，Z_{op} 的数值最大，等于 Z_{set}。

二、阻抗继电器接线方式

1. 对阻抗继电器接线的要求

根据保护距离的工作原理，加入继电器的电压 U，和电流 L 应满足以下要求：

（1）阻抗继电器的测量阻抗应正比于短路点到保护安装地点之间的距离。

（2）阻抗继电器的测量阻抗应与故障类型无关，保护范围不随故障类型而变化。

2. 反映相间故障的阻抗继电器的 0°接线方式

类似于在功率方向继电器接线方式中的定义，当功率因数 $\cos\varphi=1$，加在继电器端子上的电压 U 与电流 L 的相位差为 0°，称这种接线方式为 0°接线方式。当然，当加入阻抗继电器的电压为相电压，电流为同相电流，虽然也满足 0°接线的定义，但是当被保护线路发生两相短路故障时，短路点的相电压不等于零，保护安装处测量阻抗将增大，不满足阻抗继电器接线要求。因此，加入阻抗继电器的电压必须采用相间电压，电流采用与电压同名相两相电流差。同时，为了保护能反映各种不同的相间短路故障，需要三个阻抗继电器，所加压与电流见表 4-2。现分析采用这种接线方式的阻抗继电器，在发生各种相间故障时的测量阻抗。

表 4-2　　　　　　　　0°接线方式阻抗继电器所加电压与电流

继电器编号	加入继电器电压 $\dot{U}_r$	加入继电器电流 $\dot{I}_r$
KI_1	$\dot{U}_A-\dot{U}_B$	$\dot{I}_A-\dot{I}_B$
KI_2	$\dot{U}_B-\dot{U}_C$	$\dot{I}_B-\dot{I}_C$
KI_3	$\dot{U}_C-\dot{U}_A$	$\dot{I}_C-\dot{I}_A$

（1）三相短路。如图 4-13 所示，由于三相短路是对称短路，三个阻抗继电器 $KI_1\sim KI_3$ 的工作情况完全相同，因此，可仅以 KI_1 为例分析之。设短路点至保护安装处之间的距离为 L_K，线路单位千米的正序阻抗为 Z_1，则保护安装处母线的电压 U_{AB} 应为

$$U_{AB}=U_A-U_B=I_{MA}^{(3)}Z_1L_K-I_{MB}^{(3)}Z_1L_K \tag{4-24}$$

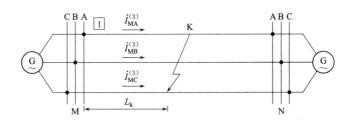

图 4-13　三相短路故障时测量阻抗的分析

显然，当被保护线路发生三相金属性短路故障时，三个阻抗继电器的测量阻抗均等于短路点到保护安装处的阻抗，三个继电器均能动作。

（2）两相短路。如图 4-14 所示，设以 BC 两相短路为例，则故障相间的电压 U_{BC} 为

$$U_{BC}=U_B-U_C=I_{MB}^{(2)}Z_1L_K-I_{MC}^{(2)}Z_1L_K \tag{4-25}$$

因此，故障相阻抗继电器 KI_2 的测量阻抗为

$$Z_m=\frac{U_B-U_C}{I_B-I_C}=Z_1L_K \tag{4-26}$$

在 BC 两相短路故障的情况下，对继电器 KI_1 和 KI_3 而言，由于所加电压为非故障相

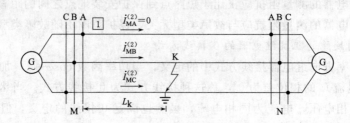

图 4 - 14　两相短路故障时测量阻抗的分析

间的电压，数值较 U_{BC} 高，而电流只有一个故障相的电流，数值较小。因此，其测量阻抗必然大于式（4 - 16）的数值，也就是说它们不能正确地测量保护安装处到短路点的阻抗。

由此可见，在 BC 两相短路时，只有 KI_2 能正确地测量短路阻抗而动作。同理，分析 AB 和 CA 两相短路可知，相应地只有 KI_1 和 KI_3 能准确地测量到短路点的阻抗而动作。这就是为什么要用三个阻抗继电器并分别接于不同相间的原因。

（3）两相接地短路。如图 4 - 15 所示，仍以 BC 两相接地短路为例，其与两相短路不同之处是地中有电流回路，因此，$I_{MB}^{(1.1)} \neq I_{MC}^{(1.1)}$。此时，若把 B 相和 C 相看成两个"导线-地"的送电线路并有互感耦合在一起，设用 Z_L 表示输电线路每千米的自感阻抗，Z_m 表示每千米的互感阻抗，则保护安装地点的故障相电压为

$$U_B = I_{MB}^{(1.1)} Z_L L_K + I_{MC}^{(1.1)} Z_m L_K$$

$$U_C = I_{MC}^{(1.1)} Z_L L_K + I_{MB}^{(1.1)} Z_m L_K$$

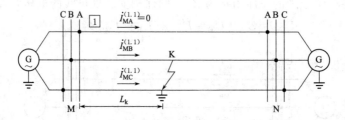

图 4 - 15　BC 两相接地短路故障时测量阻抗的分析

阻抗继电器 KI_2 测量阻抗为

$$Z_m = \frac{U_B - U_C}{I_B - I_C} = \frac{[I_{MB}^{(1.1)} - I_{MB}^{(1.1)}](Z_L - Z_M)}{I_{MB}^{(1.1)} - I_{MB}^{(1.1)}} = Z_1 L_K \qquad (4 - 27)$$

由此可见，当发生 BC 两相接地短路时，KL_2 的测量阻抗与三相短路时相同，保护能够正确动作。

3. 反映接地短路故障的阻抗继电器接线

在接中性点直接接地电网中，当采用零序电流保护不能满足要求时，一般考虑采用接地距离保护。由于接地距离保护的任务是反映接地短路，故需对阻抗继电器接线方式作进一步的讨论。

当发生单相金属性接地短路时，只有故障相的电压降低，电流增大，而任何相间电压

仍然很高。因此，从原则上看，阻抗继电器应将接入故障相的电压和相电流。下面以 A 相阻抗继电器为例，若加入 A 相阻抗继电器电压、电流为

$$U_r = U_A \; ; I_r = I_A$$

将故障点电压 U_{KA} 和电流 $I_{KA}^{(1)}$ 分解为对称分量，则

$$U_{KA} = U_{KA1} + U_{KA1} + U_{KA0}$$

$$I_{KA}^{(1)} = I_{KA1}^{(1)} + I_{KA2}^{(1)} + I_{KA0}^{(1)}$$

按照各序的等效网络，在保护安装处母线上各对称分量的电压与短路点的对称分量电压之间，应具有如下的关系：

$$U_{A1} = U_{KA1} + I_{K1} Z_1 L_K$$

$$U_{A2} = U_{KA2} + I_{K2} Z_1 L_K$$

$$U_{A0} = U_{KA0} + I_{K0} Z_0 L_K \tag{4-28}$$

式中：I_{K1}、I_{K2}、I_{K0} 为保护安装处测量到的正、负、零序电流。

因此，保护安装处母线上的 A 相电压应为

$$
\begin{aligned}
U_A &= U_{A1} + U_{A2} + U_{A0} \\
&= (U_{KA1} + U_{KA2} + U_{KA0}) + (I_{K1} Z_1 + I_{K2} Z_1 + I_{K0} Z_0) L_K \\
&= Z_1 L_K \left(I_{K1} + I_{K2} + I_{K0} \frac{Z_0}{Z_1} \right) \\
&= I_K Z_1 \left(I_A + I_{K0} \frac{Z_0 - Z_1}{Z_1} \right)
\end{aligned}
\tag{4-29}
$$

当采用 $U_r = U_A$ 和 $I_r = I_A$ 的接线方式时，继电器的测量阻抗为

$$Z_m = Z_1 L_K + \frac{I_{K0}}{I_A} (Z_0 - Z_1) L_K \tag{4-30}$$

此测量阻抗的值与 $\dfrac{I_{K0}}{I_A}$ 的比值有关，而这个比值因受中性点接地数目与分布的影响，并不等于常数，故阻抗继电器就不能准确地测量从短路点到保护安装处的阻抗。

为了使阻抗继电器的测量阻抗在单相接地时不受零序电流的影响，根据以上分析的结果，阻抗继电器应加入相电压和带零序电流补偿的相电流，即

$$U_r = U_A$$

$$I_r = I_A + 3KI_0 \tag{4-31}$$

式中：K 为实常数，$K_r = \dfrac{Z_0 - Z_1}{Z_1}$，一般可近似认为零序阻抗角和正序阻抗角相等。此时，阻抗继电器测量阻抗为

$$Z_m = \frac{(I_A + 3KI_0) Z_1 L_K}{I_A + 3KI_0} = Z_1 L_K \tag{4-32}$$

显然，加入阻抗继电器的电压采用相电压，电流采用带零序电流补偿的相电流后，阻

抗继电器就能正确地测量从短路点到保护安装处的阻抗，并与相间短路的阻抗继电器所测量的阻抗为同一数值，因此，这种接线得到广泛应用。这种接线同样也能够反映两相接地短路和三相接地短路故障。

为了反映任一相的接地短路故障，接地保护也必须采用三个阻抗继电器，每个继电器所加的电压与电流见表 4-3。

表 4-3   反映任一相的接地短路故障的阻抗继电器接线

阻抗继电器编号	加入继电器电压 $\dot{U}_r$	加入继电器电流 $\dot{I}_r$
KI$_1$	$\dot{U}_A$	$\dot{I}_A + 3\dot{K}\dot{I}_o$
KI$_2$	$\dot{U}_B$	$\dot{I}_C + 3\dot{K}\dot{I}_o$
KI$_3$	$\dot{U}_C$	$\dot{I}_C + 3\dot{K}\dot{I}_o$

【能力训练】（以 SLJBX-1B 型实训装置为例）

一、操作条件

（1）设备：继电保护装置、继电保护测试仪。

（2）工具及图纸：凤凰螺丝刀、短接线、线路距离保护保护图册。

二、安全及注意事项

（1）在操作非电量保护装置时，履行操作监护制度，并做必要的安全防护。

（2）防止误入带电间隔，不要盲目碰触高压导线及设备，避免触电危险。

（3）对所使用的纸质图纸、工具要及时规整复位，并对场地进行 6s 工作。

三、操作过程

试验：最大灵敏角测试

1. 测试方法

使 TV=100%（99.5%）整定螺钉位于 99.5 匝，固定电流为 5A，电压为靠近最大灵敏角方向的 0.85 倍动作阻抗（起动阻抗为 $\dfrac{U_m}{2I_m}$）的电压值，测出第 I 象限（连接片：1 与 2 接，3 与 4 接）使继电器刚好动作时的电压与电流夹角 X_1（电压相位为 0°）、再测出使继电器刚好动作时电压与电流夹角 X_2，然后计算出最大灵敏角度 $X_m = \dfrac{X_1 + X_2}{2}$，继电器最大灵敏角 70°±5°。

同理测出第 II 象限（连接片：1 与 3 接，2 与 4 接）使继电器刚好动作时的电压与电流夹角 X_1 与 X_2（电压相位为 0°），然后计算出最大灵敏角度 $X_m = \dfrac{X_1 + X_2}{2}$，继电器最大灵敏角为 70°±5°。

2. 接线方式

0°接线。

3. 整定阻抗及连接片

TV=99.5%，I_{ab}=5A，（第 I 象限，1
与 2 接，3 与 4 接）。

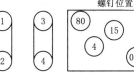

图 4-16　整定阻抗面板图
（80+15+4+0.05=99.05）

$$Z_{set} = z_i n_{yb} \frac{n_{pt}}{n_{ct}}$$

式中：Z_{set} 为阻抗整定动作值；z_i 为模拟阻抗 2Ω；n_{yb} 为电压变换器匝数比；$\frac{n_{pt}}{n_{ct}}$ 为电压互感器的变比与电流互感器的变比。

4. 测试电流接线

如图 4-17 所示（LZ-22 阻抗继电器电流接线端子：21 号端子与 23 号端子为同名端），把 BT303 继电保护测试仪 A、B 相电流端子分别接入 LZ-22 阻抗继电器 21 号、24号端子，LZ-22 阻抗继电器电流接线端子 22 号端子与 23 号端子短接并接入 BT303 继电保护测试仪电流公共端子 N。

5. 电压接线

电压接线如图 4-18 所示。

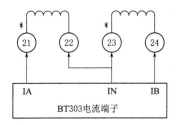　　　　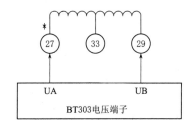

图 4-17　电流接线图　　　　　　图 4-18　电压接线图

6. 测试所加的数据

初始测试数据：通过计算所加电压为 20V。

第 I 象限数据见表 4-4～表 4-7。

表 4-4　　　　　　　　　　　逆时针测动作边界初始设置

幅　值	相位	步长	步长是否有效
U_{ab}=20.0V	0°	0°	
I_{ab}=5.0A	120°	1°	是

注　连接片：1 与 2 接，3 与 4 接。

表 4-5　　　　　　　　　　　逆时针测动作边界动作值

名称	U_{ab}	I_{ab}		计算电压与电流夹角
数值	20.0V	5.0A		公式：$\lvert 360-X_1 \rvert$
相位	0°	X_1	248	112

注　连接片：1 与 2 接，3 与 4 接。

表 4-6　　　　　　　　　顺时针测动作边界初始设置

幅　值	相位	步长	步长是否有效
$U_{AB}=20.0V$	0°	0°	
$I_{AB}=5.0A$	120°	-1°	是

注　连接片：1与2接，3与4接。

表 4-7　　　　　　　　　顺时针测动作边界动作值

名称	U_{ab}	I_{ab}		计算电压与电流夹角
数值	20.0V	5.0A		公式：$\|360-X_2\|$
相位	0°	X_2	330	30

注　连接片：1与2接，3与4接。

第Ⅱ象限数据见表 4-8～表 4-11。

表 4-8　　　　　　　　　逆时针测动作边界初始设置

幅　值	相位	步长	步长是否有效
$U_{ab}=20.0V$	0°	0°	
$I_{ab}=5.0A$	120°	1°	是

注　连接片：1与3接，2与4接。

表 4-9　　　　　　　　　逆时针测动作边界动作值

名称	U_{ab}	I_{ab}		计算电压与电流夹角
数值	20.0V	5.0A		公式：$\|360-X_1\|$
相位	0°	X_1	270	90

注　连接片：1与3接，2与4接。

表 4-10　　　　　　　　逆时针测动作边界初始设置

幅　值	相位	步长	步长是否有效
$U_{ab}=20.0V$	0°	0°	
$I_{ab}=5.0A$	120°	-1°	是

注　连接片：1与3接，2与4接。

表 4-11　　　　　　　　逆时针测动作边界动作值

名称	U_{ab}	I_{ab}		计算电压与电流夹角
数值	20.0V	5.0A		公式：$\|360-X_2\|$
相位	0°	X_2	314	46

注　连接片：1与3接，2与4接。

将上述计算结果填入表 4-12、表 4-13。

表 4-12　　　　　　　　　(TV=99.5%，$I_{ab}=5A$，第Ⅰ象限)

U_{ab}/V	22	20	18	16	14
动作角度 $\phi_1/(°)$		112			
动作角度 $\phi_2/(°)$		30			
灵敏角 $\|\dot{K}_k\dot{I}_m\|=\|\dot{K}_k\dot{I}_m\|/(°)$		71			

表 4 - 13 (TV＝99.5%，I_{ab}＝5A，第Ⅱ象限)

U_{ab}/V	22	20	18	16	14
动作角度 ϕ_1/(°)		90			
动作角度 ϕ_2/(°)		314			
灵敏角/(°)		68			

四、学习结果评价

填写考核评价表，见表 4 - 14。

表 4 - 14 考 核 评 价 表

序号	评价内容	评 价 标 准	考核方式	评价结果（是/否）
1	素养	具有良好的合作意识，任务分工明确	师评＋互评	□是 □否
		能够精益求精，完成任务严谨认真	师评	□是 □否
		能够遵守课堂纪律，课堂积极发言	师评	□是 □否
		遵守 6s 管理规定，做好实训室的整理归纳	师评	□是 □否
		无危险操作行为，能够规范操作	师评	□是 □否
2	知识	掌握距离保护的动作时限	师评	□是 □否
		能够分析全阻抗继电器、方向阻抗继电器、偏移特性阻抗继电器的动作特性分析	师评	□是 □否
		掌握距离保护动作死区的形成原因及解决办法	师评	□是 □否
3	能力	掌握阻抗继电器的接线方式	师评	□是 □否
		分析不同类型的短路时阻抗继电的工作过程	师评	□是 □否
		以 SLJBX - 1B 型实训装置进行阻抗继电器实训	师评＋互评	□是 □否
		能够编写完成测试试验报告	师评	□是 □否
4	总评	是否能够满足下一步内容的学习	师评	□是 □否

【课后作业】

1. 功率方向继电器的最大灵敏角和其动作范围如何确定？试举例说明。最大灵敏角的含义是什么？什么叫继电器的内角？

2. 在输电线路上，采用功率方向继电器构成方向保护时，保护有死区，为什么叫死区？

3. 产生死区的原因是什么？死区的大小和继电器的哪些构造参数有关？如何消除死区？试指出在理论上和实际上消除死区的措施。

4. 什么是 90°接线？保证采用 90°接线的功率方向继电器的正方向三相和两相短路时正确动作的条件是什么，为什么？采用 90°接线的功率方向继电器在相间短路时会不会有死区，为什么？

职业能力三 影响阻抗继电器正确工作的因素

【核心概念】

电力系统中的短路一般都不是金属性的，而是在短路点存在过渡电阻。此过渡电阻的存在，将使距离保护的测量阻抗发生变化，一般情况下使保护范围缩短，但有时候也能引起保护的超范围动作或反方向误动作。现讨论过渡电阻的性质及其对距离保护工作的影响。

当电力系统发生同步振荡或异步运行时，各点的电压、电流和功率的幅值和相位都将发生周期性的变化。电压与电流之比所代表的阻抗继电器的测量阻抗也将周期性的变化。当测量阻抗进入动作区域时，保护将发生误动作。因此对于距离保护必须考虑电力系统同步振荡或异步运行（简称为系统振荡）对其工作的影响。

当电压互感器二次回路断线时，距离保护将失去电压，在负荷电流的作用下，阻抗继电器的测量阻抗变为零，因此可能发生误动作。对此，在距离保护中应采取防止误动作的闭锁装置。

【学习目标】

1. 熟悉电力系统振荡、断线、短路点过渡电阻、分支电源对距离保护的影响及采取的措施。

2. 能识读输电线路保护图纸，学会按照图纸完成线路保护整组运行与调试接线。

3. 掌握分析、查找、排除输电线路保护故障的方法。

【基本知识】

一、短路点过渡电阻对距离保护的影响

前面在分析过程中，都是假设发生金属性短路故障。而事实上，短路点通常是经过过渡电阻短路的。短路点的过渡电阻 R 是指当相间短路或接地短路时，短路电流从一相流到另一相或从相导线流入地的回路中多通过的物质的电阻。包括电弧、中间物质的电阻、相导线与地之间的接触电阻、金属杆塔的接地电阻等。

在相间短路时，过渡电阻主要由电弧电阻组成，其值可按经验公式估计。在导线对铁塔放电的接地短路时，铁塔及其接地电阻构成过渡电阻的主要部分。铁塔的接地电阻与大地导电率有关。对于跨越山区的高压线路，铁塔的接地电阻可达数十欧。此外，当导线通过数目或其他物体对地短路时，过渡电阻更高，难以准确计算。

（1）过渡电阻对接地阻抗继电器的影响。如图 4-19 所示，设距离 M 侧母线 $L_K K_m$ 处的 K 点 A 相经过渡电阻 R_F 发生了单相接地短路故障，按对称分量法可求得 M 侧母线上 A 相电压为

$$U_A = U_{KA} + I_{A1}Z_1L_K + I_{A2}Z_2L_K + I_{A0}Z_0L_K$$

$$= U_{KA} + \left[(I_{A1} + I_{A2} + I_{A0}) + 3I_{A0}\frac{Z_0 - Z_1}{3Z_1} \right] Z_1 L_K$$

$$= I_{KA}^{(1)}R_F + (I_A + 3KI_0)Z_1L_K$$

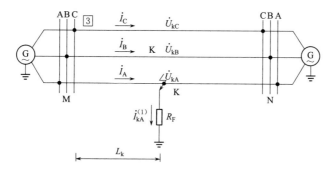

图 4 - 19　单相接地时母线电压网络图

则安装在线路 M 侧的 A 相接地阻抗继电器的测量阻抗为

$$Z_{mA} = Z_1 L_K + \frac{I_{KA}^{(1)}}{I_A + 3KI_0} R_F \qquad (4-33)$$

由式（4-33）可见，只有 $R_F = 0$，即金属性单相接地短路故障时，故障相阻抗继电器才能正确测量阻抗；而 $R_F \neq 0$ 时，即非金属性单相接地时，测量阻抗中出现附加测量阻抗 ΔZ_A，附加测量阻抗为

$$\Delta Z_A = \frac{I_{KA}^{(1)}}{I_A + 3KI_0} R_F \qquad (4-34)$$

由于 ΔZ_A 的存在，测量阻抗与故障点距离成正比的关系不成立。对于非故障相阻抗继电器的测量阻抗，因故障点非故障相电压 U_{KA}、U_{KB} 较高；非故障相电流 $I_B + 3KI_0$、$I_C + 3KI_0$ 较小，所以非故障相阻抗继电器的测量阻抗较大，不能正确测量故障点距离。

（2）单相接地时附加测量阻抗分析。如图 4-19 所示，正向经过渡电阻 $R_F = 0$ 接地时，附加测量阻抗 ΔZ_A 见式（4-34）所示，同时将 $I_{KA}^{(1)} = 3I_{KA0}^{(1)}$ 代入，式（4-34）可写成

$$\Delta Z_A = \frac{3I_{KA0}^{(1)}}{IA + 3I_0} R_F \qquad (4-35)$$

因 $I_A = I_{LA} + C_1 I_{KA1}^{(1)} + C_1 I_{KA2}^{(2)} + C_0 I_{KA0}^{(1)}$

$$I_0 = C_0 I_{KA0}^{(1)}$$

计及 $I_{KA1}^{(1)} = = I_{KA2}^{(2)} = I_{KA0}^{(1)}$，所以上式可简化为（$K$ 取实数）

$$\Delta Z_A = \frac{3R_F}{[2C_1 + (1+3K)C_0] + \dfrac{I_{LA}}{I_{KA0}^{(1)}}} \qquad (4-36)$$

式中：I_{LA} 为 A 相负荷电流；C_1，C_2，C_0 为正、负、零序分流系数。

若只有 M 侧有电源，则附加测量阻抗 ΔZ_A 呈电阻性；在两侧有电源的情况，如果负荷电流为零，且分流系数为实数，则附加测量阻抗 ΔZ_A 呈电阻性；如果阻抗继电器安装在送电侧，负荷电流 I_{LA} 超前 $I_{KA0}^{(1)}$ $[I_{KA0}^{(1)} = I_{KA1}^{(1)}]$，则 ΔZ_A 呈容性，如图 4-20（a）所示；如

果继电器安装在受电侧，负荷电流 I_{LA} 滞后 $I_{KA0}^{(1)}$，则 ΔZ_A 呈感性，如图 4-20（b）所示。

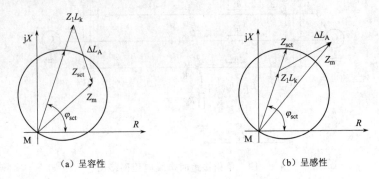

（a）呈容性　　　　　　　　　　　　　　（b）呈感性

图 4-20 过渡电阻对保护区的影响

由于单相接地时附加测量阻抗的存在，将引起接地阻抗继电器保护区的变化。

保护区的伸长或缩短，将随负荷电流的增大、过渡电阻 R_F 的增大而加剧。为克服单相接地时过低电阻对保护区的影响，应设法使继电器的动作特性适应附加测量阻抗的变化，使其保护区稳定不变。由零序电流继电器分析可知，零序电抗继电器能满足这一要求。

（3）过渡电阻对相间短路保护阻抗继电器的影响。若在图 4-19 中 K 点发生相间短路故障，三个相间阻抗继电器测量阻抗分别为

$$Z_{mAB} = Z_1 L_K + \frac{U_{KAB}}{I_A - I_B}$$

$$Z_{mBC} = Z_1 L_K + \frac{U_{KBC}}{I_B - I_C}$$

$$Z_{mCA} = Z_1 L_K + \frac{U_{KCA}}{I_C - I_A} \tag{4-37}$$

式中：U_{kAB}、U_{kBC}、U_{kCA} 为故障点相间电压。

显然，只有发生金属性相间短路故障，故障点的相间电压才为 0，故障相的测量阻抗才能正确反映保护安装处到短路点的距离。当故障点在过渡电阻时，因故障点相间电压不为 0，所以阻抗继电器就不能正确测量保护安装处到故障点距离。

但是，相间短路故障的过渡电阻主要是电弧电阻，与接地短路故障相比要小得多，所以附加测量阻抗的影响也比较小。

为了减小过渡电阻对保护的影响，可采用承受过渡电阻能力强的阻抗继电器，如四边形特性阻抗继电器等。

二、电力系统振荡对测量元件的影响

系统振荡时电气量变化特点并列运行的系统或发电厂失去同步的现象称为振荡，电力系统振荡时两侧等效电动势间的夹角 δ 在 $0°\sim360°$ 作周期性变化。引起系统振荡的原因较多，大多数是由于切除短路故障时间过长而引起系统暂态稳定破坏。在联系较弱的系统中，也可能由于误操作、发电厂失磁或故障跳闸、断开某一线路或设备、过负荷等造成系

统振荡。

电力系统振荡时，将引起电压、电流大幅度变化，对用户产生严重影响。系统发生振荡后，可能在励磁调节器或自动装置的作用下恢复同步，必要时切除功率过剩侧的某些机组、功率缺额侧启动备用机组或切除负荷以尽快恢复同步运行或解列。显然，在振荡过程中不允许继电保护装置发生误动作。

系统振荡时保护有可能发生误动作，为了防止距离保护误动作，一般采用振荡闭锁措施，即振荡时闭锁距离保护Ⅰ、Ⅱ段。对于工频变化量的阻抗继电器，因振荡时不会发生误动作，所以可不经闭锁控制。

距离保护的振荡闭锁装置应满足如下条件：①电力系统发生短路故障时，应快速开放保护；②电力系统发生振荡时，应可靠闭所保护；③外部短路故障切除后发生振荡，保护不应误动作，即振荡闭锁不应开放；④振荡过程中发生短路故障，保护应能正确动作，即振荡闭锁装置仍要快速开放；⑤振荡闭锁后，应在振荡平息后自动复归。

三、断线闭锁装置

（1）断线失压时阻抗继电器动作行为距离保护在运行中，可能会发生电压互感器二次侧短路故障、二次侧熔断器熔断、二次侧快速自动开关跳开等引起的失压现象。所有这些现象，都会使保护装置的电压下降或消失，或相位变化，导致阻抗继电器失压误动。

如图 4-20（a）所示电压互感器二次侧 a 相断线的示意图，图中 Z_1、Z_2、Z_3 为电压互感器二次相负载阻抗；Z_{ab}、Z_{bc}、Z_{ca} 为相间负载阻抗。当电压互感器二次 a 相断线时，由叠加原理求得 U_a 的表达式为

$$U_a = C_1 E_b + C_2 E_c \tag{4-38}$$

其中
$$C_1 = \frac{Z_1 // Z_{ac}}{Z_{ab} + (Z_1 // Z_{ac})}, \quad C_2 = \frac{Z_1 // Z_{ab}}{Z_{ac} + (Z_1 // Z_{ab})}$$

式中：E_b、E_c 为电压互感器二次 b 相、c 相感应电动势；C_1、C_2 分压系数。

一情况下负荷阻抗角基本相同，则分压系数为实数。

根据式（4-38）作出 U_a 相量图如图 4-21 所示。由图 4-21（b）可见，与断线前的电压相比，U_a 幅值下降、相位变化近 180°，U_{ab}、U_{ac} 幅值降低，相位也发生了近 60°变化，加到继电器端子上的电压幅值、相位都发生了变化，将可能导致阻抗继电器误动。

（2）断线闭锁元件一般情况下，断线失压闭锁元件根据断线失压出现的特征构成，其特征是零序电压、负序电压、电压幅值降低、相位变化及二次电压回路短路时电流增大等。

对断线失压闭锁元件的要求如下：①二次电压回路断线失压时，构成的闭锁元件灵敏度要满足要求；②二次系统短路故障时，不应闭锁保护或发出断线信号；③断线失压闭锁元件应有一定的动作速度，以便在保护误动前实现闭锁；④断线失压闭锁元件动作后应固定动作状态，可靠将保护闭锁，解除闭锁应由运行人员进行，保证在处理断线故障过程中区外发生短路故障或系统操作时，导致保护的误动。

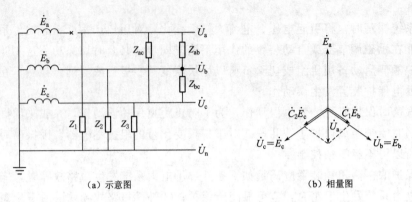

(a) 示意图   (b) 相量图

图 4-21   电压互感器二次侧 a 相断线

【能力训练】（以 SLJBX-1B 型实训装置为例进行实训）

一、操作条件

1. 设备：继电保护装置、继电保护测试仪。
2. 工具及图纸：凤凰螺丝刀、短接线、线路距离保护图册。

二、安全及注意事项

1. 在操作非电量保护装置时，履行操作监护制度，并做必要的安全防护。
2. 防止误入带电间隔，不要盲目碰触高压导线及设备，避免触电危险。
3. 对所使用的纸质图纸、工具要及时规整复位，并对场地进行 6s 工作。

三、操作过程

试验一：最小动作阻抗测试

接线图同最大灵敏度测试，动作阻抗计算公式：$Z_{op} = \dfrac{U_{op}}{2I_{op}}$。

当 TV=99.5%、X_m=70°、I_{ab}=5A、第Ⅱ象限连接片：1 与 3 接、2 与 4 接时，测动作电压值初始设置参数填表 4-15，测动作电压值，填表 4-16。

表 4-15   测动作电压值初始设置参数

幅 值	步长	步长是否有效	相位
U_{ab}=57.7.0V	−0.01	√	70°
I_{ab}=5.0A	0		0°

表 4-16   测动作电压值

名称	U_{ab}	I_{ab}	计算阻抗值
数值		5.0A	
相位	70°	0°	

当 TV＝99.5％、X_m＝180°＋70°、I_{ab}＝5A、第Ⅱ象限连接片：1 与 3 接、2 与 4 接时，测动作电压值初始设置参数填表 4－17，测动作电压值，填表 4－18。

表 4－17　　　　　　　　　　测动作电压值初始设置参数

幅　值	步长	步长是否有效	相位
U_{ab}＝57.7.0V	－0.01	√	70°
I_{ab}＝5.0A	0		0°

表 4－18　　　　　　　　　　测　动　作　电　压　值

名称	U_{ab}	I_{ab}	计算阻抗值
数值		5.0A	
相位	70°	0°	

试验二：最小精确工作电流测试

接线图同最大灵敏度测试。当 TV＝99.5％、X_m＝70°、I_{ab}＝5A、第Ⅱ象限连接片：1 与 3 接、2 与 4 接时，测动作电压值初始设置参数填表 4－19，测动作电压值填表 4－20。

表 4－19　　　　　　　　　　测动作电压值初始设置参数

幅　值	步长	步长是否有效	相位
U_{ab}＝3.2V	0	√	70°
I_{ab}	0.01		0°

表 4－20　　　　　　　　　　测　动　作　电　压　值

名称	U_{ab}	I_{ab}
数值	3.2V	
相位	70°	0°

四、学习结果评价

填写考核评价表，见表 4－21。

表 4－21　　　　　　　　　　考　核　评　价　表

序号	评价内容	评 价 标 准	考核方式	评价结果（是/否）
1	素养	具有良好的合作意识，任务分工明确	师评＋互评	□是　□否
		能够精益求精，完成任务严谨认真	师评	□是　□否
		能够遵守课堂纪律，课堂积极发言	师评	□是　□否
		遵守 6s 管理规定，做好实训室的整理归纳	师评	□是　□否
		无危险操作行为，能够规范操作	师评	□是　□否
2	知识	掌握过渡电阻对距离保护的影响	师评	□是　□否
		掌握电力系统振荡对距离保护的影响	师评	□是　□否
		能够分析断线故障对距离保护的影响	师评	□是　□否

续表

序号	评价内容	评　价　标　准	考核方式	评价结果（是/否）
3	能力	能够使用 SLJBX - 1B 型实训装置测量最小动作阻抗	师评	□是　□否
		能够分析对距离保护不利影响的应对措施	师评	□是　□否
		能够编写完成测试试验报告	师评	□是　□否
4	总评	是否能够满足下一步内容的学习	师评	□是　□否

【课后作业】

1. 试简要说明影响阻抗继电器准确测量的因素有哪些？相应的对策是什么？

2. 何谓分支系数？

职业能力四　距离保护的整定原则及对距离保护的评价

【核心概念】

与前述的电流保护类似，目前电力系统中应用的距离保护装置，一般也都采用阶梯时限配合的三段式配置方式。距离保护的整定计算，就是根据被保护电力系统的实际情况，确定算出距离Ⅰ段、Ⅱ段和Ⅲ段测量元件的整定阻抗以及Ⅱ段和Ⅲ段的动作时限。

【学习目标】

1. 掌握距离保护的整定计算原则。

2. 能够对距离保护进行正确的评价。

【基本知识】

一、距离保护的整定计算

当距离保护用于双侧电源的电力系统时，为便于配合，一般要求Ⅰ、Ⅱ段的测量元件都要具有明确的方向性，即采用具有方向 Y 的测量元件。第Ⅲ段为后备段，包括对本线路Ⅰ、Ⅱ段保护的近后备、相邻下一级线路保护的远后备和反向母线保护的后备，所以第Ⅲ段通常采用带有偏移特性的测量元件，用较大的延时保证其选择性。以各段测量元件均采用圆特性为例，它们的动作区域如图 4 - 22 所示。图中复平面坐标的方向做了旋转，以使各测量元件整定阻抗方向与线路阻抗方向一致，圆周 1、2、3 分别为线路 A - B 的 A 处保护Ⅰ、Ⅱ、Ⅲ段的动作特

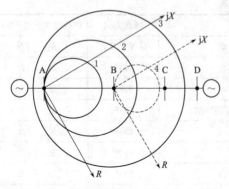

图 4 - 22　距离保护各段动作区域示意图

性预案，4 位线路 B-C 的 B 处保护的 I 段的动作特性圆。

1. 相间距离保护第 I 段的整定

相间距离保护第 I 段的整定值主要是按躲过本线路末端相间短路故障条件来选择。在图 4-23 所示的网络中，线路 AB 保护 1 相间距离保护第 I 段的动作阻抗为

$$Z_{\text{op1}}^{\text{I}} = K_{\text{rel}}^{\text{I}} Z_{\text{AB}} \qquad (4-39)$$

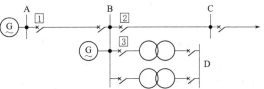

图 4-23　距离保护整定计算系统图

式中：$Z_{\text{op1}}^{\text{I}}$ 为 AB 线路保护 1 距离保护第 I 段的动作阻抗值，D/km；$K_{\text{rel}}^{\text{I}}$ 为距离保护第 I 段可靠系数，取 $0.8 \sim 0.85$；Z_{AB} 为线路 AB 的正序阻抗。

若被保护对象为线路变压器组，则送电侧线路距离保护第 I 段可按保护范围伸入变压器内部整定，即

$$Z_{\text{op}}^{\text{I}} = K_{\text{rel}}^{\text{I}} Z_L + K'_{\text{rel}} Z_T \qquad (4-40)$$

式中：$K_{\text{rel}}^{\text{I}}$ 为距离保护第 I 段可靠系数，取 $0.8 \sim 0.85$；K'_{rel} 为伸入变压器部分第 I 段可靠系数，取 0.75；Z_L 为被保护线路的正序阻抗；Z_T 为线路末端变压器阻抗。

距离保护第 I 段动作时间为固有动作时间，若整定阻抗与线路阻抗角相等，则保护区为被保护线路全长的 $80\% \sim 85\%$。

2. 相间距离保护第 II 段的整定

相间距离保护第 II 段应与相邻线路相间距离第 I 段或相邻元件（变压器）速动保护配合，如图 4-23 所示，保护 1 的距离保护第 II 段整定值满足以下条件。

(1) 与相邻线路相间距离保护第 I 段配合。与相邻线路相间距离保护第 I 段配合，其动作阻抗为

$$Z_{\text{op}}^{\text{II}} = K_{\text{rel}}^{\text{II}} Z_{\text{AB}} + K''_{\text{rel}} K_{\text{bmin}} Z_{\text{op2}}^{\text{I}} \qquad (4-41)$$

式中：$K_{\text{rel}}^{\text{II}}$ 为距离保护第 I 段可靠系数，取 $0.8 \sim 0.85$；K''_{rel} 为距离保护第 II 段的可靠系数，取 $K'' \leqslant 0.8$；K_{bmin} 为最小分支系数。

(2) 与相邻变压器速动保护配合。与相邻变压器速动保护配合，若变压器速动保护区为变压器全部，则动作阻抗为

$$Z_{\text{op}}^{\text{II}} = K_{\text{rel}}^{\text{II}} Z_{\text{AB}} + K''_{\text{rel}} K_{\text{bmin}} Z_{T\text{min}} \qquad (4-42)$$

式中：$K_{\text{rel}}^{\text{II}}$ 为距离保护第 I 段可靠系数，取 $0.8 \sim 0.85$；K''_{rel} 为距离保护第 II 段的可靠系数，取 $K'' \leqslant 0.7$；K_{bmin} 为最小分支系数；$Z_{T\text{min}}$ 为相邻变压器正序最小阻抗（应计及调压、并联运行等因素）。

应取式（4-41）和式（4-42）中较小值为整定值。若相邻线路有多回路时，则取所有线路相间距离保护第 I 段最小整定值代入式（4-41）进行计算。

相间距离保护第 II 段的动作时间为 $t_{\text{op1}}^{\text{II}} = \Delta t$。

相间距离保护第 II 段的灵敏度按下式校验：

$$K_{\text{sen}}^{\text{II}} = \frac{Z_{\text{op1}}^{\text{II}}}{Z_{\text{AB}}} \geqslant 1.3 \sim 1.5$$

当灵敏度不满足要求时，可与相邻线路相间距离保护第 II 段配合，其动作阻抗为

$$Z_{\text{op1}}^{\text{II}} = K_{\text{rel}}^{\text{II}} Z_{AB} + K_{\text{rel}}'' K_{\text{bmin}} Z_{\text{op2}}^{\text{II}} \tag{4-43}$$

式中：$K_{\text{rel}}^{\text{II}}$ 为距离保护第 I 段可靠系数，取 $0.8\sim0.85$；K_{rel}'' 为距离保护第 II 段的可靠系数，取 $K_{\text{rel}}'' \leqslant 0.8$；$Z_{\text{op2}}^{\text{II}}$ 为相邻线路相间距离保护第 II 段的整定值。

此时，相间保护距离动作时间为

$$t_{\text{op1}}^{\text{II}} = t_{\text{op2}}^{\text{II}} + \Delta t \tag{4-44}$$

式中：$t_{\text{op2}}^{\text{II}}$ 为相邻线路相间距离保护第 II 段的动作时间。

3. 相间距离保护第 III 段的整定

相间距离保护第 III 段应按躲过被保护线路最大事故负荷电流所对应的最小阻抗整定。

（1）按躲过最小负荷阻抗整定。若被保护线路最大事故负荷电流所对应的最小阻抗为 Z_{Lmin}，则

$$Z_{\text{Lmin}} = \frac{U_{\text{wmin}}}{I_{\text{Lmax}}} \tag{4-45}$$

式中：U_{wmin} 为最小工作电压，其值为 $U_{\text{wmin}} = (0.9\sim0.95)\dfrac{U_{\text{N}}}{\sqrt{3}}$，$U_{\text{N}}$ 是被保护线路电网的额定相间电压；I_{Lmax} 为被保护线路最大事故负荷电流。

当采用全阻抗继电器作为测量元件时，整定阻抗为

$$Z_{\text{set1}}^{\text{III}} = K_{\text{rel}}^{\text{III}} Z_{\text{Lmin}} \tag{4-46}$$

当采用方向阻抗继电器作为测量元件时，整定阻抗为

$$Z_{\text{set1}}^{\text{III}} = \frac{K_{\text{rel}}^{\text{III}}}{\cos(\varphi_{\text{L}} - \varphi)} \tag{4-47}$$

式中：φ_{L} 为线路阻抗角；φ 为线路的负荷功率因数角。

第 III 段的动作时间应大于系统振荡时的最大振荡周期，且与相邻元件、线路第 III 段保护的动作时间按阶梯原则进行相互配合。

（2）与相邻距离保护第 II 段配合。为了缩短保护切除故障时间，可与相邻线路相间距离保护第 II 段配合，则

$$Z_{\text{op1}}^{\text{III}} = K_{\text{rel}}^{\text{III}} Z_{AB} + K_{\text{rel}}'' K_{\text{bmin}} Z_{\text{op2}}^{\text{II}} \tag{4-48}$$

式中：$K_{\text{rel}}^{\text{III}}$ 为距离保护第 III 段可靠系数，取 $0.8\sim0.85$；K_{rel}'' 为可靠系数，取 $K_{\text{rel}}'' \leqslant 0.8$；$Z_{\text{op2}}^{\text{II}}$ 为相邻线路相间距离保护第 II 段的整定值。

当距离保护第 III 段的动作范围未超出相邻变压器的另一侧时，应与相邻线路不经振荡闭锁的距离保护第 II 段的动作时间配合，即

$$t_{\text{op1}}^{\text{III}} = t_{\text{op2}}^{\text{II}} + \Delta t \tag{4-49}$$

式中：$t_{\text{op2}}^{\text{II}}$ 为相邻线路不经振荡闭锁的距离保护第 II 段的动作时间。

当距离保护第 III 段的动作范围伸出相邻变压器的另一侧时，应与相邻变压器相间后备保护配合，即

$$t_{\text{op1}}^{\text{III}} = t_{\text{opT}}^{\text{II}} + \Delta t$$

式中：$t_{\text{opT}}^{\text{II}}$ 为相邻变压器相间短路后备保护的动作时间。

取上述两条件较小值为被保护线路第Ⅲ段距离保护整定值。

相间距离保护第Ⅲ段的灵敏度校验计算如下：

当作为近后备保护时：$K_{sen}^{Ⅲ} = \dfrac{Z_{op1}^{Ⅲ}}{Z_{AB}} \geqslant 1.3 \sim 1.5$

当作为远后备保护时：$K_{sen}^{Ⅲ} = \dfrac{Z_{op1}^{Ⅲ}}{Z_{AB} + K_{bmax} Z_{bc}} \geqslant 1.2$

式中：K_{bmax} 为最大分支系数。

当灵敏度不满足要求时，可与相邻线路相间距离保护第Ⅲ段配合，即

$$Z_{op1}^{Ⅲ} = K_{rel}^{Ⅲ} Z_{AB} + K_{rel}''' K_{bmin} Z_{op2}^{Ⅲ} \tag{4-50}$$

式中：$K_{rel}^{Ⅲ}$ 为距离保护第Ⅲ段可靠系数，取 $0.8 \sim 0.85$；K_{rel}''' 为可靠系数，取 0.8；$Z_{op2}^{Ⅲ}$ 为相邻线路距离保护第Ⅲ段的整定值。

相间距离保护第Ⅲ段的动作时间为 $t_{op1}^{Ⅲ} = t_{op2}^{Ⅲ} + \Delta t$

若相邻元件为变压器，则与变压器相间短路后备保护配合，则第Ⅲ段距离保护阻抗元件动作值为

$$Z_{op1}^{Ⅲ} = K_{rel}^{Ⅲ} Z_{AB} + K_{rel}''' K_{bmin} Z_{opT}^{Ⅲ} \tag{4-51}$$

式中：$K_{rel}^{Ⅲ}$ 为距离保护第Ⅲ段可靠系数，取 $0.80 \sim 0.85$；K_{rel}''' 为可靠系数，取 $K \leqslant 0.8$；$Z_{opT}^{Ⅲ}$ 为变压器相间短路后备保护最小范围所对应的阻抗值，应根据后备保护类型进行确定。

二、距离保护的评价

从对继电保护所提出的基本要求来评价距离保护，可以作出如下几个主要的结论：

(1) 根据距离保护的工作原理，它可以在多电源的复杂网络中保证动作的选择性。

(2) 距离Ⅰ段是瞬时动作的，但是它只能保护线路全长的 $80\% \sim 85\%$，因此，两端合起来就使得在 $30\% \sim 40\%$ 的线路长度内的故障不能从两端瞬时切除，在一端须经 $0.35 \sim 0.5s$ 延时才能切除，在 220kV 及以上电压的网络中，有时候这不能满足电力系统稳定运行的要求，因而不能作为主保护来应用。

(3) 由于阻抗继电器同时反应于电压的降低和电流的增大而动作，因此距离保护较电流、电压保护具有较高的灵敏度。此外，距离Ⅰ段的保护范围不受系统运行方式变化的影响，其他两段受到的影响也比较小，因此保护范围比较稳定。

(4) 由于在模拟式距离保护中采用了复杂的阻抗继电器和大量的辅助继电器，再加上各种必要的闭锁装置，因此接线复杂，在微机保护中程序比较复杂，可靠性比电流保护低，这也是它的主要缺点。

【能力训练】（EDCS-8210B 高压输电线路保护装置为例进行参数整定）

一、操作条件

1. 设备：继电保护装置、继电保护测试仪。

2. 工具及图纸：凤凰螺丝刀、短接线、线路距离保护图册。

二、安全及注意事项

1. 在操作非电量保护装置时，履行操作监护制度，并做必要的安全防护。

2. 防止误入带电间隔，不要盲目碰触高压导线及设备，避免触电危险。

3. 对所使用的纸质图纸、工具要及时规整复位，并对场地进行 6s 工作。

三、操作过程

（一）相间距离Ⅰ、Ⅱ保护

1. 保护原理

三个相间距离继电器都是比较工作电压和极化电压的相位：

工作电压：$\dot{U}_{OP\phi\phi} = \dot{U}_{\phi\phi} - \dot{I}_{\phi\phi} Z_{zd} e^{j\phi}$

极化电压：$\dot{U}_{P\phi\phi} = \dot{U}_{1\phi\phi} e^{j\theta}$

式中：下标 ϕ 为 AB、BC、CA；Z_{zd} 为整定阻抗；U_1 为正序电压；θ 为极化电压偏移角；ϕ 为正序灵敏角。

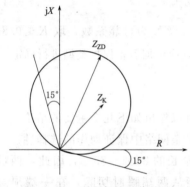

图 4-24 距离保护动作特性

继电器的极化电压采用正序电压，不带记忆。因此，对相间故障，其正序电压基本保留了故障前电压的相位，故障相继电器有很好的方向性。

三相短路时，由于极化电压无记忆作用，其动作特性为一个过原点的圆。由于正序电压较低时，由低压距离测量，因此，这里既不存在死区也不存在母线故障失去方向性的问题。

相位比较式相间距离保护一般表达式为

$$90° \leqslant \arg \frac{\dot{U}_{\phi\phi} - \dot{I}_{\phi\phi} Z_{zd} e^{j\phi}}{\dot{U}_{1\phi\phi} e^{j\theta}} \leqslant 270°$$

相间距离保护暂态动作特性如图 4-24 所示。

2. 逻辑图

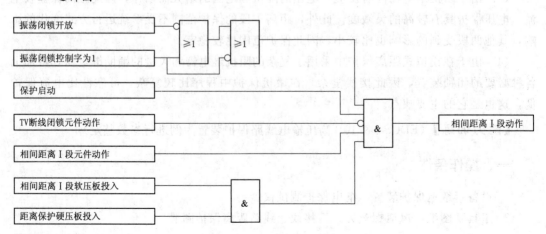

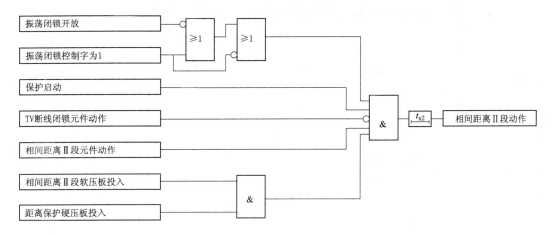

（二）相间距离Ⅲ段保护原理

1.动作特性

Ⅲ段相间距离继电器由阻抗圆相间距离继电器和四边形相间距离继电器相或构成，四边形相间距离继电器可作为长线末端变压器故障后的远后备。

阻抗圆相间距离继电器：继电器的极化电压采用当前正序电压，非记忆量，这是因为相间故障时，正序电压主要由非故障相形成，基本保留了故障前的正序电压相位，因此Ⅲ段相间距离继电器的特性与低压时的暂态特性完全一致，继电器有很好的方向性。

四边形相间距离继电器：四边形相间距离继电器的动作特性如图 $4-25$ 中的 $ABCD$，Z_{ZD} 为相间Ⅲ段圆阻抗定值，Z_{REC} 为相间Ⅲ段四边形定值。四

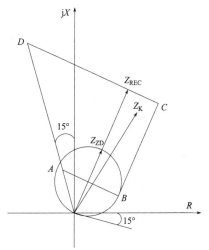

图 $4-25$　四边形相间距离保护动作特性

边形中 BC 段与 Z_{ZD} 平行，且与Ⅲ段圆阻抗相切；DA 的延长线过原点偏移 jX 轴 $15°$；AB 段与 CD 段分别在 $Z_{ZD}/2$ 和 Z_{REC} 处垂直于 Z_{ZD}。整定四边形定值时只需整定 Z_{REC} 即可。

2.逻辑图

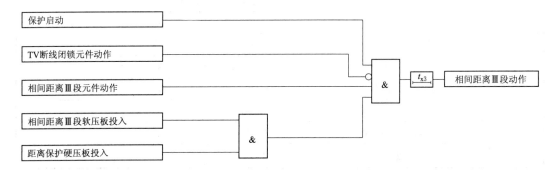

（三）EDCS-8210B 高压输电线路保护装置距离保护定值清单

序号	定 值 名 称	定值范围	整定步长	备 注
1	相间距离Ⅰ段阻抗定值	0.05～125Ω	0.01Ω	出厂设置：2.7
2	相间距离Ⅱ段阻抗定值	0.05～125Ω	0.01Ω	出厂设置：4.0
3	相间距离Ⅲ段阻抗定值	0.05～125Ω	0.01Ω	出厂设置：6.7
4	相间距离Ⅲ段四边形阻抗定值	0.05～125Ω	0.01Ω	出厂设置：6.7
5	正序灵敏角	45.0°～89.0°	0.1°	出厂设置：80
6	相间距离偏移角	0°～30.0°	0.1°	出厂设置：0
7	相间距离Ⅱ段延时	0.01～10s	0.01s	出厂设置：0.5
8	相间距离Ⅲ段延时	0.01～10s	0.01s	出厂设置：1
9	零序补偿系数	0～2.00	0.01	出厂设置：0.667
10	接地距离Ⅰ段阻抗定值	0.05～125Ω	0.01Ω	出厂设置：2.7
11	接地距离Ⅱ段阻抗定值	0.05～125Ω	0.01Ω	出厂设置：4.0
12	接地距离Ⅲ段阻抗定值	0.05～125Ω	0.01Ω	出厂设置：6.7
13	接地距离Ⅲ段四边形阻抗定值	0.05～125Ω	0.01Ω	出厂设置：6.7
14	零序灵敏角	45.0°～89.0°	0.1°	出厂设置：70
15	接地距离偏移角	0°～30.0°	0.1°	出厂设置：0
16	接地距离Ⅱ段延时	0.01～10s	0.01s	出厂设置：0.5
17	接地距离Ⅲ段延时	0.01～10s	0.01s	出厂设置：1
18	振荡闭锁过流定值	0.80～15A	0.01A	出厂设置：6
控制字				
D0	振荡闭锁	0，1	1	出厂设置：1

EDCS-8210B1（8210B2）装置保护定值整定单

工程名称： 回路名称： 整定人：

设备名称： 回路编号： 时 间：

（1）系统定值。

序号	定 值 名 称	定值范围	整定步长	用户整定
1	母线电压一次额定值	10.0～121.0kV	0.1kV	
2	母线电压二次额定值	57.74/110.00V	0.01V	
3	线路电压一次额定值	10.0～121.0kV	0.1kV	
4	线路电压二次额定值	57.74/110.00V	0.01V	
5	电流一次额定值	0～8000A	1A	
6	电流二次额定值	1/5A	1A	
7	同期相别选择	1～6	1	

续表

序号	定 值 名 称	定值范围	整定步长	用户整定
8	全线路阻抗	0.01～125Ω	0.01Ω	
9	线路长度	0～600.0km	0.01km	
10	电流突变量启动定值	0.02～1.00In	0.01A	
11	零序电流启动定值	0.10～2.00In	0.01A	
12	负序电流启动定值	0.10～2.00In	0.01A	
控 制 字 1				
D0	遥信1为TWJ	0,1	1	
D1	遥信2为HWJ	0,1	1	
D2	控制回路断线检测	0,1	1	
D3	电流互感器断线检测	0,1	1	
D4	电压互感器断线检测	0,1	1	

（2）距离保护。

序号	定 值 名 称	定值范围	整定步长	用户整定
1	相间距离Ⅰ段阻抗定值	0.05～125Ω	0.01Ω	
2	相间距离Ⅱ段阻抗定值	0.05～125Ω	0.01Ω	
3	相间距离Ⅲ段阻抗定值	0.05～125Ω	0.01Ω	
4	相间距离Ⅲ段四边形阻抗定值	0.05～125Ω	0.01Ω	
5	正序灵敏角	45.0°～89.0°	0.1°	
6	相间距离偏移角	0°～30.0°	0.1°	
7	相间距离Ⅱ段延时	0.01～10s	0.01s	
8	相间距离Ⅲ段延时	0.01～10s	0.01s	
9	零序补偿系数	0～2.00	0.01	
10	接地距离Ⅰ段阻抗定值	0.05～125Ω	0.01Ω	
11	接地距离Ⅱ段阻抗定值	0.05～125Ω	0.01Ω	
12	接地距离Ⅲ段阻抗定值	0.05～125Ω	0.01Ω	
13	接地距离Ⅲ段四边形阻抗定值	0.05～125Ω	0.01Ω	
14	零序灵敏角	45.0°～89.0°	0.1°	
15	接地距离偏移角	0°～30.0°	0.1°	
16	接地距离Ⅱ段延时	0.01～10s	0.01s	
17	接地距离Ⅲ段延时	0.01～10s	0.01s	
18	振荡闭锁过流定值	0.80～15A	0.01A	
控制字1				
D0	振荡闭锁	0,1	1	

四、学习结果评价

填写考核评价表,见表4-22。

表4-22　　　　　　　　　　　考 核 评 价 表

序号	评价内容	评 价 标 准	考核方式	评价结果(是/否)
1	素养	具有良好的合作意识,任务分工明确	师评+互评	□是 □否
		能够精益求精,完成任务严谨认真	师评	□是 □否
		能够遵守课堂纪律,课堂积极发言	师评	□是 □否
		遵守6s管理规定,做好实训室的整理归纳	师评	□是 □否
		无危险操作行为,能够规范操作	师评	□是 □否
2	知识	掌握三段距离保护的动作阻抗整定办法	师评	□是 □否
		掌握距离阻抗的动作时限整定办法	师评	□是 □否
		分析距离保护的优点	师评	□是 □否
3	能力	能完成距离保护的案例计算	师评	□是 □否
		具备使用EDCS-8210B高压输电线路保护装置进行距离保护参数配置的能力	师评+互评	□是 □否
		能够编写完成测试试验报告	师评	□是 □否
4	总评	是否能够满足下一步内容的学习	师评	□是 □否

【课后作业】

1. 故障点的过渡电阻对测量阻抗及保护范围有何影响?
2. 距离保护的特点是什么?

职业能力五　输电线路纵联保护

【核心概念】

纵联保护,是用某种通信通道将输电线路两端的保护装置纵向联结起来,将本端的电气量传送到对端进行比较,以判断故障在本线路范围内还是在线路范围外,从而决定是否切断被保护线路。

【学习目标】

1. 掌握纵联保护的原理。
2. 能够对纵联保护进行正确的巡视。
3. 熟悉光纤差动保护的校验过程。

【基本知识】

一、纵联保护概述

利用线路一侧的电气量所构成的继电保护(单端电气量),无法区分本线路末端与相邻线路（或元件）的出口故障，如电流保护、阻抗保护。为此，将两端保护装置的信号纵向联结起来，构成纵联保护。由于纵联保护在电网中可实现全线速动，因此它可保证电力系统并列运行的稳定性和提高输送功率、缩小故障造成的损坏程度、改善后备保护之间的配合性能。

纵联保护的信号有以下三种：

（1）闭锁信号。它是阻止保护动作于跳闸的信号。换言之，无闭锁信号是保护作用于跳闸的必要条件。只有同时满足本端保护元件动作和无闭锁信号两个条件时，保护才作用于跳闸。

（2）允许信号。它是允许保护动作于跳闸的信号。换言之，有允许信号是保护动作于跳闸的必要条件。只有同时满足本端保护元件动作和有允许信号两个条件时，保护才动作于跳闸。

（3）跳闸信号。它是直接引起跳闸的信号。此时与保护元件是否动作无关，只要收到跳闸信号，保护就作用于跳闸，远方跳闸式保护就是利用跳闸信号。

纵联保护逻辑框图如图4-26所示。

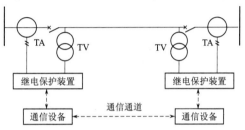

图4-26　纵联保护逻辑框图

根据信号交换途径（通道类型）的不同，输电线路纵联保护可分为以下四种：

（1）导引线通信。导引线纵联差动保护它只适用于小于15～20km的短线路。它在发电机、变压器、母线保护中应用得更广泛。

（2）电力线载波。载波是利用输电线路本身作为通道在工频电流上叠加载波信号（30～500kHz）传送两侧电气量的信息。

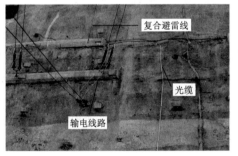

图4-27　光纤通道

（3）微波通信。微波通道（150MHz～20GHz）频带宽，但需采用脉冲编码调制，适合于数字式保护，不经济。

（4）光纤通信。采用脉冲编码调制PCM方式，光信号不受干扰。在现实中，将光纤安置在架空地线中，构光缆复合避雷线（OPGW线）。实现信息传递。光纤通道如图4-27所示。

按照动作原理来分，可以分成比较方向、比较相位、比较差电流等。

本书重点讲述闭锁式高频保护和光纤差动保护。

二、闭锁式高频保护

闭锁式方向纵联保护的工作方式是当任一侧方向元件判断为反方向时，本侧保护不跳闸，由发信机发出高频信号，对侧收信机接收后就输出脉冲闭锁该侧保护。在外部故障时是近故障侧的方向元件判断为反方向故障，所以是近故障侧闭锁远离故障侧；在内部故障时两侧方向元件都判断为正方向，都不发送高频信号，两侧收信机接收不到高频信号，也就没有输出脉冲去闭锁保护，于是两侧方向元件均作用于跳闸。这就是故障时发信闭锁式方向纵联保护。

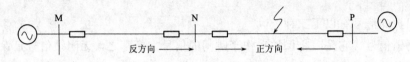

图 4-28 高频保护原理图

方向的规定：故障电流由母线流向线路为正方向；故障电流由线路流向母线为反方向
高频保护的基本构成如图 4-29 所示。

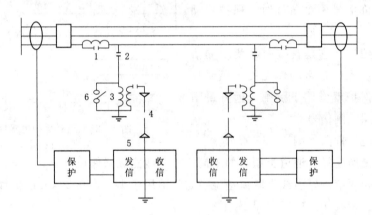

图 4-29 高频保护构成图

1—阻波器；2—耦合电容器；3—结合滤波器；4—高频电缆；5—收发信机；6—接地刀闸

各部分作用如下：

阻波器：由电感和可调电容组成并联谐振回路，对高频呈很大阻抗（对工频呈 0.04Ω，对高频呈 1000Ω），阻止高频信号向母线方向分流。对工频呈低阻抗，而使工频电流畅通无阻。

耦合电容器：电容很小，对工频而言呈很大阻抗，防止高压侵入收发信机。相对高频呈现小阻抗，使高频电流畅通。并和结合滤波器组成带通滤波器，只允许此频带内电流通过。

结合滤波器：和耦合电容组成带通滤波器，并使线路与高频电缆阻抗相匹配，使收发信机收到最大高频信号。进一步隔离工频高电压。保证设备和人身安全。

收发信机：既收本侧信号又收对侧信号，即接受高频通道上的所有信号。

高频保护部分设备图如图 4-30 所示。

图 4-30 中，左侧线从耦合电容器经电容式电压互感器、结合滤波器到高频电缆，表示高频电流流向，右侧线表示工频电流流向。

高频保护逻辑简图如图 4-31 所示。

图 4-30　高频保护部分设备图

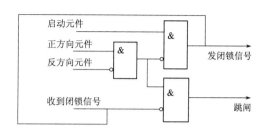

图 4-31　高频保护逻辑简图

通过逻辑框图，我们可以分析闭锁式高频保护动作的四个条件：①启动元件动作；②正方向元件动作；③反方向元件不动作；④没有收到闭锁信号。

四个条件同时满足，动作跳闸。

三、光纤差动保护

光纤差动保护，是以专用光纤通道将输电线路两端的保护装置纵向联结起来，将本端的电气量信息状态传送到对端进行比较，以判断故障在本线路范围内还是在线路范围之外，从而实现全线速动切除区内故障。

差动保护基本判据应考虑采样误差、同步误差、输电线路对地电容电流等构成的不平衡电流，基本判据如下：

$$|\dot{I}_m + \dot{I}_n| > I_{bph}$$

但仅仅有基本判据，存在缺点：整定太小，区外故障将误动；整定太大，区内故障将拒动。因此为了提高保护动作的可靠性，引入比率制动判据。即：

$$|\dot{I}_m + \dot{I}_n| > k|\dot{I}_m - \dot{I}_n|$$

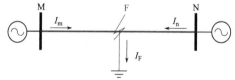

图 4-32　线路内部流出电流只成为动作电流 I_d

图 4-33　穿越性的电流只成为制动电流 I_r

在区内区外故障时，动作量 I_d 和制动量 I_r 关系见表 4-23。

表 4-23　　　　　　　　　　动作量 I_d 和制动量 I_2 关系表

故障类型	动作量 I_d	制动量 I_r	关系
区内故障	$|I_m + I_n| = I_F$	$|I_m - I_n|$	$I_d > I_r$
区外故障	$|I_m + I_n| = 0$	$2|I_F|$	$I_d \ll I_r$

由差动保护基本判据和比率制动判据共同构成比率制动式差动保护的差动保护判据，得到差动保护的动作特性，如图 4 - 34 所示。

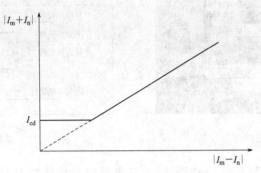

图 4 - 34 比率制动式差动保护动作曲线

【能力训练】（以南瑞 **RCS - 931** 高压输电线路保护装置为例进行光纤纵差保护定值校验）

一、操作条件

1. 设备：继电保护装置、继电保护测试仪。
2. 工具及图纸：凤凰螺丝刀、短接线、线路距离保护保护图册。

二、安全及注意事项

1. 在操作非电量保护装置时，履行操作监护制度，并做必要的安全防护。
2. 防止误入带电间隔，不要盲目碰触高压导线及设备，避免触电危险。
3. 对所使用的纸质图纸、工具要及时规整复位，并对场地进行 8s 工作。

三、操作过程

（1）用尾纤将保护装置的收信端（RX）和发芯端（TX）短接，构成自发自收方式。

（2）将定值控制字中的"本侧地址码"和"对侧地址码"整定为相同，"投纵联差动保护""专用光纤""投重合闸""投重合闸不检"和"通道自环试验"均置 1。抬高零序差动定值。重合把手切换至"综重方式"。

（3）投入差动保护软压板、硬压板。

（4）模拟故障前电压为额定电压，保护充电至"充电"灯亮。

（5）加入故障电流大于 1.1 倍 $I_H/2$ 电流值，模拟单相、多相故障，分相电流差动动作，装置面板上相应故障相跳闸灯亮。

（6）加入故障电流大于 1.1 倍 $I_L/2$ 电流值，模拟单相、多相故障，分相电流差动动作，装置面板上相应故障相跳闸灯亮。

（7）加入故障电流小于 0.95 倍 $I_L/2$ 电流值，装置应可靠不动作。

（8）将保护装置动作接点接入保护试验台的开关量输入位置，记录试验过程中各段的动作时间，包括保护试验台的动作时间和保护装置显示的动作时间。

四、学习结果评价

填写考核评价表，见表 4 - 24。

表 4 - 24 考 核 评 价 表

序号	评价内容	评 价 标 准	考核方式	评价结果（是/否）
1	素养	具有良好的合作意识，任务分工明确	师评＋互评	□是 □否
		能够精益求精，完成任务严谨认真	师评	□是 □否
		能够遵守课堂纪律，课堂积极发言	师评	□是 □否
		遵守 6s 管理规定，做好实训室的整理归纳	师评	□是 □否
		无危险操作行为，能够规范操作	师评	□是 □否
2	知识	能口述输电线路纵联保护工作原理	师评	□是 □否
		能理解并口述高频保护设备的作用	师评	□是 □否
		能熟练掌握光纤差动保护的原理	师评	□是 □否
3	能力	能绘制比率制动式差动保护原理图	师评	□是 □否
		能对照图纸找到保护所用电压、电流端子	师评	□是 □否
		能辅助进行纵差保护的校验	师评	□是 □否
		能够编写完成测试试验报告	师评	□是 □否
4	总评	是否能够满足下一步内容的学习	师评	□是 □否

【课后作业】

1. 故障点的过渡电阻，对测量阻抗及保护范围有何影响？
2. 距离保护的特点是什么？

❖❖❖❖ 本 章 小 结 ❖❖❖❖

距离保护，也称低阻抗保护，是反映保护安装处到短路点之间阻抗下降而动作的保护。距离保护测量故障点至保护安装处的距离，依靠其测量元件阻抗继电器实现。阻抗继电器的接线形式有反映相间短路故障的阻抗继电器的 0°接线、反映相间短路故障的阻抗继电器的 30°接线。电力系统振荡时，将引起电压、电流大幅度变化，严重影响用户的平稳用电。所以在振荡过程中，严禁继电保护装置发生误动。

❖❖❖❖ 电 力 小 课 堂 ❖❖❖❖

全民抗疫、保电有我（来源：大众网·海报新闻）

一场突如其来的疫情打破了大家原有生活的平静，如何做好疫情防控工作，如何做好防控医院和重点企业供电保障工作，如何让被迫"宅"在家中的百姓继续享受优质的电力服务成为国网济南市章丘区供电公司的首要任务。

"我们是儿子、是丈夫、是父亲，但在疫情面前，我们选择坚守，要担当起守护电网运行的职责。"这是电网调控班班长张磊的话，也道出了全体调控员的心声。为保证电网调控运行不受疫情影响，确保电网安全万无一失，从 1 月 29 日起，章丘供电公司电网调控人员全部执行 24h 全封闭应急值班，执行四点两线双轨备用值班模式。保持全接线全保护运行，密切跟踪电网负荷及无功电压曲线变化，实时进行分析调整，以最优运行方式迎接疫情考验。重点加强 18 条 10kV、2 条 35kV、16 条 110kV 线路和 8 座 110kV 变电站的实时监控，完善细化电网应急处置预案，做到一线一措、一站一案，全力保障党政机关、疾控中心、定点发热医院、医疗企业等重要客户供电万无一失。他们不舍昼夜，履职尽责，用忠诚和坚守，默默担负起抗击疫情期间为章丘电网保驾护航的光荣使命。

在疫情期间有很多一线电力职工，用行动默默奉献，兢兢业业全力保障供电稳定，让医院的设备能够正常运转、工厂的机器能够开足马力生产、普通百姓也能够在家享受电带来的便利。

工作任务五 发电机保护

职业能力一 发电机保护认知

【核心概念】

同步发电机的原理：在转子绕组中通入直流，产生恒定磁场。发电机转子由汽轮机或水轮机拖着旋转，恒定磁场变成旋转磁场。转子旋转磁场切割定子绕组，必将在定子绕组产生感应电势。由于转子磁场在气隙中按正弦分布，而转子以恒定速度旋转，从而使定子绕组中的感应电势按正弦波规律变化。发电机并网运行时，定子绕组中出现感应电流，向系统输出电能。

电压互感器及电流互感器的接地：为防止运行中由于互感器一次与二次之间绝缘击穿使一次高电压串到二次回路中，而危及人身及二次设备的安全，电流互感器及电压互感器二次必须有且仅有一个可靠的接地点，通常称为保护接地。

【学习目标】

1. 理解发电机的故障及不正常运行方式。
2. 能理解发电机应设置的继电保护类型。
3. 能查阅发电机继电保护装置的保护定值。

【基本知识】

一、发电机的故障及不正常运行方式

（1）发电机定子绕组的故障。主要有：相间短路（二相短路、三相短路）；接地故障：单相接地、两相接地短路故障；匝间短路（同分支绕组匝间短路，同相不同分支绕组之间的短路）。

（2）发电机转子绕组的故障。主要有：转子绕组一点接地及二点接地，部分转子绕组匝间短路。

（3）发电机异常运行方式。

主要有：定子绕组过负荷，转子绕组过负荷，发电机过电压；发电机过激磁，发电机误上电、逆功率、频率异常、失磁、发电机断水及非全相运行等。

二、发电机保护的配置

发电机定子绕组或输出端部发生相间短路故障或相间接地短路故障，将产生很大的短路电流。大电流产生的热、电动力或电弧可能烧坏发电机线圈、定子铁芯及破坏发电机

结构。

转子绕组两点接地或匝间短路，将破坏气隙磁场的均匀性，引起发电机剧烈振动而损坏发电机；另外，还可能烧伤转子及损坏其他励磁装置。

发电机异常运行也很危险。发电机过电压、过电流及过激磁运行可能损坏定子绕组；大型发电机失磁运行除对发电机不利之外，还可能破坏电力系统的稳定性。其他异常工况下，长期运行也会危及发电机的安全。

为确保发电机安全经常运行，必需配置完善的保护系统。

（1）短路故障的主保护。短路故障的主保护有：纵差保护、横差保护（单元件横差及三元件横差保护）、发电机定子绕组匝间保护（主要有单元件横差保护、纵向零序电压匝间保护及负序功率方向保护）、转子两点接地保护、励磁机纵差保护。

（2）短路故障的后备保护。短路故障的后备保护主要有：复压闭锁过流保护；对称过流及过负荷保护；不对称过流及过负荷保护、负序过电流保护；转子过流及过负荷保护；转子两点接地保护；带记忆的低压过流保护。

（3）其他故障保护。其他故障保护主要有：发电机单相接地保护；发电机失磁保护。

（4）发电机异常运行保护。发电机异常运行保护有：发电机过电压保护；发电机过激磁保护、逆功率保护；转子一点接地保护；定子过负荷保护、非全相运行保护、大型发电机失步保护、频率异常保护等。

（5）开关量保护。开关量保护主要有：发电机断水保护等。

（6）临时性保护。临时性保护是指：发电机正常运行时应退出的保护。其中有发电机误上电保护及发电机启、停机保护等。

【能力训练】（本任务以许继电气公司 WFB-802 查阅继电保护装置面板为例）

一、操作条件

1. 设备：微机型继电保护装置。

二、安全及注意事项

1. 工作小心，加强监护，防止误整定、误修改。
2. 默认保护装置所在一次设备带电状态。
3. 对所使用的工具要及时规整复位，并对场地进行 6s 工作。

三、操作过程

按键面板如图 5-1 所示。

↑键：命令菜单选择，显示换行，或光标上移

↓键：命令菜单选择，显示换行，或光标下移

→键：光标右移

←键：光标左移

＋键：数字增加选择

－键：数字减小选择

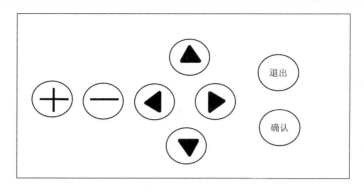

图 5-1　WFB-802 继电保护装置按键面板

退出键：命令退出返回上级菜单或取消操作

确认键：菜单执行及数据确认

装置上电或复位后正常运行所显示的主菜单如图 5-2 所示。

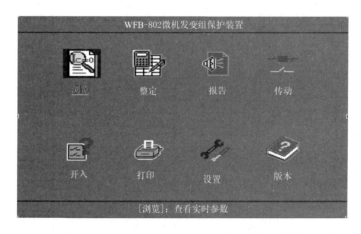

图 5-2　WFB-802 微机发变组保护装置主菜单

在每一级菜单中，当前选中的选项的图标及其下面的简短文字说明的背景色都变成高亮的蓝色并且文字说明的下方多加一个白色的下划线，按"↑""↓""→""←"键可以改变当前选项，而在显示屏最下方的显示区则显示当前选项的解释说明，例如：[浏览]：查看实时参数。

主菜单采用树型目录结构，如图 5-3 所示。

全部主菜单共有 8 个选项，在菜单选项或显示数据过多的情况下将采用滚动显示的方法，显示屏的最右侧将出现"↑"和"↓"两个图标，按"↑"键及"↓"键使屏幕分别向上及向下滚动。如果屏幕右侧只出现"↓"图标则表示本屏为滚动显示的第一屏，如只出现"↑"则表示本屏为滚动显示的最后一屏。以参看保护参数为例：

（1）移动光标到"整定"处，按"确认"键后进入"查看修改保护参数"对话框，如图 5-4 所示。

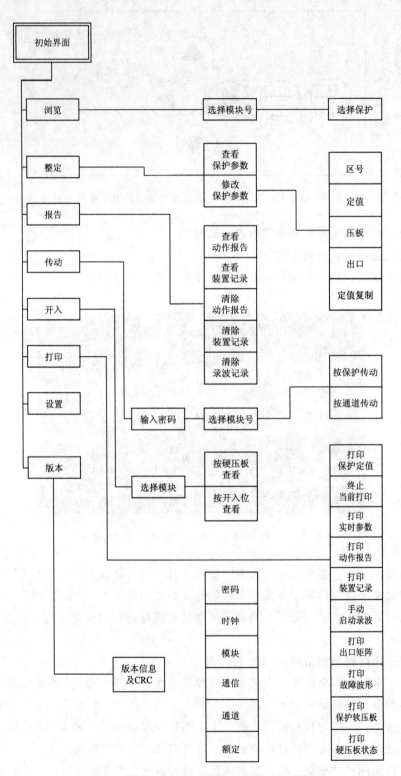

图 5-3 WFB-802 微机保护人机界面树形结构

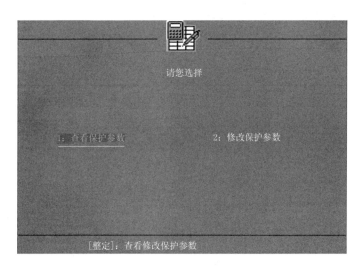

图 5-4　查看修改保护参数对话框

（2）移动光标到"1：查看保护参数"处，按"确认"键后进入"查看保护参数"子菜单如图 5-5 所示。

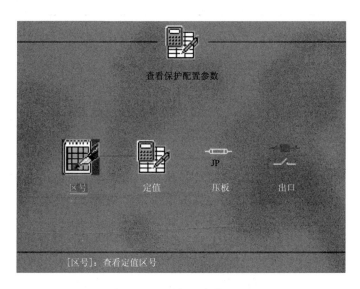

图 5-5　查看保护参数对话框

（3）移动光标到"定值"处，按"确认"键后，进入"定值查看"对话框，即可逐一查看保护定值。按一次"退出"键返回到上一级菜单。

小提示

◇ 运行的继电保护装置必须设置密码，定值修改密码由检修人员管理。

◇ 通信参数在继电保护装置出厂前，已经设置好，在使用过程中一般不宜修改。

◇ 通道校正系数用于装置出厂调试时硬件的校准，装置出厂后请勿再次变动。

四、学习结果评价

填写考核评价表，见表 5 - 1。

表 5 - 1 考 核 评 价 表

序号	评价内容	评 价 标 准	考核方式	评价结果（是/否）
1	素养	具有良好的合作意识，任务分工明确	互评	□是 □否
		能够规范操作，具有较好的质量的意识	师评	□是 □否
		能够遵守课堂纪律	师评	□是 □否
		遵守 6s 管理规定，做好实训的整理归纳	师评	□是 □否
		无危险操作行为	师评	□是 □否
2	知识	能区分发电机的不正常工作状态	师评	□是 □否
		能区分发电机的故障状态	师评	□是 □否
		能列举发电机的常用保护类型	师评	□是 □否
3	能力	能查阅继电保护装置面板	师评	□是 □否
		能查阅发电机保护动作情况	师评	□是 □否
		能判断发电机相关保护的投退和定值情况	师评	□是 □否
4	总评	是否能够满足下一步内容的学习	师评	□是 □否

【课后作业】

1. 请以思维图的形式，画出发电机的保护配置。

职业能力二 发电机差动保护

【核心概念】

发电机纵差保护：利用比较发电机中性点侧和引出线侧电流幅值和相位的原理构成，当发生发电机内部故障时，流入差动继电器的差流将会出现较大的数值，当差动电流超过整定值时，保护装置判为发生了内部故障而作用于跳闸。

发电机横差保护：大容量发电机中，每相都是由两个或两个以上并联分支绕组组成。正常运行时，各绕组电动势相等，流过相等的负荷电流。当同相内非等电位点发生匝间短路时，各绕组中电动势就不再相等，因而各绕组间产生环流。利用环流，可以构成发电机定子绕组短路保护，即为横差保护。

【学习目标】

1. 掌握发电机差动保护的工作原理。
2. 理解发电机保护逻辑框图。
3. 能理解发电机差动保护动作特性曲线。
4. 理解影响发电机差动保护的闭锁条件。
5. 掌握保护盘柜的点检标准和流程。

【基本知识】

一、发电机纵差保护

1. 保护原理

发电机纵差保护，是发电机相间故障的主保护。保护原理如图 5-6 所示。

当发电机正常运行或发电机在 K 点发生区外故障时，二次电流流向为 I_n—I_t 在两组电流互感器中形成环流，没有电流流进差动继电器（不考虑不平衡电流）。

当发电机内部发生短路故障，二次电流流向为 $I_{n'}$—差动继电器—$I_{t'}$—差动继电器，形成差流使差动继电器动作。

机端电流互感器和中性点电流互感器安装位置如图 5-7 所示。

2. 逻辑框图

目前，国内生产及广泛应用的发电机差动保护装置，为提高区内故障时的动作灵敏度及确保区外故障时可靠不动作，一般采用具有二段折线式动作特性的差动元件。其动作方程为

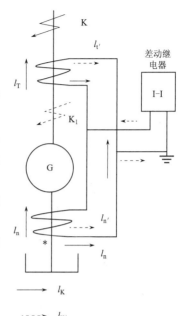

图 5-6　发电机纵差保护原理图

图 5-7　机端电流互感器和中性点电流互感器安装位置图

$$\begin{cases} I_d \geq I_{dz0} & I_z \leq I_{z0} \\ I_d \geq K_z(I_z - I_{z0}) + I_{dz0} & I_z > I_{z0} \end{cases} \tag{5-1}$$

式中，I_d 为差动电流，完全纵差：$I_d = |\dot{I}_S + \dot{I}_N|$；$I_z$ 为制动电流，完全纵差：$I_z = \dfrac{|\dot{I}_S - \dot{I}_N|}{2}$；$K_z$ 为比率制动系数；I_{z0} 为拐点电流，开始起制动作用时的最小制动电流；I_{dz0} 为初始动作电流；$\dot{I}_N$、$\dot{I}_S$ 分别为中性点及机端差动电流互感器的二次电流。

具有两段折线式发电机纵差保护的动作特性如图 5-7 所示。

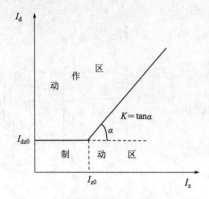

图 5-8　具有两段折线式发电机纵差
保护的动作特性图

I_{dz0}—最小启动电流；I_{z0}—拐点电流；

I_d—动作电流（差电流）；I_z—制动

电流；K_z—制动系数

由图 5-8 可以看出：纵差保护的动作特性由两部分组成：即无制动部分和有制动部分。这种动作特性的优点是：在区内故障电流小时，它具有很高的动作灵敏度；在区外故障时，它具有较强的躲过暂态不平衡电流的能力。

保护逻辑框图如图 5-9 所示。

其中，当任一相差动电流大于 0.15 倍的额定电流时启动电流互感器断线判别程序，满足下列条件认为互感器断线：①本侧三相电流中至少一相电流为零；②本侧三相电流中至少一相电流不变；③最大相电流小于 1.2 倍的额定电流。

3. 动作后果

发电机差动动作后果：跳发电机出口断路器、灭磁开关及停机。

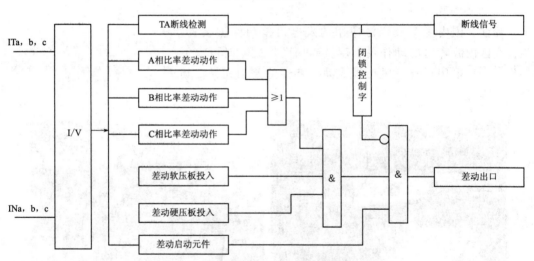

图 5-9　发电机差动保护逻辑框图

二、发电机横差保护

1. 保护原理

发电机纵差保护的原理决定了它不能反映一相定子绕组的匝间短路。对于 50MW 以上的发电机，因为每相定子绕组都是由两组并联绕组组成，因此可以利用其三相定子绕组接成双星型的特点装设横差保护。在双星型中性点 N、N_0 间加装电流互感器作为横差保护电流继电器 I 的电流源，这就构成了发电机的横差保护，作为发电机内部匝间、相间短路及定子绕组开焊的主保护。横差保护原理图如图 5-10 所示。

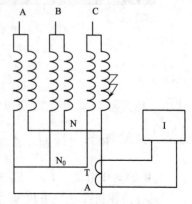

图 5-10　发电机横差保护原理图

发电机横差保护电流互感器安装位置如图 5-11 所示。

图 5-11　发电机横差保护电流互感器安装位置

2. 逻辑框图

本保护检测发电机定子多分支绕组的不同中性点连线电流（即零序电流）$3I_0$ 中的基波成分，保护判据为其动作方程为

$$I_{op} \geqslant I_{opo} \tag{5-2}$$

式中：I_{op} 为中性点电流互感器二次电流；I_{opo} 为横差保护动作电流整定值。

保护动作逻辑框图如图 5-12 所示。

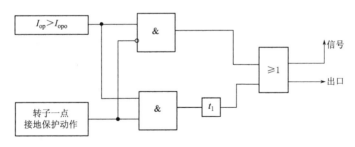

图 5-12　单元件横差保护逻辑框图

3. 定值的整定

对单元件横差保护的整定，主要是确定动作电流及动作延时。

（1）动作电流 I_{op}。目前，在单元件横差保护中，设置有三次谐波滤过器。因此，其动作电流应按躲过系统发生不对称短路或发电机失磁失步运行时转子偏心产生的最大不平衡电流。

$$I_{op} = K_H(K_1 + K_2 + K_3)I_e \tag{5-3}$$

式中：K_H 为可靠系数，取 1.5；K_1 为额定工况下，同相不同分支绕组由于参数的差异产生的不平衡电流，最大可取 $3 \times 2\% = 0.06$；K_2 为正常工况下气隙不均匀产生的不平衡电流，取 $0.05 I_e$；K_3 为异常工况下转子偏心产生的不平衡电流，取 $0.1 I_e$。

将各参数代入式（5-3）得

$I_{op} = (0.3 \sim 0.35) I_e$，可取 $0.35 I_e$。

（2）动作延时。动作延时 t_1 可取 $0.5 \sim 1s$。

4. 动作后果

保护动作后果：跳发电机出口断路器、灭磁开关及停机。

【能力训练】（以许继电气 WFB-800 系列装置检查为例）

一、操作条件

1. 设备：微机型继电保护装置。
2. 工具及图纸：继电保护装置点检标准。

二、安全及注意事项

1. 点检过程中防止误入间隔。
2. 检查过程中，防止误碰设备

三、点检标准

保护装置屏见表 5-2、表 5-3。

表 5-2 保护装置屏（前）

点检序号	点检位置	设备名称	点检内容	点 检 标 准	点检方法	记录
1	发变组保护室	发变组保护屏	屏面整体外观	1. 本体安装牢固、清洁完好，无倾斜、变形，无破损、掉漆。 2. 屏门玻璃清洁完好、门锁开关灵活可靠，屏柜内清洁无异物。 3. 标识正确清晰、铭牌清洁完好。 4. 屏内各装置安装牢固、紧固螺钉无松动脱落，外观清洁完好、标示清晰	目视	
2	发变组保护室	发变组保护屏	微机发变组保护装置	1. 各信号指示灯完好、标示清晰、指示正常。 2. 显示屏清洁完好，各显示项目及提示信息正常。 3. 面板上各按键清洁完好、按键均在弹出位置、按键表面标示清晰。 4. 串行通信口标示清晰、外观完好、螺钉无松脱、针脚孔无堵塞	目视	
			打印机	1. 打印机抽屉拉出与推入轻便灵活。 2. 打印机外观完好，各按键完好、标示清晰。 3. 打印机工作电源指示灯指示正常	目视	
			保护压板	各保护压板根据运行方式要求，在正确的位置	目视	
			接地线	屏柜与屏门间接地线完好、连接紧固	目视	

点检序号	点检位置	设备名称	点检内容	点 检 标 准	点检方法	记录
3	发变组保护室	发变组保护屏	屏背面整体外观	1. 屏门完好清洁、门锁开关灵活可靠，屏柜内清洁无异物。 2. 屏内各装置安装牢固、紧固螺钉无松动脱落、标示清晰完好	目视	

表 5 - 3　　　　　　　　　　　　保 护 装 置 屏 （后）

点检序号	点检位置	设备名称及编号	点检内容	点 检 标 准	点检方法	记录
1	发变组保护室	发变组保护屏	空气开关	1. DK1～DK5 均在合闸位置。 2. 各空气开关外观清洁完好、无过热变色痕迹。 3. 空气开关引线及接头无过热变色、绝缘无破损	目视	
			微机发变组保护装置	1. 各插件插接牢固，紧固螺钉无松动脱落。 2. 引线插头与插座标识清晰、连接紧固，引线无松动脱落、绝缘无破损和过热变色现象。 3. 各直流电源指示灯指示正常	目视	
			打印机	1. 交流工作电源正常完好，电源线插头与插座连接紧固，电线绝缘无破损、无过热变色现象。 2. 数据线完好、连接正确牢固。 3. 纸盒内应有足够数量的纸张，纸张应摆放整齐，并正确地压入送纸器内	目视	
			网络打印共享器	1. 各连线完好、绝缘无破损，连线插头应插接紧固、无松动脱落。 2. 各信号指示灯指示正常	目视	
2	发变组保护室	发变组保护屏	以太网关接口	1. 各连线完好、绝缘无破损，连线插头应插接紧固、无松动脱落。 2. 各信号指示灯指示正常	目视	
			温度、湿度控制器	1. 连接引线及接头连接紧固，引线绝缘完好无破损、无过热变色现象。 2. 控制器定值指示正确。 3. 板式加热器无过热变色、安装牢固，加热器附近无易燃物件或导线靠近	目视	
			接地线	1. 接地装置安装紧固。 2. 各接地线与接地装置连接紧固、无松动脱落现象	目视	

问题情境

我们为什么要进行保护点检？

解决途径：点检简言之就是预防性检查。它的含义：为了维持生产设备原有的性能，通过五感（视、听、嗅、味、触）或简单的工具仪器，按照预先设定的周期和方法，对设备上的某一规定部位，对照事先设定的标准进行有无异常的预防性周密检查的过程，以使设备的隐患和缺陷能够得到早期发现、早期预防、早期处理，这样的设备检查称为点检。

点检就是通过对继电保护设备关键点的测试，实时把握设备的状态，一旦出现问题，找出原因，及时的维护，让设备永远处在健康的状态。点检和一般的设备大检查不一样，一般的设备大检查，不能每天进行，而点检，是根据设备的特点，进行的一种实时监测，这种点检，初始的时候会困难重重，但后期工作维护比较简单。

四、学习结果评价

填写考核评价表，见表 5 - 4。

表 5 - 4   考 核 评 价 表

序号	评价内容	评 价 标 准	考核方式	评价结果（是/否）
1	素养	具有良好的合作意识，任务分工明确	互评	□是　□否
		能够规范操作，具有较好的质量的意识	师评	□是　□否
		能够遵守课堂纪律	师评	□是　□否
		遵守 6s 管理规定，做好实训的整理归纳	师评	□是　□否
		无危险操作行为	师评	□是　□否
2	知识	能理解并说出发电机差动保护原理	师评	□是　□否
		能理解并口述发电机横差保护	师评	□是　□否
		能理解发电机差动保护动作后果	师评	□是　□否
3	能力	能安全进行发电机保护盘柜点检	师评	□是　□否
		能履行操作监护制度防止误入其他间隔	师评	□是　□否
		能指出发电机保护互感器位置	师评	□是　□否
4	总评	是否能够满足下一步内容的学习	师评	□是　□否

【课后作业】

1. 发电机纵差保护有无死区？为什么？

2. 发电机纵差保护和横差保护是否可以互相取代？为什么？

职业能力三　发电机其他保护

【核心概念】

发电机定子接地：发电机定子绕组回路及与定子绕组回路直接相连的一次系统发生的单相接地短路。定子接地按接地时间长短可分为瞬时接地、断续接地和永久接地；按接地范围可分为内部接地和外部接地；按接地性质可分为金属性接地、电弧接地和电阻接地；按接地原因可分为真接地和假接地。

发电机转子接地：发电机励磁回路第一点接地故障是常见的故障形式之一，励磁回路第一点接地故障，对发电机并未造成危害，但相继发生第二点接地，即转子两点接地时，由于故障点流过相当大的故障电流而烧伤转子本体，并使磁励绕组电流增加可能因过热而烧伤；由于部分绕组被短接，使气隙磁通失去平衡从而引起振动甚至还可使轴系和汽机磁化，两点接地故障的后果是严重的，故必须装设转子接地保护。

发电机失步：同步发电机与系统之间失去同期就称为"失步"，主要表现为发电机不能与系统保持同频率运行，由此而产生振荡不稳定状态，发电机的特征是电压、电流大幅波动，发电机发出异常声响等。

【学习目标】

1. 充分理解发电机的故障及不正常运行方式。

2. 理解发电机各项保护的工作原理和动作后果。

3. 熟悉各项保护装置的安装位置。

【基本知识】

一、定子接地保护

1. 发电机定子单相接地的危害

设发电机定子绕组为每相单分支且中性点不接地。发电机定子绕组接线示意图及机端电压向量图如图 5-13 所示。

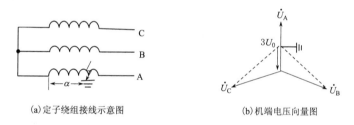

(a)定子绕组接线示意图　　　　(b)机端电压向量图

图 5-13　定子绕组接线示意图及机端电压向量图

设 A 相定子绕组发生接地故障，接地点距中性点的电气距离为 α（机端接地时 $\alpha=1$）。此时，相当于在接地点出现一个零序电压。

由图 5-12（b）可以看出：A 相绕组接地时，使 B 相及 C 相对地电压，由相电压升高到另一值，当机端 A 相接地时，B、C 两相的对地电压由相电压升高到线电压（升高到 $\sqrt{3}$ 倍的相电压）。

另外，发电机定子绕组及机端连接元件（包括主变低压侧及厂高变高压侧）对地有分布电容。零序电压通过分布电容向故障点供给电流。此时，如果发电机中性点经某一电阻接地，则发电机零序电压通过电阻也为接地点供给电流。

发电机定子绕组单相接地的危害是：非接地相对地电压的升高，将危及对地绝缘，当原来绝缘较弱时，可能造成非接地相相继发生接地故障，从而造成相间接地短路，损害发电机；另外，流过接地点的电流具有电弧性质，可能烧伤定子铁芯。如果定子铁芯烧伤，修复很困难。

分析表明：接地点距发电机中性点越远，接地运行对发电机的危害越大；反之越小。中性点附近时，若不再出现其他部位接地故障，不会危害发电机。

2. 发电机定子接地保护

统计表明,在发电机的各种故障中,定子接地故障占的比例很大。为确保发电机的安全,当出现定子绕组接地故障时,应及时发现并作相应的处理。这要靠定子接地保护。GB/T 14285—2006《继电保护及安全自动装置技术规程》规定,对容量为 100MW 及以上的发电机,应装设 100% 定子接地保护(即没有死区的接地保护)。目前,国内大多数发电机采用双频式定子接地保护。

双频式定子接地保护,由两部分组成。其一是基波零序电压式接地保护,另一是三次谐波式定子接地保护。

基波零序电压式接地保护的保护范围是:由机端向机内 85%~90% 的定子绕组接地。三次谐波式定子接地保护的保护范围决定于其构成方式,主要用于保护由发电机中性点向机内 15%~20% 的定子绕组接地。

逻辑框图如 5-14 所示。

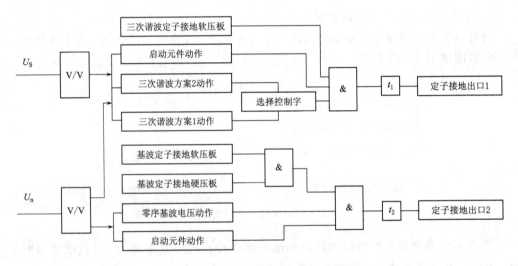

图 5-14 发电机定子接地保护逻辑框图

二、发电机失磁保护

发电机失磁后不但不能向系统送出无功功率,还要从系统吸取无功功率,造成系统电压下降。系统中其他发电机为给失磁发电机提供无功功率可能造成过电流。

转子和定子磁场间出现转速差,转子回路中感应出转差频率电流,造成转子局部过热,发电机受交变电磁力矩冲击发生振动。

发电机失磁运行对机组本身及系统均有影响。因此,发电机失磁保护既是机组保护,又是系统保护。另外,在对发电机及系统无损害的情况,汽轮发电机可以维持一定功率(例如 0.4 倍的发电机额定功率)无励磁运行 30min 左右,这对发电厂及系统的经济运行很有利。

根据上述情况对失磁保护提出以下要求:①需有快速、可靠的失磁检测元件,当发电机失磁后能快速检查出失磁；②具有失磁危害判别元件，以判断发电机失磁运行对系统对机组的影响；③具有自动处理功能，能根据失磁运行的危害程度自动选择出口方式，例如作用于减有功、切厂用、或作用于跳灭磁开关或切除失磁机组；④躲系统不正常运行（例如故障）的能力强。

1. 阻抗性失磁保护逻辑框图

目前，在国内，阻抗型失磁保护特别由低阻抗元件及转子低电压元件构成的失磁保护应用较多。

由低阻抗元件及转子低电压元件构成的失磁保护的逻辑框图如图 5-15 所示。

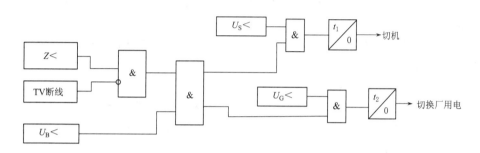

图 5-15　阻抗型失磁保护逻辑框图

$Z<$—低阻抗元件；$U_S<$—系统低电压元件；$U_B<$—转子低电压元件；

$U_G<$—发电机低电压元件；t_1、t_2—时间元件

由图 5-15 可以看出：当低阻抗元件及转子低电压元件同时动作时，即判断出发电机失磁。发电机失磁后，机端低电压元件 $U_G<$ 必定动作，经延时 t_2 作用于切换厂用电。如果发电机失磁后系统低电压元件也动作，则经过延时 t_1 作用于切除发电机。

当机端电压互感器断线时，将失磁保护闭锁。

2. 提高失磁保护动作可靠性问题

前已述及，失磁保护既是发电机组的保护，又是系统保护，其构成方式及类别多，受系统条件及其他不正常运行方式的影响大。运行实践表明，该保护的"合理"正确动作率较低。

运行实践及分析表明，根据系统及机组实际情况，正确选择失磁保护的构成逻辑及根据失磁危害程度选择适宜的出口方式，是提高失磁保护"合理"正确动作率及确保机组安全经济运行的条件。另外，尚应合理地选择保护的动作时间。

（1）不宜采用只由系统低电压及转子低电压两个元件构成的失磁保护。某些电厂，为简化失磁保护的构成，采用只由系统低电压及转子低电压两个元件构成的失磁保护。保护的逻辑框图如图 5-16 所示。

随着电力系统的发展，超高压输电线越来越多，发电机组数量越来越多，系统的容量及

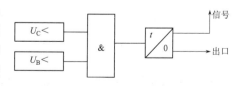

图 5-16　失磁保护逻辑框图

$U_C<$—系统低电压元件；

$U_B<$—转子低电压元件

无功储备越来越大。对某发电厂的计算及真机失磁测试表明,一台300MW发电机失磁运行其高压母线电压降低不多,系统低电压元件不会动作,按图5-16构成的失磁保护将拒绝动作。

转子低电压元件的动作电压,是按静稳极限整定的,系统静稳破坏时容易误动。此时,若系统再受冲击使高压母线电压降低时,由于U_S<元件动作致使保护误动。

此外,转子电压回路容易出问题。运行实践表明,由于转子低电压元件误动,致使失磁保护误动的次数不少。

(2)大型汽轮发电机失磁保护应有多路出口。对于大型汽轮发电机,维持较小的有功无励运行一定的时间是允许的。这样可以减少因失磁造成切机概率,对发电厂的经济运行及系统的安全是有利的。

为使发电机失磁运行的危害很小或者无危害,在系统允许的情况下发电机失磁后应首先作用于减有功及切换厂用电。在很短时间内将发电机的有功功率减少到50%的额定有功功率之下,并保证厂用系统的安全。

为使失磁运行的发电机各电量的摆幅不大及有利于重新拖入同步,发电机失磁运行时,应跳开灭磁开关。另外,跳开发电机的灭磁开关的利处还有:当因转子或励磁系统短路造成发电机失磁时,也有利于保护励磁设备及发电机转子的安全。

(3)慎重采用系统低电压元件闭锁失磁保护出口的方式。当失磁保护没有设置减小发电机有功的出口方式,或发电机组无法实现保护减有功时,在采用系统低电压元件来闭锁失磁保护切机出口时应慎重。在采用之前,应计算并验证电厂在最大运行方式下,一台发电机失磁时运行时,能否将高压母线电压拉下来。若一台发电机失磁对高压母线电压影响不大,应采用机端低电压元件取代系统低电压元件闭锁保护出口。

(4)保护的动作延时不应大于1s。维持较大有功失磁运行的发电机,定子电压、定子电流及机端测量阻抗摆动很大,影响失磁保护各元件的正确测量及失磁保护的正确动作。为确保失磁保护动作的可靠性,应适当减少该保护的出口延时。苏联对失磁保护进行的动模试验结果表明,为保证发电机失磁后失磁保护能可靠动作,该保护的动作时间应小于1s。这对动作特性为异步边界园的阻抗型失磁保护,是非常必要的。

(5)应设置转子低电压元件动作告警信号。采用转子低电压元件闭锁的失磁保护,当转子电压元件动作后应发出告警信号,以防止由于转子电压元件输入回路异常未被发现致使失磁保护误动。

三、发电机负序过负荷及过电流保护

电力系统中发生不对称短路或三相负荷不对称(例如电气化机车、冶炼电炉等单相负荷)时,发电机定子绕组中将出现负序电流。负序电流产生负序旋转磁场,它以2倍的同步速切割转子,在转子部件中感应倍频电流,使转子表层(特别是端部、护环内表面、槽楔与小齿接触面等)过热,进而烧伤及损坏转子。

另外,定子负序电流与气隙旋转磁场(由转子电流产生)之间、负序旋转磁场与转子电流之间将产生100Hz的交变电磁力矩,引起机组振动。

装设发电机负序过电流保护的主要目的,是保护发电机转子。同时,还可以作发电机变压器组内部不对称短路故障的后备保护。

对于大型汽轮发电机，其承受负序电流的能力，主要取决于转子的发热条件。发热有一个积累过程，因此，汽轮发电机的负序过流保护应具有反时限动作特性。

水轮发电机在负序电流作用下，转子过热程度比汽轮机小得多，约为汽轮发电机的十分之一。但是，由于水轮发电机的直径较大，焊接件较多，X_d 与 X_q 的差值较大，其承受负序电流的能力应由 100Hz 的振动条件限制。因此，水轮发电机的负序过流保护可不具有反时限特性，其动作应较快。

该保护应由负序过负荷及负序过电流两部分构成。过负荷保护作用于信号，过电流保护作用于切机。

大型汽轮发电机的负序过电流保护，应由两部分组成，即反时限部分及上限定时限部分。反时限部分用以防止由于过热而损伤发电机转子，上限定时限主要作为发变组内部短路的后备保护。

在有些保护装置中，对负序过流保护尚设置下限定时限部分，并作为该保护的启动元件。

保护的引入电流，为发电机电流互感器二次三相电流。

大型汽轮发电机负序过负荷及过电流保护的逻辑框图如图 5-17 所示。

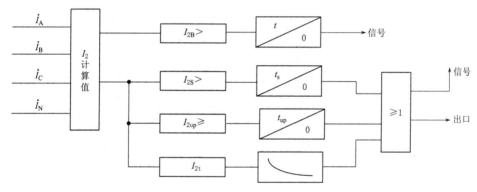

图 5-17　汽轮发电机负序过负荷及过电流保护的逻辑框图

i_A、i_B、i_C、i_N—发电机电流互感器二次三相电流；I_{2B}—负序过负荷元件；

$I_{2S}>$—负序过流下限定时限元件；$I_{2up}\geqslant$—负序过流上限定时限元件；

I_{2t}—负序过流反时限元件；

四、发电机转子接地保护

正常运行时，发电机转子电压（直流电压）仅有几百伏，且转子绕组及励磁系统对地是绝缘的。因此，当转子绕组或励磁回路发生一点接地时，不会对发电机构成危害。但是，当发电机转子绕组出现不同位置的两点接地或匝间短路时，很大的短路电流可能烧伤转子本体；另外，由于部分转子绕组被短路，使气隙磁场不均匀或发生畸变，从而使电磁转矩不均匀并造成发电机振动，损坏发电机。

为确保发电机组的安全运行，当发电机转子绕组或励磁回路发生一点接地后，应立即发出信号，告知运行人员进行处理；若发生两点接地时，应立即切除发电机。因此，对发电机组装设转子一点接地保护和转子两点接地保护是非常必要的。

GB/T 14285—2006《继电保护和安全自动装置技术规程》规定，对于汽轮发电机，在励磁回路出现一点接地后，可以继续运行一定时间（但必须投入转子两点接地保护）；而对于水轮发电机，在发现转子一点接地后，应立即安排停机。因此，水轮发电机一般不设置转子两点接地保护。

转子一点接地保护的种类较多，主要有叠加直流式、乒乓式及测量转子绕组对地导纳式（实质是叠加交流式）。目前，在国内乒乓式转子一点接地保护得到了广泛应用。

乒乓式转子一点接地保护的构成原理，实质是：在发电机运行时轮流测量转子绕组正极、负极的对地电流，并根据测得的结果计算出转子绕组或励磁回路的对地电阻，从而判断出接地故障的位置及接地电阻的量值。转子一点接地碳刷如图 5-18 所示。

图 5-18　转子一点接地碳刷

设在转子绕组上 K 点经电阻 R_g 接地。则转子一点接地保护的构成原理图如图 5-19 所示。

五、发电机误上电保护

发电机误上电的发生有两种可能，第一种是发电机在盘车或升速过程中突然接入电网；第二种是非同期合闸。

发电机在盘车或升速过程中突然接入电网，将产生很大的定子电流，损害发电机。另外，当发电机转速很低时，定子旋转磁场将切割转子，造成转子过热，损伤转子。

发电机非同期合闸，将产生很大的冲击电流及转矩，可能损坏发电机或汽轮机大轴及引起系统振荡。

因此，对大型发电机应装设误上电保护。

为消除发电机在盘车或升速过程中误上电的危害，误上电保护应在灭磁开关断开及发电机定子有电流时动作，去切除发电机（或发变组高压侧）开关。为此，误上电保护的逻辑框图如图 5-20 所示。

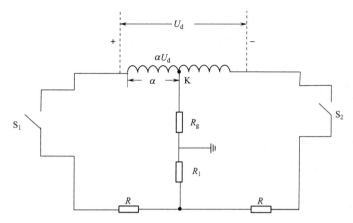

图 5-19　乒乓式转子一点接地保护原理接线图

S_1、S_2—可控的电子开关，轮流闭合及断开；U_d—转子绕组电压；

α—接地位置距转子正极的电气百分距离；

R—降压电阻；R_1—测量电阻

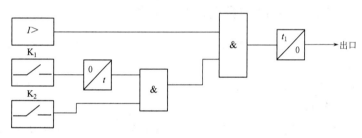

图 5-20　防止发电机在盘车或升速过程误上电保护的逻辑框图

$I>$—定子过电流元件；K_1—发电机出口开关或发变组高压侧开关的辅助接点，接点闭合时输出为零；

K_2—发电机灭磁开关辅助接点，接点闭合时输出为零

K_1 闭合后其输出由 0 变成 1 加延时的目的，是确保发电机误上电时保护能可靠动作并作用于出口。

发电机非同期合闸，相当于在并列点发生三相短路故障，因此，可用一个低阻抗元件检测非同期并列。为此，误上电保护的逻辑框图如图 5-21 所示。

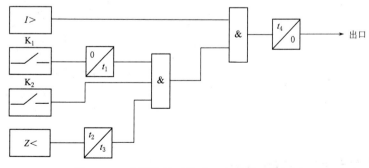

图 5-21　非同期并列的误上电保护逻辑框图

$Z<$—低阻抗元件；K_2—灭磁开关辅助接点，其闭合时输出为 1

t_1的作用，是确保非同期合闸时，保护能可靠跳闸。t_3的作用是防止非同期并列后的振荡过程中，低阻抗元件误返回。t_2的作用是防止正常合闸时，保护误出口所加的延时。

应指出的是：在发电机并网之后，误上电保护应退出运行。

六、断路器闪络保护

随着电力系统的发展，电网的电压等级越来越高，在发电机变压器组准备并网的过程中，致使某相断路器触头击穿的可能性越来越大。设置断路器闪络保护，是防止因断路器两触头击穿而损害断路器的有效措施。

断路器闪络保护的构成框图如图5-22所示。

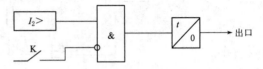

图5-22 发变组断路器闪络保护逻辑框图

$I_2>$—负序过电流元件；K—断路器辅助接点

由图可以看出：当发变组开关没合而发电机定子回路出现负序电流时，保护动作，去启动开关失灵保护。

七、汽轮发电机逆功率保护及程控跳闸回路

发电机运行时，汽轮发电机拖着发电机转动。发电机将输入的机械能变成电能，输入电网。此时，发电机向系统输出功率。

汽轮机主汽门关闭之后，发电机变成同步电动机，从系统吸收有功拖着汽轮机旋转。此时，发电机将电能变成机械能。

汽轮机主汽门关闭后，汽缸中有缸蒸汽，汽轮机转动时其叶片拨动蒸汽旋转。因此，汽轮机叶片与蒸汽之间产生磨擦，长久下去，因过热而损坏汽轮机叶片。为保护汽轮发电机，需装设逆功率保护。

逆功率保护的逻辑框图如图5-23所示。

目前，大型汽轮发电机将发电机主汽门关闭作为一种连锁跳闸方式，即作为程控跳闸启动回路。汽轮发电机程控跳闸回路的逻辑框图如图5-24所示。

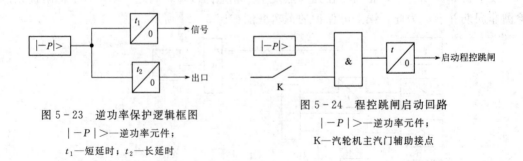

图5-23 逆功率保护逻辑框图

$|-P|>$—逆功率元件；

t_1—短延时；t_2—长延时

图5-24 程控跳闸启动回路

$|-P|>$—逆功率元件；

K—汽轮机主汽门辅助接点

八、汽轮发电机频率异常保护

汽轮机主要由汽缸、大轴及大轴上的叶片构成。汽轮机的叶片很多，不同的叶片有不

同偏离工频的自振频率。

当并网运行发电机的转速发生变化时，其输出电量的频率也偏离工频频率。此时，可能致使某些汽轮叶片发生自振，若长期运行，将损坏汽轮机叶片。

与逆功率保护相同，发电机频率异常保护是保护汽轮机的。

九、非全相运行保护

发电机非全相运行时，将产生负序电流，从而产生负序的定子旋转磁场，烧坏发电机转子。因此，对大型发电机组，应设置非全相运行保护。

非全相运行保护的逻辑框图如图 5-25 所示。

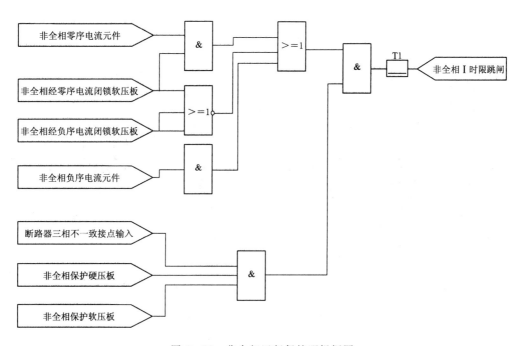

图 5-25　非全相运行保护逻辑框图

【能力训练】（保护识图）

一、训练任务

根据图纸，说出发电机设置的保护有哪些？并说出其保护基本原理

二、保护设置图

该水电站继电保护系统设备是按照"无人值班"（少人值守）的生产管理模式配置的，并根据电网公司《防止电力生产重大事故的二十五项重点要求》及其"继电保护实施细则"的规定，满足本电站装机容量级规模的要求进行设计。图 5-26 为水电站发电机保护设置图。

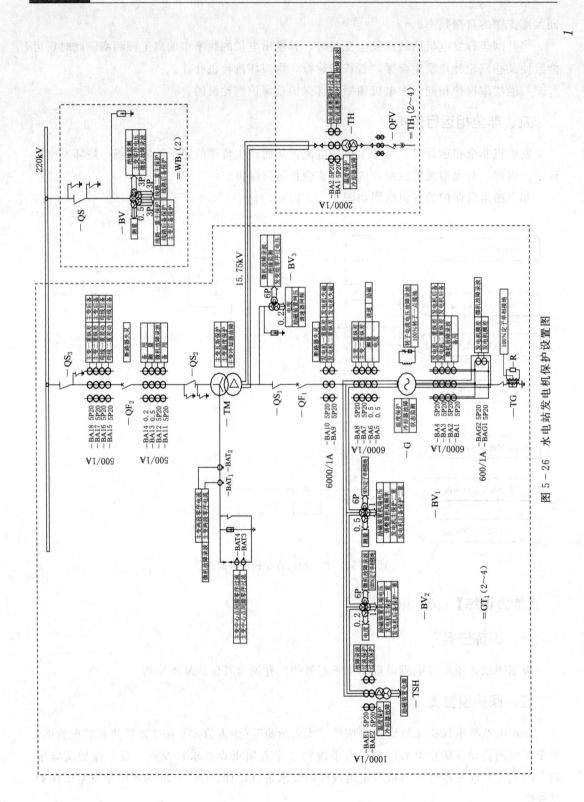

图 5-26 水电站发电机保护设置图

三、保护出口矩阵

水电站发电机保护出口矩阵图（＊表示投入）

	出口1	出口2	出口3	出口4	出口5	出口6	出口7	出口8	出口9	出口10	出口11	出口12	出口13	出口14	出口15	信号
	跳主变高压侧断路器第一跳闸线圈	跳主变高压侧断路器第二跳闸线圈	跳母线分段断路器	跳发电机出口断路器第一跳闸线圈	跳发电机出口断路器第二跳闸线圈	跳厂用电分支10kV侧断路器	主变高压侧断路器QF_2启动失灵	解除复合电压闭锁	启动通风	跳灭磁开关	停机	切换厂用电	减出力	保护动作开入接点1	保护动作开入接点2	
发电机差动	＊	＊		＊	＊	＊				＊	＊					＊
发电机横差 基波零序	＊	＊		＊	＊	＊				＊	＊					＊
发电机横差 三次谐波																＊
定子接地																＊
转子一点接地																＊
对称过负荷 定时限																＊
负序过流 一段																＊
负序过流 二段T1				＊	＊	＊				＊	＊			＊	＊	＊
负序过流 二段T2				＊	＊	＊				＊	＊			＊	＊	＊

续表

保护	段	出口1	出口2	出口3	出口4	出口5	出口6	出口7	出口8	出口9	出口10	出口11	出口12	出口13	出口14	出口15	信号
失磁保护	四段																*
	一段																*
	二、三段				*	*					*	*				*	*
低压记忆过流	T1				*	*	*				*	*			*	*	*
	T2				*	*	*				*	*			*	*	*
	T3				*	*	*				*	*			*	*	*
过电压	一段																*
	二段				*	*	*				*	*			*	*	
失灵保护		*	*				*										*
电流互感器断线																	
电压互感器断线																	*

166

小提示：保护出口矩阵可以清晰明了地告诉运行检修人员某一特定保护的动作后果，同时可以按照定值单进行整定修改，是继电保护检修人员需要重点核对的内容之一。

四、学习结果评价

填写考核评价表，见表 5-5。

表 5-5 　　　　　　　　　考 核 评 价 表

序号	评价内容	评 价 标 准	考核方式	评价结果（是/否）
1	素养	具有良好的合作意识，任务分工明确	互评	□是　□否
		能够规范操作，具有较好的质量的意识	师评	□是　□否
		能够遵守课堂纪律	师评	□是　□否
		遵守 6s 管理规定，做好实训的整理归纳	师评	□是　□否
		无危险操作行为	师评	□是　□否
2	知识	能理解主要发电机保护的逻辑框图	师评	□是　□否
		能理解主要发电机保护的动作后果	师评	□是　□否
		能理解发电机的保护设置原理	师评	□是　□否
3	能力	能根据发电机的保护统计发电机保护出口矩阵	师评	□是　□否
		能根据发电机保护出口矩阵理解不同保护的动作后果	师评	□是　□否
		能指出发电机保护互感器位置	师评	□是　□否
4	总评	是否能够满足下一步内容的学习	师评	□是　□否

【课后作业】

1. 根据图纸说出发电机保护的配置，并说出其动作后果。
2. 转子一点接地、两点接地有何危害？
3. 大容量发电机为什么要采用 100％ 定子接地保护？

◇◆◇◆◇◆◇◆◇◆◇◆◇◆◇◆◇◆
本 章 小 结
◇◆◇◆◇◆◇◆◇◆◇◆◇◆◇◆◇◆

发电机是电力系统中最重要的设备，本章分析了发电机可能发生的故障及应装设自保护。

反映发电机相间短路故障的主保护采用纵差保护，纵差保护应用的十分广泛，反映发电机匝间短路故障，根据发电机的结构，可采用横联差动保护、零序电压保护转子二次谐波电流保护等。

反映发电机定子绕组单相接地，可采用反映基波零序电压保护、反映基波和三次谐波电压构成的 100％ 接地保护等。保护根据零序电流的大小分别作用于跳闸或发信号。

转子一点接地保护只作用于信号转子两点接地保护作用于跳闸。

对于小型发电机，失磁保护通常采用失磁联动，中大型发电机要装设专用的失磁保护。失磁保护是利用失磁后机端测量阻抗的变化反映发电机是否失磁。

对于中大型发电机，为了提高相间不对称短路故障的灵敏度，应采用负序电流保护。为了充分利用发电机热容量，负序电流保护可根据发电机型式采用定时限或反时限特性。

发电机—变压器组单元接线，在电力系统中获得广泛应用，由于发电机、变压器相当于一个元件。因此可根据其接线的特点配置保护方式。

电 力 小 课 堂

电力工业大大拓宽了能源利用的领域，在当今社会，电能的使用已遍及国民经济及人民生活的各个领域，承担着保障国民经济正常运转的重要职能。没有电，就没有现代社会文明，就没有老百姓的安居乐甚至会引发社会稳定问题。因此，电力系统的安全可靠运行至关重要。

2008 年年初，中国南方大部分地区和西北地区东部出现了新中国成立以来罕见的低温、雨雪和冰冻天气。由于范围广、强度大、持续时间长，此次极端天气状况造成电网和交通线大面积瘫痪，照明、通信、供水、取暖等居民基本生活条件均受到不同程度影响，某些重灾区甚至面临断粮危险。在此期间共有 21 个省（自治区、直辖市、建设兵团）不同程度受灾，灾民过亿，直接经济损失达 1500 亿元以上。

这次雨雪冰冻灾害重大灾害既是对电力系统的重大考验，也是针对电力工业发展当中存在的问题敲响了警钟；带来了巨大的损失，却也给我们提供了一个审视自身发展的机会。认清问题本质，抓住关键因素，积累经验教训，着眼未来发展，提高电网设计标准，科学制定各种灾害的应急预案，防患于未然，建设抗灾型的电网。

工作任务六 变压器保护

职业能力一 变压器保护认知

【核心概念】

变压器保护的意义：变压器是电力系统中数量极多且地位十分重要的电气设备，其功能是将电力系统中的电能电压升高或降低，以利于电能的合理输送、分配和使用。虽然变压器是静止设备，结构可靠，故障的概率较小，但是，实践证明，变压器仍有可能会发生各种类型的故障和不正常运行状态。对变压器而言，发生内部故障是非常危险的，不仅会烧毁变压器，而且由于绝缘材料和变压器油在电弧作用下急剧变化，容易导致变压器油箱爆炸；变压器外部故障可能引起变压器绝缘套管爆炸，从而影响电力系统的正常运行和供电可靠性。

【学习目标】

1. 能充分理解继电保护装置在电力系统中的用途。
2. 理解变压器的故障及不正常运行方式。
3. 能理解变压器应设置的继电保护类型。
4. 能查阅变压器继电保护装置的保护定值。
5. 能核对、打印定值单。

【基本知识】

一、变压器故障及不正常运行方式

1. 变压器的故障

若以故障点的位置对故障分类，有油箱内的故障和油箱外的故障。

（1）油箱内故障。油箱内故障包括绕组的相间短路、接地短路、匝间短路及铁心的烧损等。对变压器来讲，这些故障都是十分危险的，因为油箱内部发生故障所产生的电弧，将引起绝缘物质的剧烈气化，从而可能引起爆炸，因此这些故障应该尽快加以切除。

（2）油箱外故障。油箱外的故障，主要是套管和引出线上发生相间短路和接地短路。上述接地短路均对中性点直接接地电力网的一侧而言。

2. 变压器的异常运行方式

变压器的异常运行工况主要是指外部短路故障（包括接地故障和相间故障）引起的过

电流；过载引起的对称过流；对于大容量变压器，由于铁芯的额定工作磁通密度接近饱和磁通密度，当电压过高或频率降低时，就会产生过励磁。

另外，对于中性点不直接接地的变压器，可能会出现中性点电压高的现象；运行中变压器油温高（包括有载调压部分）和压力高的现象。

二、变压器保护配置

变压器短路故障时，将产生很大的短路电流，使变压器严重过热，甚至烧坏变压器绕组或铁芯。特别是变压器油箱内的短路故障，伴随电弧的短路电流可能引起变压器着火。另外短路电流产生电动力，可能造成变压器本体变形而损坏。

变压器的异常运行也会危及变压器的安全，如果不能及时发现及处理，会造成变压器故障及损坏变压器。

为确保变压器的安全经济运行，当变压器发生短路故障时，应尽快切除变压器；而当变压器出现不正常运行方式时，应尽快发出告警信号及进行相应的处理。为此，对变压器配置整套完善的保护装置是必要的。

根据上述故障类型和不正常运行状态，对变压器应装设下列保护。

1. 瓦斯保护

对变压器油箱内的各种故障以及油面的降低，应装设瓦斯保护，它可以反应油箱内部所产生的气体或油流动作。其中轻瓦斯保护作用于信号，重瓦斯保护作用于跳开变压器各电源侧的断路器。

应装设瓦斯保护的变压器容量界限是 800kVA 及以上的油浸式变压器和 400kVA 及以上的车间内油浸式变压器。不仅变压器本体有瓦斯保护，有载调压部分同样设有瓦斯保护。

2. 纵联差动保护或电流速断保护

对变压器绕组、套管及引出线上的故障，根据容量的不同，应装设差动保护或电流速断保护。

纵联差动保护适用于并列运行的变压器，容量为 6300kVA 以上；单独运行的变压器，容量为 10000kVA 以上；发电厂厂用工作变压器和工业企业中的重要变压器，容量为 6300kVA 以上。

电流速断保护用于 10000kVA 以下的变压器，且其过电流保护的时限大于 0.5s。

对 2000kVA 以上的变压器，当电流速断保护的灵敏性不能满足要求时，也应装设纵联差动保护。

上述各保护动作后，均应跳开变压器各电源侧的断路器。

3. 外部相间短路时的保护

对于外部相间短路引起的变压器过电流，应采用下列保护：

（1）过电流保护，一般用于降压变压器，保护装置的整定值应考虑事故状态下可能出现的过负荷电流。

（2）复合电压启动的过电流保护，一般用于升压变压器及过电流保护灵敏性不满足要求的降压变压器上。

（3）负序电流及单相式低电压启动的过电流保护，一般用于大容量升压变压器和系统联络变压器。

（4）对于升压变压器和系统联络变压器，当采用第（2）、（3）的保护不能满足灵敏性和选择性要求时，可采用阻抗保护。

4. 外部接地短路时的保护。

在 110kV 以上中性点直接接地电网，由外部接地短路引起过电流时，如果变压器中性点接地运行，应该设零序电流保护。

自耦变压器和高、中压侧中性点都直接接地的三绕组变压器，当有选择性要求时，应增设零序方向元件。

当电网中部分变压器中性点接地运行，为防止发生接地短路时，中性点接地的变压器跳开后，中性点不接地的变压器（低压侧有电源）仍带接地故障继续运行，应根据具体情况，装设专用的保护装置，如零序过压保护、中性点装放电间隙加零序电流保护等。

5. 过负荷保护

对 400kVA 以上的变压器，当数台并列运行，或单独运行并作为其他负荷的备用电源时，应根据可能过负荷的情况，装设过负荷保护。过负荷保护接在一相电流上，并延时作用于信号。对于无经常值班人员的变电所，必要时过负荷保护可动作于自动减负荷或跳闸。

6. 过励磁保护

高压侧电压为 500kV 及以上的变压器，由于频率降低和电压升高而引起的变压器励磁电流的升高，应装设过励磁保护。在变压器允许的过励磁范围内，保护作用于信号，当过励磁超过允许值时，可动作于跳闸。过励磁保护反应实际工作磁密和额定工作磁密之比（称为过励磁倍数）而动作。

7. 其他保护

对于变压器温度及油箱内压力升高和冷却系统的故障，应按现行变压器标准的要求，装设可作用于信号或作用于跳闸的装置。

【能力训练】（本任务以重庆新世纪 EDCS-8230B 系列定值修改为例）

一、操作条件

设备：微机型继电保护装置。

二、安全及注意事项

1. 工作小心，加强监护，防止误整定、误修改。

2. 默认保护装置所在一次设备带电状态。

3. 对所使用的工具要及时规整复位，并对场地进行 6s 工作。

三、操作过程

变电所保护定值修改工序卡见表 6 - 1。

表 6 - 1   变电所保护定值修改工序卡

工作内容	变电所保护定值修改工序卡				
工作人数	2	工作票种类		电气第一种工作票	
使用工具、材料及安全工具					
名称	型号规格	数量	名称	型号规格	数量

（一）准备工作

（1）安排合适的工作负责人及工作班成员。

（2）认真审阅安全生产部下发的保护定值修改通知单。

（3）工作负责人办理工作票。

（二）组织措施

（1）工作负责人召集工作班成员，宣读工作票，将安全措施布置情况及安全注意事项向全体工作人员交代清楚，下达开工令。

（2）全部工作完毕后，召集工作班成员开班后会，工作负责人对检修过程中的安全、技术情况进行总结并作好检修交代，办理票工作结束手续。

（3）召集工作班成员开班后会，对此次工作进行全面总结。

（三）技术措施及注意事项

（1）工作小心，加强监护，防止误整定。

（2）保护装置所在一次设备停电。

（四）工作程序

（1）按照规定办理工作票。

（2）在上位机正常监控画面中单击"整定"菜单。

（3）单击下拉菜单中的"保护定值"菜单。

（4）在弹出的密码对话框中输入用户名和密码。

（5）单击"OK"按钮进行确认后弹出保护模块选择对话框。

（6）选中所要更改的保护模块，检查保护区号默认为 0。

（7）单击"OK"按钮后弹出保护模块定值列表。

（8）根据下发的保护定值单对保护模块定值列表中进行更改。

（9）完成后单击"整定"按钮。

（10）在弹出的确认对话框中单击"OK"按钮。

（11）在弹出的定值修改记录单中检查修改记录正确。

（12）按照（2）～（6）步重新进入保护模块定值列表，与保护定值单进行一一比对。

（13）通知运行人员进行一一比对。

（14）待运行人员比对正确后写好检修交代，办理工作票终结手续。

注意：

（1）运行的继电保护装置必须设置密码，定值修改密码由检修人员管理。

（2）由于变压器运行方式一般不会改变，在运行过程中一般不宜切换保护装置定值区。

（3）通信参数在继电保护装置出厂前，已经设置好，在使用过程中一般不宜修改。

（4）通道校正系数用于装置出厂调试时硬件的校准，装置出厂后请勿再次变动。

四、学习结果评价

填写考核评价表，见表 6-2。

表 6-2　　　　　　　　　　　考 核 评 价 表

序号	评价内容	评 价 标 准	考核方式	评价结果（是/否）
1	素养	具有良好的合作意识，任务分工明确	互评	□是　□否
		能够规范操作，具有较好的质量的意识	师评	□是　□否
		能够遵守课堂纪律	师评	□是　□否
		遵守 6s 管理规定，做好实训的整理归纳	师评	□是　□否
		无危险操作行为	师评	□是　□否
2	知识	能区分变压器的不正常工作状态	师评	□是　□否
		能区分变压器的故障状态	师评	□是　□否
		能列举变压器的常用保护类型	师评	□是　□否
3	能力	能正确进行变压器保护定值的修改	师评	□是　□否
		能履行操作监护制度防止误入其他间隔	师评	□是　□否
		能安全操作变压器保护装置面板	师评	□是　□否
4	总评	是否能够满足下一步内容的学习	师评	□是　□否

【课后作业】

1. 电力变压器可能发生的故障和不正常运行情况有哪些？

2. 请以思维导图的形式，画出变压器的保护配置。

职业能力二　变压器非电量保护

【核心概念】

瓦斯继电器：又称气体继电器，是变压器所用的一种保护装置，装在变压器的储油柜和油箱之间的管道内。

温度传感器：是利用物质各种物理性质随温度变化的规律，把温度转换为电量的传感器。温度传感器是变压器温度保护的核心部分。

【学习目标】

1. 掌握变压器非电量保护的工作原理。
2. 掌握变压器轻瓦斯和重瓦斯保护原理。
3. 理解变压器非电量保护用到各种传感器原理。
4. 掌握变压器非电量保护装置安装地点。
5. 能进行变压器非电量保护动作分析。

【基本知识】

变压器非电量保护，主要有瓦斯保护、压力保护、温度保护、油位保护及冷却器全停保护。部分非电量保护装置如图 6-1 所示。

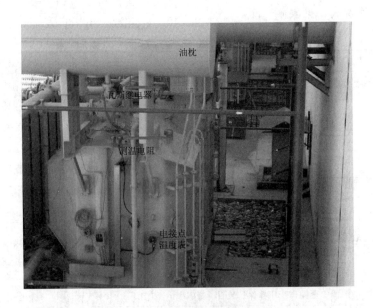

图 6-1　变压器部分非电量保护装置

一、瓦斯保护

瓦斯保护是变压器油箱内绕组短路故障及异常的主要保护。其作用原理是：变压器内部故障时，在故障点产生有电弧的短路电流，造成油箱内局部过热并使变压器油分解、产生气体（瓦斯），进而造成喷油、冲动瓦斯继电器，瓦斯保护动作。瓦斯继电器装在油箱与油枕之间的连接管道上，为了保障故障产生的气体顺利通到油枕，安装变压器有2个坡度要求：顶盖沿油枕方向升高 1.0%～1.5%；连接管道升高 2%～4%，安装示意图如图 6-2所示。

瓦斯保护分为轻瓦斯保护及重瓦斯保护两种。轻瓦斯保护作用于信号；重瓦斯保护作用于信号以及切除变压器。

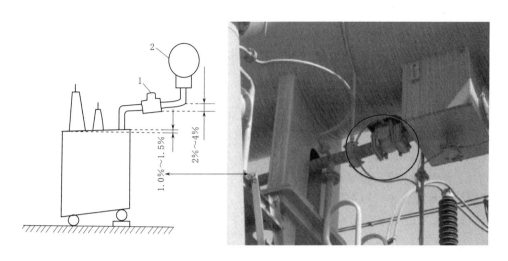

图 6-2　瓦斯继电器安装示意图
1—瓦斯继电器；2—变压器油枕

1. 轻瓦斯保护

轻瓦斯保护继电器由开口杯、干簧触点等组成。运行时，继电器内充满变压器油，开口杯浸在油内，处于上浮位置，干簧接点断开。当变压器内部发生轻微故障或异常时，故障点局部过热，引起部分油膨胀，油内的气体被逐出，形成气泡，进入气体继电器内，使油面下降，开口杯转动，使干簧接点闭合，发出信号。

2. 重瓦斯保护

重瓦斯保护继电器由挡板、弹簧及干簧接点等构成。

当变压器油箱内发生严重故障时，很大的故障电流及电弧使变压器油大量分解，产生大量气体，使变压器喷油，油流冲击挡板，带动磁铁并使干簧触点闭合，作用于切除变压器。

应当指出：重瓦斯保护是油箱内部故障的主保护，它能反映变压器内部的各种故障。当变压器少数绕组发生匝间短路时，虽然故障点的故障电流很大，但在差动保护中产生的差流可能不大，差动保护可能拒动。此时，靠重瓦斯保护切除故障。

3. 提高可靠性措施

瓦斯继电器装在变压器本体上，为露天放置，受外界环境条件影响大。运行实践表明，由于下雨及漏水造成瓦斯保护误动次数很多。

为提高瓦斯保护的正确动作率，瓦斯保护继电器应密封性能好，做到防止漏水漏气。另外，还应加装防雨盖。

4. 运行注意事项

我们在实际工作中，在瓦斯保护动作后需要进行的操作就是取气体样本，根据气体的颜色和特性判断变压器故障的性质。

（1）灰色或黑色，易燃。通常是绝缘油碳化造成的，也可能是接触不良或局部过热造成的。

（2）浅灰色，可燃，有异常臭味。可能是变压器内绝缘所用纸质烧毁造成的，有可能造成绝缘损坏。

（3）黄色，不易燃烧。木质制件烧毁造成的。

（4）无色，不可燃，无味。无故障。

需要注意的是一般规定，大修后的变压器，其气体继电器在 48h 后投跳闸。

这是因为变压器在加油、滤油时，会将空气带入变压器内部，若没能及时排出，则当变压器运行后油温上升，形成油的对流，将内部储存的空气逐渐排出，使气体继电器动作。其动作次数与变压器内部存储的气体多少有关。

遇到上述情况，应根据变压器的声响、温度、油面以及加油、旅游工作情况做综合分析。如变压器运行正常，可判断为进入空气所致，否则应取气做点燃试验，判断是否变压器内部有故障。

二、压力保护

压力保护也是变压器油箱内部故障的主保护，作用原理与重瓦斯保护基本相同。但它反映的是变压器油的压力的。

压力继电器又称压力开关，由弹簧和触点构成，位于变压器本体油箱上部，如图 6-3 所示。

图 6-3　变压器压力继电器

当变压器内部故障时，温度升高，油膨胀，压力增高，弹簧动作带动继电器动接点，使接点闭合，切除变压器。

三、温度及油位保护

当变压器温度升高时，温度保护动作发出告警信号。变压器温度保护所用温度计如图 6-4所示。

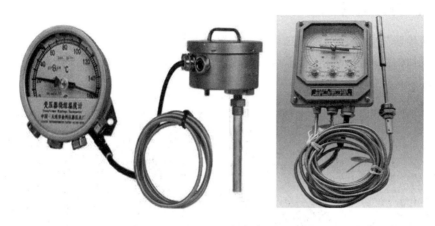

图 6-4 温度计

变压器测温系统按对温度的采集和输出方式的不同可分为两部分。一部分由本体温包、毛细管、温度表等组成,本体温包内液体由于热胀冷缩途经毛细管产生不同压力驱动指针转动,可以在表盘显示所测温度,并使表内各继电器接点在相应的温度值下接通或断开。另一部分由铂电阻、温度变送器、测控装置、后台机等组成,本体温包内的铂电阻将不同温度下对应的电阻值传输到温度变送器转换成 4~20mA 小电流经测控装置传送至远动机,然后在后台监控机上显示出来,具体如图 6-5 所示。这就导致监控后台显示的温度与本体温度计上显示的温度有差异。在实际运行中,如果两者显示差异较大,以变压器本体温度显示为准。

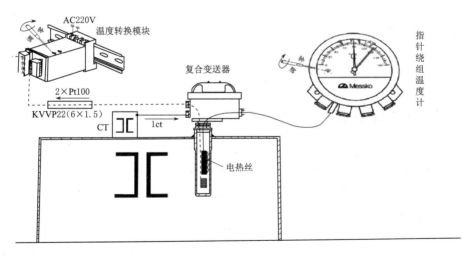

图 6-5 变压器测温系统图

油位是反映油箱内油位异常的保护。运行时,因变压器漏油或其他原因使油位降低,产生动作,发出告警信号。

四、冷却器全停保护

为提高传输能力，对于大型变压器均配置有各种的冷却系统。在运行中，若冷却系统全停，变压器的温度将升高。若不及时处理，可能导致变压器绕组绝缘损坏。变压器冷却风扇及冷却风扇控制系统如图6-6所示。

（a）变压器冷却风扇   （b）变压器冷却风扇控制器

图6-6 变压器冷却风扇及冷切风扇控制器

冷却器全停保护，是在变压器运行中冷却器全停时动作。其动作后应立即发出告警信号，并经长延时切除变压器。

【能力训练】（变压器非电量保护校验）

一、操作条件

1. 设备：变压器继电保护装置、变压器本体。
2. 工具及图纸：凤凰螺丝刀、短接线、变压器保护图册。

二、安全及注意事项

1. 在操作非电量保护装置时，履行操作监护制度，并做必要的安全防护。
2. 防止误入带电间隔，不要盲目碰触高压导线及设备，避免触电危险。
3. 对所使用的纸质图纸、工具要及时规整复位，并对场地进行6s工作。

三、操作过程

（1）重瓦斯跳闸：①投入重瓦斯跳闸控制字及软、硬压板；②在变压器本体瓦斯继电器处模拟重瓦斯跳闸信号（按瓦斯试验探针至底部），装置重瓦斯跳闸灯亮，测量此时跳闸出口动作情况。

（2）轻瓦斯告警：在变压器本体瓦斯继电器处模拟轻瓦斯警告信号（按瓦斯试验探针至中部或短接瓦斯警告节点），装置轻瓦斯警告灯亮，测量此时警告节点动作情况。

（3）压力释放跳闸：①投入压力释放跳闸控制字及软、硬压板；②在变压器本体压力释放阀处模拟压力释放跳闸信号（拔出压力释放试验探针），装置压力释放跳闸灯亮，测量此时跳闸出口动作情况。

（4）压力突变跳闸：①投入压力突变跳闸控制字及软、硬压板；②在变压器本体压力突变监视仪处模拟压力突变跳闸信号（短接压力突变跳闸节点），装置压力突变跳闸灯亮，测量此时跳闸出口动作情况。

（5）油温高跳闸：①投入油温高跳闸控制字及软、硬压板；②在变压器本体油温表处模拟油温高跳闸信号（拔油温高试验杆至跳闸整定值处），装置油温高跳闸灯亮，测量此时跳闸出口动作情况。

（6）油温高告警：在变压器本体油温表处模拟油温高告警信号（拔油温高试验杆至告警整定值处），装置油温高告警灯亮，测量此时告警节点动作情况。

（7）绕温高跳闸：①投入绕温高跳闸控制字及软、硬压板；②在变压器本体绕温表处模拟绕温高跳闸信号（拔绕温高试验杆至跳闸整定值处），装置绕温高跳闸灯亮，测量此时跳闸出口动作情况。

（8）绕温高告警：在变压器本体绕温表处模拟绕温高告警信号（拔绕温高试验杆至告警整定值处），装置绕温高告警灯亮，测量此时告警节点动作情况。

（9）冷却器全停跳闸：①投入冷却器全停跳闸控制字及软、硬压板；②在变压器风冷控制箱断开所有风机电源空开，在 20min 时发冷却器警告信号，60min 时发冷却器全停跳闸信号（需将温度配合冷却器全停节点一直短接），装置冷却器全停跳闸灯亮，测量此时跳闸出口动作情况。

（10）油位异常告警：在变压器本体油位表处模拟绕油位过高和油位过低告警信号（拔油位表指针至过高和过低告警值处），装置油位异常告警灯亮，测量此时告警节点动作情况。

【能力训练】（瓦斯继电器取气样）

主变瓦斯继电器取气样工序卡见表 6-3。

表 6-3　　　　　　　　　　主变瓦斯继电器取气样工序卡

工作内容	主变瓦斯继电器取气盒处排气				
工作人数	2	工作票种类	无		
使用工具、材料及安全工具					
名称	型号规格	数量	名称	型号规格	数量
活动扳手			清洁布		两张
盛油器皿		1			

一、准备工作

（1）安排合适的工作负责人及工作班成员。

（2）按照上述要求准备工器具及材料。

（3）工作负责人办理工作票。

二、组织措施

（1）工作负责人召集工作班成员，宣读工作票，将安全措施布置情况及安全注意事项向全体工作人员交代清楚，下达开工令。

（2）全部工作完毕后，召集工作班成员开班后会，工作负责人对检修过程中的安全、技术情况进行总结并作好检修交代，办理票工作结束手续。

（3）召集工作班成员开班后会，对此次工作进行全面总结。

三、技术措施及注意事项

（1）在需要排气的主变瓦斯继电器取气盒处挂"在此工作"标示牌。

（2）注意工作防护，工作时戴上手套。

（3）旋松气塞的针阀时应小心，防止针阀脱落。

（4）取下下部气塞的排油口接头和上部气塞的排气口接头时应小心，防止接头脱落。

（5）采集完成后取气盒内应充满变压器油以保证下次采样时的真实性，并回装好各拆卸件。

图 6-7　QH 取气盒外观图

四、工作程序

（1）按照规定办理工作票。

（2）在取气盒下部用盛油器皿准备好。

（3）旋下下部气塞排油口的接头。

（4）用活动把手开启下部气塞的针阀监视随着油流的放出，气体继电器气室内的气体在储油柜液位差的压力下被充入取气盒。

（5）当油面下降至所需要的气体量时关闭下部气塞的针阀。

（6）装回下部气塞排油口的接头。

（7）取下上部气塞排油口的接头。

（8）用活动把手开启取气盒上部气塞的针阀监视气流排出，直至排出连续的油流时关闭上部气塞的针阀。

（9）装回上部气塞排油口的接头。

（10）检查取气盒内应充满变压器油。

（11）用清洁布清除设备上的积油，并将盛油器皿中的变压器油回收。

（12）整理工器具，写好检修交代，办理工作票终结手续。

（13）按照定值摆放的要求将工具和材料放回原位。

五、学习结果评价

填写考核评价表，见表 6-4。

表 6-4　　　　　　　　考核评价表

序号	评价内容	评价标准	考核方式	评价结果（是/否）
1	素养	具有良好的合作意识，任务分工明确	互评	□是　□否
		能够规范操作，具有较好的质量的意识	师评	□是　□否
		能够遵守课堂纪律	师评	□是　□否
		遵守 6s 管理规定，做好实训的整理归纳	师评	□是　□否
		无危险操作行为	师评	□是　□否
2	知识	能理解变压器非电量保护原理	师评	□是　□否
		能掌握变压器瓦斯保护的原理	师评	□是　□否
		能理解变压器瓦斯继电器的安装原理	师评	□是　□否
3	能力	能识别各种非电量保护装置	师评	□是　□否
		能查阅非电量保护二次图纸	师评	□是　□否
		能进行非电量装置校验	师评	□是　□否
4	总评	是否能够满足下一步内容的学习	师评	□是　□否

【课后作业】

1. 瓦斯保护的作用是什么？瓦斯保护的特点和组成如何？

2. 请用思维导图的形式展示变压器的非电量保护。

职业能力三 变压器差动保护

【核心概念】

差动保护：是依据被保护电气设备进出线两端电流差值的变化构成的针对电气设备的保护装置，一般分为纵联差动保护和横联差动保护。

励磁涌流：变压器在空载合闸投入电网时其绕组中产生的暂态电流。

【学习目标】

1. 掌握变压器差动保护的工作原理。
2. 理解变压器差动保护逻辑框图。
3. 能理解变压器应差动保护动作特性曲线。
4. 理解影响变压器应差动保护的闭锁条件。
5. 能进行变压器差动保护的平衡系数计算。

【基本知识】

变压器纵差保护作为变压器绕组故障时变压器的主保护，差动保护的保护区是构成差动保护的各侧电流互感器之间所包围的部分，即变压器本身，电流互感器与变压器之间的引出线。

内部电气故障的危害是非常严重的，会在短时间内造成严重的损坏。绕组和绕组端部的短路和接地故障通常都可以被差动保护检测出来。在同一相绕组内导线间击穿的匝间故障，若短路匝数较多，也可以检测出来。匝间故障是变压器电气保护中最难检测出的绕组故障。

一、纵差保护原理

把变压器当成一个大节点，变压器正常运行或外部故障时，流入变压器的电流等于流出变压器的电流。此时，纵差保护不应动作。

当变压器内部故障时，若忽略负荷电流不计，则只有流进变压器的电流而没有流出变压器的电流，纵差保护动作，切除变压器。

变压器纵差保护的构成原理基于克希荷夫第一定律，即

$$\sum i = 0 \tag{6-1}$$

式中：$\sum i$ 为变压器各侧电流的向量和。

式（6-1）代表的物理意义是：变压器正常运行或外部故障时，流入变压器的电流等于流出变压器的电流。此时，纵差保护不应动作。

变压器纵差保护的原理接线如图 6-8 所示。

可以看出：图 6-8 为接线组别为 YN，d11 变压器的分相差动保护的原理接线图。该

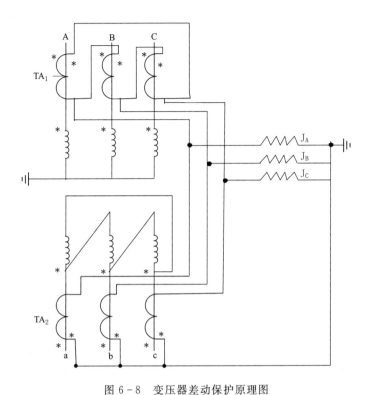

图 6-8　变压器差动保护原理图

TA_1、TA_2—分别为变压器两侧的差动 TA；J_A、J_B、J_C—分别为 A、B、C

三相的三个分相差动继电器

接线图也适用于微机型变压器差动保护。图中相对极性的标号 * 采用减极性标示法。

二、实现变压器纵差保护的技术难点

1. 变压器两侧电流的大小及相位不同

变压器正常运行时，若不计传输损耗，则流入功率应等于流出功率。但由于两侧的电压不同，其两侧的电流不会相同。

超高压、大容量变压器的接线方式，均采用 YN，d 方式。因此，流入变压器电流与流出变压器电流的相位不可能相同。当接线组别为 YN，d11（或 YN，d1）时，变压器两侧电流的相位相差 30°。

流入变压器的电流大小和相位与流出电流大小和相位不同，则 $\sum \dot{i}$ 就不可能等于零或很小。

2. 稳态不平衡电流大

与发电机、电动机及母线的纵差保护相比，即使不考虑正常运行时某种工况下变压器两侧电流大小与相位的不同，变压器纵差保护两侧的不平衡电流也大。其原因是：

（1）变压器有激磁电流。变压器铁芯中的主磁通是由激磁电流产生的，而激磁电流只流过电源侧，在实现的纵差保护中将产生不平衡电流。

激磁电流的大小和波形,受磁路饱和的影响,并由变压器铁芯材料及铁芯的几何尺寸决定,一般为变压器额定电流的 3%～8%。大型变压器的激磁电流相对较小。

(2) 变压器带负荷调压。为满足电力系统及用户对电压质量的要求,在运行中,根据系统的运行方式及负荷工况,要不断改变变压器的分接头。变压器分接头的改变,相当于变压器两侧之间的变比发生了变化,将使两侧之间电流的差值发生变化,从而增大了纵差保护中的不平衡电流。

根据运行实际情况,变压器带负荷调压范围一般为 ±5%。因此,由于带负荷调压,在纵差保护中产生的不平衡电流可达 5% 的变压器额定电流。

(3) 两侧差动电流互感器的变比与计算变比不同。变压器两侧差动电流互感器的铭牌变比,与实际计算值不同,将在纵差保护中产生不平衡电流。另外,两侧电流互感器的型号及变比不一,也将使差动保护中的不平衡电流增大。由于两侧电流互感器变比误差在差动保护中产生的不平衡电流可取 6% 变压器额定电流。

3. 暂态不平衡电流大

(1) 两侧差动电流互感器型号、变比及二次负载不同。与发电机纵差保护不同,变压器两侧差动电流互感器的变比不同、型号不同;由各侧电流互感器端子箱引至保护盘电流互感器二次电缆的长度相差很大,即各侧差动电流互感器的二次负载相差较大。

差动电流互感器型号及变比不同,其暂态特性就不同;差动电流互感器二次负载不同,二次回路的暂态过程就不同。这样,在外部故障或外部故障切除后的暂态过程中,由于两侧电流中的自由分量相差很大,可能使两侧差动电流互感器二次电流之间的相位发生变化,从而可能在纵差保护中产生很大的不平衡电流。

(2) 空投变压器的励磁涌流。空投变压器时产生的励磁涌流的大小,与变压器结构有关,与合闸前变压器铁芯中剩磁的大小及方向有关,与合闸角有关;此外,还与变压器的容量、距大电源的距离 (即变压器与电源之间的联系阻抗) 有关。

多次测量表明:空投变压器时,变压器与电源之间的阻抗越大,励磁涌流越小。空投变压器时的励磁涌流通常为其额定电流的 2～6 倍,最大可达 8 倍以上。在末端变电站,空投变压器时最大的励磁涌流可能小于其额定电流的 2 倍。

励磁涌流有以下几个特点:①偏于时间轴一侧,即涌流中含有很大的直流分量;②波形是间断的,且间断角很大,一般大于 150°;③由于波形间断,使其在一个周期内正半波与负半波不对称;④含有很大的二次谐波分量,若将涌流波形用傅里叶级数展开或用谐波分析仪进行测量分析,不同时刻涌流中二次谐波分量与基波分量的百分比大于 30%,有的达到 80% 甚至更大;⑤在同一时刻三相涌流之和近似等于零。另外,励磁涌流是衰减的,衰减的速度与合闸回路及变压器绕组中的有效电阻和电感有关。由于励磁涌流只由充电侧流入变压器,对变压器纵差保护而言是一很大的不平衡电流。

(3) 变压器过激磁。在运行中,由于电源电压的升高或频率的降低,可能使变压器过激磁。变压器过激磁后,其励磁电流大大增加。使变压器纵差保护中的不平衡电流大大增加。

(4) 大电流系统侧接地故障时变压器的零序电流。当变压器高压侧 (大电流系统侧) 发生接地故障时,流入变压器的零序电流因低压侧为小电流系统而不流出变压器。因此,对于变压器纵差保护而言，上述零序电流为一很大的不平衡电流。

三、变压器纵差保护的实现

实现变压器纵差保护，要解决的技术问题主要有：在正常工况下，使差动保护各侧电流的相位相同或相反，使由变压器各侧电流互感器二次流入差动保护的电流产生的效果相同，即是等效的；空投变压器时不会误动，即差动保护能可靠躲过励磁涌流；大电流侧系统内发生接地故障时保护不会误动；能可靠躲过稳态及暂态不平衡电流。

1. 纵差保护两侧电流的移相方式

呈 Y，d 接线的变压器，两侧电流的相位不同，若不采取措施，要满足各侧电流的向量和等于零，即 $\sum \dot{I} = 0$，根本不可能。因此，要使正常工况下差动保护各侧的电流向量和为零，首先应将某一侧差动电流互感器二次电流进行移相。

在变压器纵差动保护中，对某侧电流的移相方式有两类共四种。两类是：通过改变差动电流互感器接线方式移相（即由硬件移相）；由计算机软件移相。四种是：改变高压侧差动电流互感器接线方式移相；采用辅电流互感器移相；由软件在差动元件高压侧移相；由软件在差元件低压侧移相。

（1）改变差动电流互感器接线方式进行移相。过去的模拟式变压器纵差保护，大多采用改变高压侧差动电流互感器的接线方式进行移相的。对于微机型保护也可采用这种移相方式。

采用该移相方式时，需首先知道变压器的接线组别。变压器的接线组别不同，相应的差动电流互感器的接线组别亦不相同。

以最常见的 YN，d11 变压器差动电流互感器的接线组别为例。YN，d11 变压器及纵差保护差动电流互感器接线原理图如图 6-9 所示。

在图 6-11 中，由于变压器低压侧各相电流分别超前高压侧同名相电流 30°，因此，低压侧差动电流互感器二次电流（也等于流入差动元件的电流）也超前高压侧同名相电流 30°。而从高压侧差动电流互感器二次流入各相差动元件的电流（分别为电流互感器二次两相电流之差）滞后变压器同名相电流 150°。因此，各相差动元件的两侧电流的相位相差 180°。

实际上，改变变压器高压侧电流互感器接线移相的实质是：对于接线组别分别为 YN，d11、YN，d1 及 YN，d5 的变压器，其纵差保护差动电流互感器的接线应分别为 D11，y、D1，y 及 D5，y，从而使正常工况下各相差动元件两侧电流的相位相差 180°。

（2）接入辅助电流互感器的移相方式。用辅助电流互感器的电流移相方式，与用改变差动电流互感器接线方式对电流进行移相的方法实质相同。

对于 YN，d 接线的变压器，其差动电流互感器的接线为 Y，y，而在保护装置中设置一组辅助电流互感器，接成 d 形，接入变压器高压侧差动电流互感器二次，对该侧电流进行移相，以达到正常工况下使各相差动元件两侧电流相位相反的目的。

对于不同接线组别的变压器，辅助电流互感器的连接方式不相同。

（3）用软件对高压侧电流移相。运行实践表明：通过改变变压器高压侧差动电流互感器接线方式对电流进行移相的方法，有许多优点，但也有缺点。其主要缺点是：第一次投

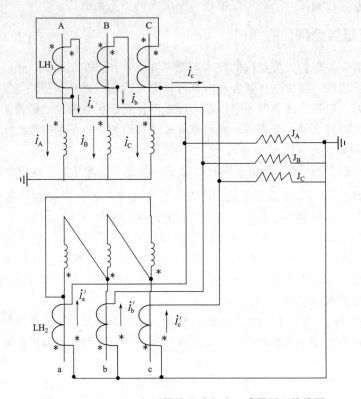

图 6-9 YN，d11 变压器及差动电流互感器原理接线图

运的变压器，若某相差动电流互感器的极性接错，分析及处理相对较麻烦。另外，实现差动元件的电流互感器断线闭锁也比较困难。

在微机型保护装置中，通过计算软件对变压器纵差保护某侧电流的移相方式已被广泛采用。

对于 Y，d 接线的变压器，当用计算机软件对某侧电流移相时，差动电流互感器的接线均采用 Y，y。

在微机型继电保护装置中，通常采用计算机软件对变压器高压侧差动电流互感器二次电流的移相方式。分析表明，这种移相方式与采用改变电流互感器接线进行移相的方式是完全等效的。这是因为取 Y 形接线电流互感器二次两相电流之差与将 Y 形接线电流互感器改成△形接线后取一相的输出电流是等效的。

应当注意的是：用软件实现移相时，由变压器的接线组别决定取哪两相电流互感器二次电流之差。

当变压器的接线组别为 YN，d11 时，在 Y 侧流入 A、B、C 三个差动元件的计算电流，应分别取 $\dot{I}_a - \dot{I}_b$、$\dot{I}_b - \dot{I}_c$、$\dot{I}_c - \dot{I}_a$（$\dot{I}_a$、$\dot{I}_b$、$\dot{I}_c$ 为差动电流互感器二次三相电流）。

当变压器的接线组别为 YN，d1 时，在 Y 侧三个差动元件的计算电流应分别为 $\dot{I}_a - \dot{I}_c$、

$\dot{i}_b - \dot{i}_a$ 及 $\dot{i}_c - \dot{i}_b$；当变压器接线组别为 YN，d5 时，则三个计算电流分别为 $\dot{i}_b - \dot{i}_a$、$\dot{i}_c - \dot{i}_b$、$\dot{i}_a - \dot{i}_b$。

（4）用软件在低压侧移相方式。就两侧差动电流互感器的接线方式而言，用软件在低压侧移相方式与用软件在高压侧移相方式相同，差动电流互感器的接线均为 Y，y。

在变压器低压侧，将差动电流互感器二次各相电流移相的角度，也由变压器的接线组别决定。当变压器接线组别为 YN，d11 时，则应将低压侧差动电流互感器二次三相电流依次向滞后方向移动 30°；当变压器接线组别为 YN，d1 时，则将低压侧差动电流互感器二次三相电流分别向超前方向移动 30°；而当变压器接线组别为 YN，d5 时，则应分别将低压侧差动电流互感器二次三相电流向超前方向移动 150°。

2. 消除零序电流进入差动元件的措施

对于 YN，d 接线的变压器，当高压侧线路上发生接地故障时（对纵差保护而言是区外故障），有零序电流流过高压侧，而由于低压侧绕组为 d 连接，在变压器的低压侧无零序电流输出。这样，若不采取相应的措施，在变压器高压侧系统中发生接地故障时，纵差保护可能误动而切除变压器。

当变压器高压侧发生接地故障时，为使变压器纵差保护不误动，应对装置采取措施而使零序电流不进入差动元件。

对于差动电流互感器接成 D，y 及用软件在高压侧移相的变压器纵差保护，由于从高压侧通入各相差动元件的电流分别为两相电流之差，已将零序电流滤去，故没必要再采取其他滤去零序电流的措施。

对于用软件在低压侧进行移相的变压器纵差保护，在高压侧流入各相差动元件的电流应分别为

$$\dot{i}_a - \frac{1}{3}(\dot{i}_a + \dot{i}_b + \dot{i}_c), \ \dot{i}_b - \frac{1}{3}(\dot{i}_a + \dot{i}_b + \dot{i}_c), \ \dot{i}_c - \frac{1}{3}(\dot{i}_a + \dot{i}_b + \dot{i}_c)$$

因为 $\frac{1}{3}(\dot{i}_a + \dot{i}_b + \dot{i}_c)$ 为零序电流，故在高压侧系统中发生接地故障时，不会有零序电流进入各相差动元件。

应当指出，对于接线为 YN，y 的变压器（主要指发电厂的启备变），在其纵差保护装置中，应采取滤去高压侧零序电流的措施，以防高压侧系统中接地短路时差动保护误动。

3. 差动元件各侧之间的平衡系数

若变压器两侧差动电流互感器二次电流不同，则从两侧流入各相差动元件的电流大小亦不相同，从而无法满足 $\sum \dot{i} = 0$。

在实现变压器纵差保护时，采用"作用等效"的概念。即使两个不相等的电流产生作用（对差动元件）的大小相同。

在微机型变压器保护装置中，引用了一个将两个大小不等的电流折算成作用完全相同电流的折算系数，将该系数称作为平衡系数。

根据变压器的容量，接线组别、各侧电压及各侧差动电流互感器的变比，可以计算出差动两侧之间的平衡系数，见表 6－5。

表 6 - 5   变压器纵差保护各侧之间的平衡系数计算表

项 目 名 称	各 侧 系 数		
	高压侧（H）	中压侧（M）	低压侧（L）
一次接线方式	Y	Y	D
二次 TA 接线	Y	Y	Y
TA 二次电流	$I_h = \dfrac{S_e}{\sqrt{3}U_h n_h}$	$I_m = \dfrac{S_e}{\sqrt{3}U_m n_m}$	$I_L = \dfrac{S_e}{\sqrt{3}U_L n_L}$
平衡系数	$K_{p1} = \dfrac{I_b}{I_h}$	$K_{p2} = \dfrac{I_b}{I_m}$	$K_{p3} = \dfrac{I_b}{I_L}$

注　S_e 为变压器的额定容量；U_h、n_h 分别为高压侧额定电压及电流互感器的变比；U_m、n_m 分别为变压器中压侧额定电压及电流互感器的变比；U_L、n_L 分别为变压器低压侧额定电压及电流互感器变比；I_b 为计算平衡系数的基准电流；K_p 为平衡系数。

说明：表中列出的平衡系数是用软件在高压侧移相或用改变电流互感器接线方式移相的条件下计算出来的。

例：变压器的型号为 10000kVA - 110kV/35kV/10.5kV，变压器采用 Y/Y/△ 接线，电流互感器二次均采用 Y 接线，高压侧电流互感器变比为 400/5，中压侧电流互感器变比为 200/5，低压侧电流互感器变比为 800/5，请进行平衡系数的计算。

解：主变高压侧额定电流：$I_{nH} = \dfrac{S_e}{\sqrt{3}U_{nH}} = \dfrac{10000}{\sqrt{3} \times 110} = 52.49(A)$

主变中压侧额定电流：$I_{nM} = \dfrac{S_e}{\sqrt{3}U_{nM}} = \dfrac{10000}{\sqrt{3} \times 35} = 164.96(A)$

主变低压侧额定电流：$I_{nL} = \dfrac{S_e}{\sqrt{3}U_{nL}} = \dfrac{10000}{\sqrt{3} \times 10.5} = 549.87(A)$

主变高压侧电流互感器二次电流：$i_H = \dfrac{I_{nH}}{n_H} = \dfrac{52.49}{400/5} = 0.66(A)$

主变中压侧电流互感器二次电流：$i_M = \dfrac{I_{nM}}{n_M} = \dfrac{164.96}{200/5} = 4.12(A)$

主变低压侧电流互感器二次电流：$i_L = \dfrac{I_{nL}}{n_L} = \dfrac{549.87}{800/5} = 3.44(A)$

以低压侧电流互感器为基准：

$$K_{pL} = \frac{\dot{I}_L}{\dot{I}_L} = 1, \quad K_{pH} = \frac{\dot{I}_L}{\dot{I}_H} = \frac{3.44}{0.66} = 5.21, \quad K_{pM} = \frac{\dot{I}_L}{\dot{I}_M} = \frac{3.44}{4.12} = 0.83$$

以高压侧电流互感器为基准：

$$K_{pH} = \frac{\dot{I}_H}{\dot{I}_H} = 1, \quad K_{pM} = \frac{\dot{I}_H}{\dot{I}_M} = \frac{0.66}{4.12} = 0.16, \quad K_{pL} = \frac{\dot{I}_H}{\dot{I}_L} = \frac{0.66}{3.44} = 0.21$$

4. 躲涌流措施

在变压器纵差保护中，利用涌流的各种特征量（含有直流分量、波形间断或波形不对称、含有二次谐波分量）作为制动量或进行制动，来躲过空投变压器时的励磁涌流。

5. 躲不平衡电流（暂态不平衡电流及稳态不平衡电流）大的措施

运行实践表明，对变压器纵差保护进行合理地整定计算，适当提高其动作门坎，可以使其有效地躲过不平衡电流大的影响。

四、微机变压器纵差保护动作特性

目前，在广泛应用的变压器纵差保护装置中，为提高内部故障时的动作灵敏度及可靠躲过外部故障的不平衡电流，均采用具有比率制动特性的差动元件。

不同型号的纵差保护装置，差动元件的动作特性不相同。差动元件的动作特性曲线，有Ⅰ段折线式、Ⅱ段折线式及Ⅲ段折线式。

EDCS－8230B 型装置比率制动差动保护采用双斜率动作特性，其动作判据为

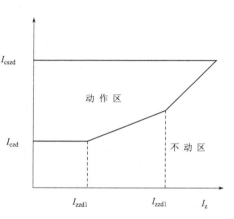

$$I_{cd} > I_{czd} (I_z \leqslant I_{zzd1})$$
$$I_{cd} > I_{czd} + K_{z1}(I_z - I_{zzd1}) (I_{zzd1} < I_z \leqslant I_{zzd2})$$
$$I_{cd} > I_{czd} + K_{z1}(I_{zzd2} - I_{zzd1}) + K_{z2}(I_z - I_{zzd2}) (I_{zzd2} < I_z)$$
$$(6-2)$$

式中：I_{cd} 为差动电流；I_z 为制动电流；I_{czd} 为比率差动保护最小动作电流；K_{z1} 为比率差动制动系数 1，K_{z2} 为比率差动制动系数 2；I_{zzd1} 为拐点 1 制动电流，I_{zzd2} 为拐点 2 制动电流。

绘制出动作特性差动元件的动作特性曲线，如图 6－10 所示。

图 6－10　比率差动保护动作特性

【能力训练】（以重庆新世纪 EDCS－8230B 系列装置检查为例）

一、操作条件

1. 设备：微机型继电保护装置、继电保护测试仪。

2. 工具及图纸：螺丝刀、电流端子短接连片、变压器保护图册、装置技术说明书及图纸。

二、安全及注意事项

1. 试验前应检查屏柜是否有明显的损伤或螺丝松动。

2. 一般不要插拔装置插件，不触摸插件电路，需插拔时，必须关闭电源，释放手上静电或佩带静电防护带。

3. 使用的试验仪器必须与屏柜可靠接地。

4. 应断开保护屏上的出口压板。

5. 试验前请详细阅读《EDCS－8230B 变压器保护装置说明书》及调试大纲。

三、操作过程

1. 直流电源上电检查

（1）核对装置或屏柜直流电压极性、等级，检查装置或屏柜的接地端子应可靠接地。

（2）加上直流电压，闭合装置电源开关和非电量电源开关，装置直流电源消失时不应动作，并应有输出接点以起动警告信号。直流电源恢复（包括缓慢恢复）时，装置应能自起动。

（3）延时几秒钟，装置"运行"绿灯亮，"报警"黄灯灭，"跳闸"红灯保持出厂前状态（如亮可复归）。液晶显示屏幕显示主接线状态。

2. 开入量检查

按屏上复归按钮，能复位"跳闸"灯，或切换液晶显示内容（时间需超过 1s），按屏上打印按钮，液晶显示"正在打印..."，如无打印机显示延时自动返回。

依次投入和退出屏上相应压板以及相应开入接点，查看液晶显示"保护状态"子菜单中"开入量状态"是否正确。

3. 交流回路校验

对照图纸，从屏上相应的电流、电压端子上依次用精度为 0.1 级的试验仪器分别加电流、电压。进入装置菜单中的"保护状态"项，查看液晶显示的表中所列的项目，其值与输入值的误差应符合技术参数要求。检查此项时不必在意装置的动作行为，如报警、跳闸等。记录装置显示的电压、电流采样值见表 6-6、表 6-7。

表 6-6　　　　　　　　　　　　电 压 回 路 采 样 试 验

序号	项　目	输入值	装 置 显 示 值				
			A 相	B 相	C 相	相位 A-B	相位 A-C
1	变压器 I 侧电压	60V					
		20V					
2	变压器 II 侧电压	60V					
		20V					
3	变压器 III 侧电压	60V					
		20V					
4	变压器 I 侧零序电压	30V					
		100V					
		180V					
5	变压器 II 侧零序电压	30V					
		100V					
		180V					

表 6-7　　　　　　　　　　　　电 流 回 路 采 样 试 验

序号	项　目	输入值	装置显示值				
			A 相	B 相	C 相	相位 A-B	相位 A-C
1	变压器 I 侧电流	I_n					
		$4I_n$					
2	变压器 II 侧电流	I_n					
		$4I_n$					
3	变压器 III 侧电流	I_n					
		$4I_n$					
4	变压器 I 侧间隙零序电流	I_n					
		$4I_n$					
5	变压器 II 侧间隙零序电流	I_n					
		$4I_n$					

小提示：

◇ 在回路检查之前，应将盘柜电流、电压端子连片拨开，最好并将电流端子用专用短接排在外侧短路。

◇ 零漂检查指标要求：在一段时间内（5min）零漂稳定在 0.01IN 或 0.2V 以内。

◇ 模拟量测量精度检查指标要求：0.1 倍、1 倍、5 倍的额定电流和 0.1 倍、0.5 倍、1 倍、1.2 倍的额定电压下的测量精度，通道采样误差不大于 5%，在额定电压和额定电流时，相角误差不大于 3°。

4．开出节点检查

本项检查宜与功能试验一同进行。注意各接点的动作情况应与控制字一致。开出触电检验方法通常采用瞬时接通开出触电，观察液晶显示、相关信号是否正确。

5．差动保护定值试验

（1）系统参数中保护总控制字"主保护投入"置 1。

（2）投入变压器差动保护硬压板。

（3）试验接线。取主变高低压侧电流做差动试验，如图 6-11 所示。

（4）只投入差动保护，退出电流互感器断线闭锁。

（5）高、低侧检查：在高、低侧加入电流 I_H、I_L，使 $I_H = I_L \times K_{ph}$，I_H 相角为 0°，I_L 为 180°，此时差流 I_{cd} 应为 0。

（6）减小低压侧电流 I_L，使差动保护动作，记录下 I_H、I_L 电流值，并根据公式计算出 $I_{cd} = I_H - I_L \times K_{ph}$，$I_{zd} = \{I_H, I_L \times K_{ph}\}_{max}$（或 $I_{cd} = (I_H + I_L \times K_{ph})/2$）。

（7）通过步骤（5）、（6）取二段线上两点（第一、二点）计算制动系数 $K_1 = (I_{cd2} - I_{cd1})/(I_{zd2} - I_{zd1})$。

（8）通过方法（5）、（6）取三段线上两点（第三、四点）计算制动系数 $K_2 = (I_{cd4} - I_{cd3})/(I_{zd4} - I_{zd3})$。

（9）通过以上方法验证高、低侧比率差动。

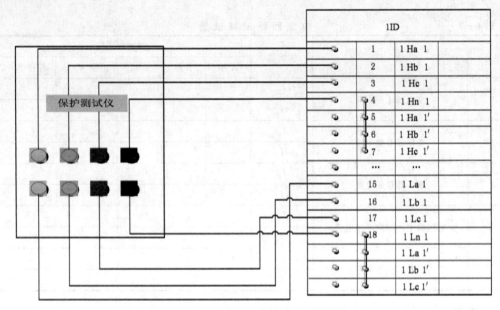

图 6-11　变压器差动保护接线示意图

问题情境一：我们在进行开入开出量测试的时候，选择将盘柜电流、电压回路端子断开，为什么要这样？

解决途径：首先要知道，电压电流互感器本质上是特殊的变压器，如果不断开的话，在其二次侧加电压、电流信号，会感应到互感器一次侧，影响其他相关的二次装置。

问题情境二：在进行试验的过程中，我们在为什么要将保护盘柜保护出口硬压板退出运行？

解决途径：断路器是变电站运行中最主要的控制、保护元件，对电力系统安全运行起着关键作用，断路器机械寿命和电气寿命用通俗的话讲就是不带电合闸次数和带电合闸次数。一般来说，断路器的机械寿命是 20000 次开合。在试验时退出保护出口硬压板，可以显著降低断路器的不带电合闸次数，延长机械寿命，提高断路器运行可靠性和稳定性。

四、学习结果评价

填写考核评价表，见表 6-8。

表 6-8　　　　　　　　　　考 核 评 价 表

序号	评价内容	评 价 标 准	考核方式	评价结果（是/否）
1	素养	具有良好的合作意识，任务分工明确	互评	□是　□否
		能够规范操作，具有较好的质量的意识	师评	□是　□否
		能够遵守课堂纪律	师评	□是　□否
		遵守 6s 管理规定，做好实训的整理归纳	师评	□是　□否
		无危险操作行为	师评	□是　□否

续表

序号	评价内容	评价标准	考核方式	评价结果（是/否）
2	知识	能理解不同类型变压器保护的配置	师评	□是　□否
		能理解并说出变压器复压过流保护原理	师评	□是　□否
		能理解并说出变压器零序电流、间隙零序电流保护的原理	师评	□是　□否
3	能力	能正确投退变压器保护压板	师评	□是　□否
		能查阅变压器保护二次图纸	师评	□是　□否
		能辅助进行变压器保护传动试验	师评	□是　□否
		能指出变压器保护互感器的位置	师评	□是　□否
4	总评	是否能够满足下一步内容的学习	师评	□是　□否

【课后作业】

1. 变压器差动保护产生不平衡电流的原因有哪些？怎样消除？
2. 完成变压器开入开出量检查及差动保护定检试验，写出实验报告。

职业能力四　变压器其他保护

【核心概念】

变压器短路故障：主要指变压器出口短路，以及内部引线或绕组间对地短路、及相与相之间发生的短路而导致的故障。

变压器过励磁：当变压器在电压升高或频率下降时将造成工作磁通密度增加，使变压器的铁芯饱和。产生的原因主要有：当电网因故解列后造成部分电网甩负荷而过电压、铁磁谐振过电压、变压器分接头连接调整不当、长线路末端带空载变压器或其他误操作、发电机频率未到额定值即过早增加励磁电流、发电机自励磁等，这些情况下都可能产生较高的电压而引起变压器过励磁。

【学习目标】

1. 理解变压器短路故障后备保护的工作原理、逻辑框图。
2. 理解变压器过励磁保护的工作原理、逻辑框图。
3. 能理解变压器中性点间隙保护的工作原理、逻辑框图。
4. 能进行变压器保护的定值校验。

【基本知识】

大、中型变压器短路故障后备保护的类型，通常有复合电压过电流保护、零序电流及零序方向电流保护、负序电流及负序方向电流保护、低阻抗保护及复合电压方向过流保护，除此以外，变压器的后备保护还有变压器过激磁保护和变压器中性点间隙保护等。

一、复合电压过电流保护

复合电压过电流保护，实质上是复合电压启动的过电流保护。它适用于升压变压器、系统联络变压器以及过电流保护不能满足灵敏度要求的降压变压器。

复合电压过流保护，由复合电压元件、过电流元件及时间元件构成，作为被保护设备及相邻设备相间短路故障的后备保护。保护的接入电流为变压器某侧电流互感器二次三相电流，接入电压为变压器该侧或其他侧电压互感器二次三相电压。为提高保护的动作灵敏度，三相电流一般取自电源侧，而电压一般取自负荷侧。

复合电压过电流保护动作逻辑框图如图 6 - 12 所示。

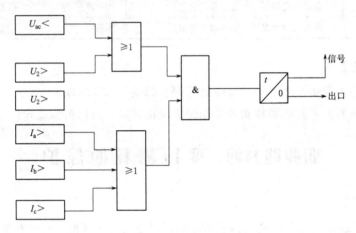

图 6 - 12 复合电压过电流保护逻辑框图

$U_{ac}<$—接在 a、c 两相电压之间低电压元件；$U_2>$—负序过电压元件；

$I_a>$、$I_b>$、$I_c>$—a、b、c 相过电流元件

由图可以看出：当变压器电压降低，或负序电压大于整定值及 a 相或 b 相或 c 相过电流时，保护动作，经延时 t 作用于切除变压器。

二、零序电流及零序方向电流保护

电压为 110kV 及以上的变压器，在大电流系统侧应设置反映接地故障的零序电流保护。有两侧接大电流系统的三卷变压器及三卷自耦变压器，其零序电流保护应带方向，组成零序方向电流保护。

两卷或三卷变压器零序电流保护的零序电流，可取自中性点电流互感器二次，也可取自本侧电流互感器二次三相零线上的电流，或由本侧电流互感器二次三相电流自产。零序功率方向元件接入的零序电压，可以取自本侧电压互感器三次（即开口三角形）电压，也可以由本侧电压互感器二次三相电压自产。在微机型保护装置中，零序电流及零序电压大多是自产，因为有利于确定功率方向元件动作方向的正确性。

对于大型三卷变压器，零序电流保护可采用三段，其中Ⅰ段及Ⅱ段带方向，第Ⅲ段不带方向兼具总后备作用。每段一般有两级延时，以较短的延时缩小故障影响的范围或跳本

侧断路器，以较长的延时切除变压器。

零序方向电流保护的逻辑框图如图 6-13 所示。

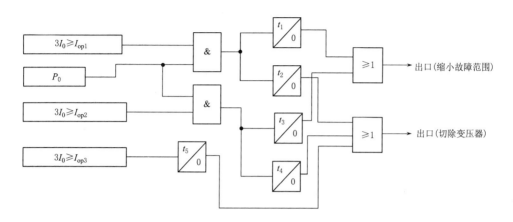

图 6-13　三卷变压器零序方向电流保护逻辑框图

$3I_0$—零序电流、P_0—方向判据、I_{op1}、I_{op2}、I_{op3}—零序Ⅰ、Ⅱ、Ⅲ段动作电流

由图 6-13 可以看出：零序方向电流保护的Ⅰ段或Ⅱ段动作后，分别经延时 t_1 或 t_3 作用于缩小故障影响范围，而经 t_2 或 t_4 切除变压器。零序Ⅲ段不带方向，只作用于切除变压器。

三、负序电流及负序方向电流保护

63MVA 及以上容量的变压器，可采用负序电流或单相式低电压启动的过电流保护作为相间短路的后备保护。三卷变压器或三卷自耦变压器，上述保护宜设置在电源侧或主负荷侧。此外，为满足选择性要求，对负序电流保护有时要加装负序功率方向元件，构成负序方向电流保护。

在微机保护装置中，负序电压及负序电流均由装置对电压互感器二次三相电压及电流互感器二次三相电流计算自产。

根据变电站的主接线及运行方式，负序电流及负序方向电流保护，可带一段延时，也可带两段延时。若带两段延时，则以较短的时间作用于缩小故障影响的范围；以较长的时间切除变压器。

负序方向电流保护的逻辑框图如图 6-14 所示。

由图 6-14 可以看出：当负序过电流及负序功率为正值时，保护动作，以较短的延时作用于缩小故障影响范围，以较长的时间切除变压器。

四、低阻抗保护

低阻抗保护是变压器相间故障后备保护的一种。通常，该保护由三个相间方向阻抗元件构成。阻抗元件的接入电压和接入电流，取自保护安装侧电压互感器二次三相电压及电流互感器二次三相电流。并采用零度接线方式。

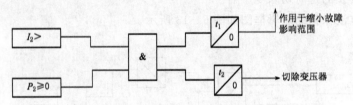

图 6-14　负序方向电流保护逻辑框图

$I_2>$—负序过电流元件；P_2—负序功率方向元件

用阻抗元件构成发电机及变压器短路后备保护的缺点很多。首先用测阻抗的方法来确定发电机、变压器内部故障位置的正确性存在着问题，该保护的正确动作率不高。

三卷变压器高压侧低阻抗保护的动作阻抗只有一段，中压侧有二段，有时有三段。只有一段动作阻抗的低阻抗保护逻辑框图如图 6-15 所示。

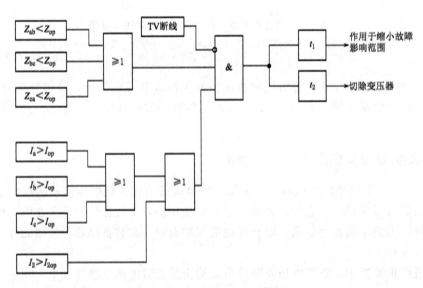

图 6-15　低阻抗保护逻辑框图

由图 6-15 可以看出：当三个阻抗元件同时动作或其中之一动作及相电流很大或负序电流大时，保护动作，经 t_1 作用于缩小故障影响范围，经 t_2 延时切除变压器。

五、复合电压方向过流保护

为确保动作的选择要求，在两侧或三侧有电源的三卷变压器上配置复压闭锁的方向过流保护，作为变压器相间短路故障的后备保护。

保护的接入电流和电压为本侧（保护安装侧）电流互感器二次三相电流及电压互感器二次三相电压，有时还引入变压器另一侧电压互感器二次三相电压作为相间功率的计算电压。

保护的动作逻辑框图如图 6-16 所示。

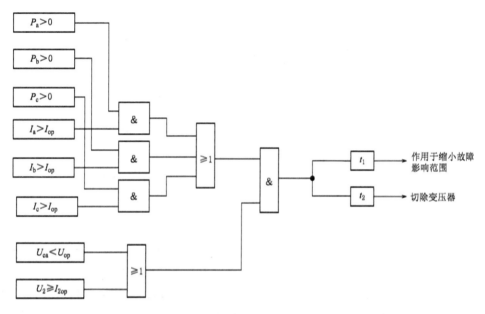

图 6-16　复合电压方向过流保护逻辑框图

由图 6-16 可以看出：当计算功率 P_a、P_b、P_c 其中之一大于零，三相电流 I_a、I_b、I_c 其中之一（与计算功率大于零相对应的那一相的电流）大于整定值时，若低电压元件与负序电压元件两者之一动作，保护出口动作，经延时作用于缩小故障影响范围或切除变压器。

六、变压器过激磁保护

变压器过激磁运行时，铁芯饱和，励磁电流急剧增加，励磁电流波形发生畸变，产生高次谐波，从而使内部损耗增大、铁芯温度升高。另外，铁芯饱和之后，漏磁通增大，使在导线、油箱壁及其他构件中产生涡流，引起局部过热。严重时造成铁芯变形及损伤介质绝缘。

为确保大型、超高压变压器的安全运行，设置变压器过激磁保护非常必要。

为有效保护变压器，其过激磁保护应由定时限和反时限两部分构成。定时限保护动作后作用于警告信号及减励磁（发电机）；反时限保护动作后去切除变压器。

国内生产的微机型过激磁保护的动作逻辑框图大致如图 6-17 所示。

由图可以看出，当变压器或发电机电压升高或频率降低时，若测量出的过激磁倍数大于过激磁保护的低定值时，定时限部分动作，经延时 t_1 发信号或作用于减励磁（保护发电机时）；若严重过激磁时，则保护反时限部分动作，经与过激磁倍数相对应的延时，切除发电机或变压器。

七、变压器中性点间隙保护

超高压电力变压器，均为半绝缘变压器，即位于中性点附近变压器绕组部分对地绝缘

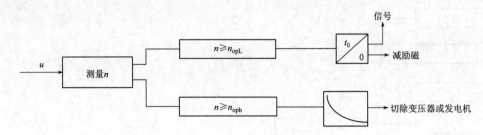

图 6-17 过激磁保护逻辑框图

n—测量过激磁倍数；n_{opL}—过激磁元件动作倍数低定值，定时限元件启动值；

n_{oph}—过激磁元件动作倍数高定值，反时限元件启动值

比其他部位弱。中性点的绝缘容易被击穿。

在电力系统运行中，为将零序电流限制在某一定的范围内（对系统中各零序电流保护定值进行整定时的要求），对变压器中性点接地运行的数量有规定。因此，在运行中，变压器的中性点，有接地和不接地之分。中性点不接地运行的变压器，其中性点的绝缘易被击穿。

在 20 世纪 90 年代之前，为确保变压器中性点不被损坏，将变电站（或发电厂）所有变压器零序过流保护的出口横向联系起来，去启动一个公用出口部件。通常将该出口部件叫作零序公用中间。当系统或变压器内部发生接地故障时，中性点接地变压器的零序电流保护动作，启动零序公用中间元件。零序公用中间元件动作后，先跳开中性点不接地的变压器，当故障仍未消失时再跳开中性点接地的变压器。

运行实践表明，上述保护方式存在严重缺点，容易造成全站或全厂一次切除多台变压器，甚至使全站或全厂大停电。另外，由于各台变压器零序过流保护之间有了横向联系，使保护复杂化，且容易造成人为的误动作。

1. 间隙保护的作用原理

间隙保护的作用是保护中性点不接地变压器中性点绝缘安全。

在变压器中性点对地之间安装一个击穿间隙。在变压器不接地运行时，若因某种原因变压器中性点对地电位升高到不允许值时，间隙击穿，产生间隙电流。另外，当系统发生故障造成全系统失去接地点时，故障时母线 TV 的开口三角形绕组两端将产生很大的 $3U_0$ 电压。

变压器间隙保护是用流过变压器中性点的间隙电流及 TV 开口三角形电压作为危及中性点安全判据来实现的。保护的原理接线如图 6-18 所示。保护的逻辑框图如图 6-19 所示。

由图可以看出：当间隙电流或电压互感器开口电压大于动作值时，保护动作，经延时切除变压器。

2. 提高动作可靠性措施

运行实践表明，曾因变压器中性点放电间隙误击穿致使间隙保护误动的现象较多。因此为了提高间隙保护的工作可靠性，正确地整定放电间隙的间隙距离是非常必要的。

在计算放电间隙的间隙距离之前，首先要确定危及变压器中性点安全的决定因素。即

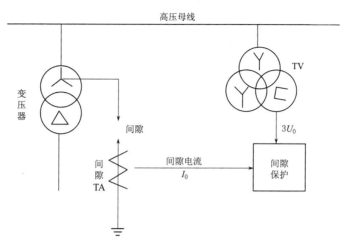

图 6-18　间隙保护原理接线图

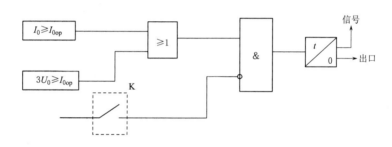

图 6-19　间隙保护逻辑框图

K—变压器中性点接地刀闸的辅助接点，当变压器中性点接地运行时，K 闭合，否则打开；

I_0—流过击穿间隙的电流（二次值）；$3U_0$—电压互感器开口三角形电压；

I_{0op}—间隙保护动作电流；U_{0op}—间隙保护动作电压

首先要根据变压器所在系统的正序阻抗及零序阻抗的大小，计算电力系统发生接地故障又失去接地中性点时是否会危及变压器中性点的绝缘，如果计算结果不危及变压器中性点的安全，应根据冲击过电压来选择放电间隙的间隙距离。

放电间隙距离的选择，应根据变压器绝缘等级、中性点能承受的过电压数及采用的放电间隙类型计算确定。

另外，为提高间隙保护的性能，间隙电流互感器的变比应较小。由于变压器零序保护所用的零序电流互感器变比较大，故间隙电流互感器应单独设置。

【能力训练】（以重庆新世纪 EDCS-8230B 变压器保护装置复压过流保护校验及传动试验为例）

一、操作条件

1. 设备：微机型继电保护装置、继电保护测试仪。

2. 工具及图纸：螺丝刀、电流互感器短接连片、变压器保护图册、变压器保护定值单。

二、安全及注意事项

1. 试验前应检查屏柜是否有明显的损伤或螺丝松动。

2. 一般不要插拔装置插件，不触摸插件电路，需插拔时，必须关闭电源，释放手上静电或佩带静电防护带。

3. 使用的试验仪器必须与屏柜可靠接地。

4. 应断开保护屏上的出口压板。

5. 试验前请详细阅读《EDCS-8230B 变压器保护装置说明书》及调试大纲。

三、操作过程

1. 复压过流保护校验

(1) 投入复压方向过流（或零序复压方向过流）控制字及软、硬压板，投入方向元件。

(2) 电流动作值测试：在正方向灵敏角加入 1.05 倍过流定值，保护应可靠动作；加入 0.95 倍过流定值，经整定动作时间，保护应可靠不动作。

(3) 复压测试：①低电压动作值：加三相全电压，1.2 倍过流定值，降低两相电压至保护动作，记录动作值与定值比较；②负序电压动作值：加三相全电压，1.2 倍过流定值，降低一相电压至保护动作，记录动作值与定值比较。

(4) 方向检查：单相加入 1.2 倍动作电流和满足复压条件的三相电压（电压故障相与电流相同），改变电流和电压的夹角，检查动作边界与保护说明书进行比较。

(5) 在各侧各段进行以上试验。

(6) 将保护装置动作接点接入保护试验台的开关量输入位置，记录试验过程中各侧各段在 1.2 倍过流定值、正方向动作灵敏角时的动作时间，包括保护试验台的动作时间和保护装置显示的动作时间。

2. 传动断路器试验

(1) 进行传动断路器试验之前，控制室和开关站均应有专人监视，并应具备良好的通信联络设备，以便观察断路器和保护装置动作相别是否一致，监视中央信号装置的动作及声、光信号指示是否正确。

(2) 在断路器传动过程中，如果发生异常情况，应立即停止试验，在查明原因并改正后再继续进行。

(3) 传动断路器试验应在确保检验质量的前提下，尽可能减少断路器的动作次数。

检验结果记录在表 6-9 中，正确的打"√"，错误的打"×"。

表 6 - 9　　　　　传动断路器试验表

序号	故障范围	故障类型	保护投入情况	装置信号灯动作情况	中央信号（后台监控系统报文）及音响信号	开关动作情况	检验结果
1	差动速断	AN瞬时	保护全投	运行监视（闪）差动动作（亮）	保护动作，出口跳闸，呼唤，警铃及喇叭响	三侧开关三相跳闸	
2	高压侧零序过流Ⅰ段	BN瞬时	保护全投	运行监视（闪）后备动作（亮）	保护动作，出口跳闸，呼唤，警铃及喇叭响	三侧开关三相跳闸	
3	中压侧复压闭锁方向过流Ⅰ段	CN瞬时	保护全投	运行监视（闪）后备动作（亮）	保护动作，出口跳闸，呼唤，警铃及喇叭响	三侧开关三相跳闸	
4	低压侧负压侧闭锁过流Ⅱ段	CN永久	保护全投	运行监视（闪）后备动作（亮）	保护动作，出口跳闸，呼唤，警铃及喇叭响	三侧开关三相跳闸	

问题情境：为什么要进行继电保护传动试验？

解决途径：继电保护装置校验结束后，为确定保护装置在发变组设备运行时能正确可靠地动作，因此需要实际带开关进行传动试验验证。

四、学习结果评价

填写考核评价表，见表 6 - 10。

表 6 - 10　　　　　考 核 评 价 表

序号	评价内容	评价标准	考核方式	评价结果（是/否）
1	素养	具有良好的合作意识，任务分工明确	互评	□是　□否
		能够规范操作，具有较好的质量的意识	师评	□是　□否
		能够遵守课堂纪律	师评	□是　□否
		遵守 6s 管理规定，做好实训的整理归纳	师评	□是　□否
		无危险操作行为	师评	□是　□否
2	知识	能理解并说出差动保护原理	师评	□是　□否
		能理解变压器励磁涌流	师评	□是　□否
		能理解变压器差动保护电流的移相原理	师评	□是　□否
3	能力	能正确投退变压器保护压板	师评	□是　□否
		能查阅变压器差动保护二次图纸	师评	□是　□否
		能计算变压器差动保护平衡系数	师评	□是　□否
		能安全操作变压器保护盘柜	师评	□是　□否
4	总评	是否能够满足下一步内容的学习	师评	□是　□否

【课后作业】

1. 变压器相间短路后备保护有哪几种常用方式？并比较它们的优缺点。

2. 完成变压器后备保护校验，写出实验报告。

◆ 本 章 小 结 ◆

电力变压器是电力系统中重要的设备，本章根据继电保护与安全自动装置的运行条例，分析了变压器保护的配置。

瓦斯保护是作为变压器本体内部匝间短路、相间短路以及油面降低的保护，是变压器内部短路故障的主保护。变压器差动保护是用来反映变压器绕组、引出线及套管上的各种相间短路，也是变压器的主保护。变压器的差动保护基本原理与输电线路相同，但是，由于变压器两侧电压等级不同、Y，d 接线时相位不一致、励磁涌流、电流互感器的计算变比与标准变比不一致、带负荷调压等原因，将在差动回路中产生较大的不平衡电流。为了提高变压器差动保护的灵敏度，必须设法减小不平衡电流。

常规型变压器差动保护为了进行相位补偿，将星形侧的互感器接成三角形，其目的是减小不平衡电流。若变压器为中性点直接接地运行，当高压侧内部发生接地短路故障时，差动保护的灵敏度将降低。

相间短路后备保护，应根据变压器容量及重要程度，确定采用的保护方案。同时，必须考虑保护的接线方式、安装地点问题。

反映变压器接地短路的保护，主要是利用零序分量这一特点来实现，同时与变压器接地方式有关。

◆ 电 力 小 课 堂 ◆

中国电力发展现状：科技创新 自立自强

科技是国之利器，国家赖之以强，企业赖之以赢，瞄准国家重大战略需求，凝聚科技创新强大引擎，建成重大创新工程，完善科技创新体系，走出了一条具有中国特色的电网创新发展之路。首先中国的电力行业已经达到了世界领先的水平，在 20 世纪 90 年代，我国就实现了设备、技术全部国产化。其中特高压是我国为数不多的新型基础设施，在世界上处于领先水平，取得了重大的自主创新成果。在我国科研团队从的艰苦功课和持续创新的实践下，我国的特高压事业蒸蒸日上。我国的电压等级有低压、中压、高压、超高压和特高压五种类型，特高压是在超高压的基础上继续发展的，可以提高输电的能力，相当于使用 1000kV 的电压。输送电能特高压可以实现大功率和远距离传输电力，有利于改善环境的质量。并且利用特高压输电的话，还可以推动清洁能源的集约化开发和更高效的利用。众所周知，体现某个国家技术到底有多先进就看它是不是行业规则的制定者。而在电网技术方面，从某种程度上说，中国已经成为这个领域的行业领军者。就拿制定标准的数量来说，国家电网贡献了 28 项全球电网标准，其中智能电网和特高压输电技术两大国际标准体系的基础技术就是来自国家电网公司，是国际标准的主导者，这个地球上电压等级最高的特高压交流和特高压直流输电线路都是国家电网建造的。

工作任务七　母　线　保　护

职业能力一　母　线　保　护　认　知

【核心概念】

母线：是发电厂和变电站重要组成部分之一。母线又称汇流排，是汇集电能及分配电能的重要设备。

【学习目标】

1. 理解母线的故障及不正常运行方式。
2. 能理解母线应设置的继电保护类型。
3. 能进行母线保护盘柜的点检。

【基本知识】

一、母线的故障

在大型发电厂和枢纽变电站，母线连接元件甚多。主要连接元件除出线单元之外，还有电压互感器、电容器等。

运行实践表明：在众多的连接元件中，由于绝缘子的老化、污秽引起的线路接地故障和雷击造成的短路故障次数甚多。另外，运行人员带地线合刀闸造成的母线短路故障，也时有发生。

母线的故障类型主要有单相接地故障、两相接地短路故障及三相短路故障。两相短路故障的概率较小。

二、母线保护

当发电厂和变电站母线发生故障时，如不及时切除故障，将会损坏众多电力设备不破坏系统的稳定性，从而造成全厂或全变电站大停电，乃至全电力系统瓦解。因此，设置动作可靠、性能良好的母线保护，使之能迅速检测出母线故障的位置并及时有选择性地切除故障是非常必要的。

1. 对母线保护的要求

与其他主设备保护相比，对母线保护的要求更苛刻。

（1）高度的安全性和可靠性。母线保护的拒动及误动将造成严重的后果。母线保护误动将造成大面积停电；母线保护的拒动更为严重，可能造成电力设备的损坏及系统的瓦解。

（2）选择性强、动作速度快。母线保护不但要能很好地区分区内故障和外部故障，还要确定哪条或哪段母线故障。由于母线影响到系统的稳定性，尽早发现并切除故障尤为重要。

2. 对电流互感器的要求

母线保护应接在专用电流互感器二次回路中，且要求在该回路中不接入其他设备的保护装置或测量表计。电流互感器的测量精度要高，暂态特性及抗饱和能力强。

母线电流互感器在电气上的安装位置，应尽量靠近线路或变压器一侧，使母线保护与线路保护或变压器保护有重叠保护区。

3. 与其他保护及自动装置的配合

由于母线保护关联到母线上的所有出线元件，因此，在设计母线保护时，应考虑与其他保护及自动装置相配合。

（1）母差保护动作后作用于纵联保护收发信机停信（对闭锁式保护而言）。当母线发生短路故障（故障点在断路器与电流互感器之间）或断路器失灵时，为使线路对侧的高频保护迅速作用于跳闸，母线保护动作后应使本侧的收发信机停信。

（2）闭锁线路重合闸。当发电厂或重要变电站母线上发生故障时，为防止线路断路器对故障母线进行重合，母线保护动作后，应闭锁线路重合闸。

（3）启动断路器失灵保护。为使在母线发生短路故障而某一断路器失灵或故障点在断路器与电流互感器之间时，失灵保护能可靠切除故障，在母线保护动作后，应立即去启动失灵保护。

（4）短接线路纵差本侧电流回路。对于输电线路，为确保线路保护的选择性，通常配置线路纵差保护。当母线保护区内发生故障时，为使线路对侧断路器能可靠跳闸，母线保护动作后，应短接线路纵差保护的电流回路，使其可靠动作，去切除对侧断路器。

（5）使对侧平行线路电流横差保护可靠不动作。当平行线路上配置有电流横差保护时（两回线分别接在两条母线上），母线保护动作后，先跳开母联（或分段）断路器，再跳开与故障母线连接的线路断路器。

三、母线保护类别

母线保护总的来说可以分为两大类型：一是利用供电元件的保护来保护母线，二是装设母线保护专用装置。以下情况，需要装设专用母线保护：①110kV 及以上双母线和分段母线。②110kV 单母线，重要发电厂或 110kV 以上重要变电所的 35～66kV 母线，需要快速切除母线上的故障时。③35～66kV 电网中主要变电所的 35～66kV 双母线或分段单母线，在母联或分段断路器上装设解列装置和其他自动装置后，仍不满足电力系统安全运行的要求时。④发电厂和主要变电所的 3～10kV 分段母线或并列运行的双母线，须快速地切除一段或一组母线上故障时，或者线路断路器不允许切除线路电抗器前的短路时。

【能力训练】（分段保护盘柜点检，不同装置观察清单略有不同，提供点检观察清单仅作参考，可根据装置型号自主设计）

一、操作条件

设备：微机型继电保护装置；

二、安全及注意事项

（1）防止入间隔。
（2）默认保护装置所在一次设备带电状态。
（3）防止误碰带电设备。

三、点检观察清单

点检设备	点检部位		点检内容及标准	点检方法	记录
母线分段保护屏	整体外观		屏柜完好、清洁无异；标识清晰；后门关闭严密；开关正常	目视手感	
	屏柜正面	保护装置	运行监视灯闪烁；通信告警、告警1、告警2、启动失灵、辅助跳闸、备用灯熄灭；Esc、Enter、←↑↓→键弹起；显示屏所显示的日期、时间、实时电流、实时电压与实际相符	目视	
		断路器操作箱	PT并列切换开关与实际相对应；电源监视、母线电压切换、电源监视、电压切换等指示灯点亮；保护跳闸、备用、备用灯熄灭；跳合闸位置指示正切		
		按钮	操作箱信号复归、断路器保护复归按钮外观正常、正常弹起	目视	
		其他设备	打印机外观完好无损；工作电源指示灯亮；打印纸装填正常；电源开关正常；工控机、显示屏、交换机正常		
		保护压板	备用、充电及过流保护出口、失灵启动保护、三相失灵启动保护、充电保护投入、均在退出位置	目视	
	屏柜背面	端子排及装置连线	端子排及装置连线整齐美观；标识完整清晰；连接牢固；无松动断线；无过热、烧焦现象；无裸露导线出现	目视	
		接地线	屏柜接地线完好无损；无过热烧焦、断线断股现象	目视	
		继电器	温湿度控制器外观完好；标示清晰；接点无烧伤黏连；无异常发热；无异常电磁声响；工作指示灯点亮	目视	
		电源开关	各开关位置正确；标示清晰；外观完好无损；无异常发热烧伤现象	目视	
		其他设备	风扇、照明、网卡、电缆及孔洞正常按规定封堵	目视	

四、学习结果评价

填写考核评价表，见表 7 - 1。

表 7 - 1 考核评价表

序号	评价内容	评价标准	考核方式	评价结果（是/否）
1	素养	具有良好的合作意识，任务分工明确	互评	□是 □否
		能够规范操作，具有较好的质量的意识	师评	□是 □否
		能够遵守课堂纪律	师评	□是 □否
		遵守 6s 管理规定，做好实训的整理归纳	师评	□是 □否
		无危险操作行为	师评	□是 □否
2	知识	能区分母线的不正常工作状态	师评	□是 □否
		能区分母线的故障状态	师评	□是 □否
		能列举母线的常用保护类型	师评	□是 □否
3	能力	能查阅继电保护装置面板	师评	□是 □否
		能查阅母线保护动作情况	师评	□是 □否
		能判断母线相关保护的投退和定值情况	师评	□是 □否
		能安全进行母线分段保护装置点检	师评	□是 □否
4	总评	是否能够满足下一步内容的学习	师评	□是 □否

【课后作业】

1. 简述母线保护的装设原则。

2. 请完成 110kV 全真变电站分段保护盘柜点检报告。

职业能力二 母线差动保护

【核心概念】

母线差动保护：母线差动保护用通俗的定义，就是按照收、支平衡的原理进行判断和动作的；分为母线完全差动保护和不完全差动保护。

【学习目标】

1. 掌握母线差动保护的工作原理。

2. 理解母线差动保护的逻辑框图。

3. 能理解母线大差和小差的区别。

4. 掌握保护盘柜的校验流程。

【基本知识】

在母线保护中最主要的是母线差动保护。就其作用原理而言，所有母线差动保护均是反映母线上各连接单元电流互感器二次电流的向量之和。当母线上发生故障时，各连接单元的电流均流向母线；而在母线之外（线路上或变压器内部发生故障），各连接单元的电流有流向母线的，有流出母线的。母线上故障母差保护应动作，而母线外故障母差保护不动作。

母线差动保护和之前学习差动保护原理一致。但也有自己的特点。母线的差动回路包括母线大差回路和各段母线小差回路。大差回路是指除母联开关和分段开关外所有支路电流所构成的差动回路。小差回路是指该段母线上所连接的所有支路（包括母联和分段开关）电流所构成的差动回路。

大差比率差动用于判别母线区内和区外故障，小差比率差动用于选择故障母线。

以双母线电流差动保护为例，双母线电流差动保护单相原理如图 7-1 所示。

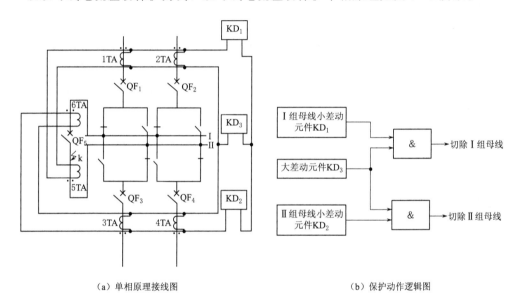

（a）单相原理接线图 　　　　　　　　　　（b）保护动作逻辑图

图 7-1　双母线电流差动保护单相原理

双母线电流差动保护由三组差动回路组成：

第一组由电流互感器 1、2、5 和第一组母线小差动元件 KD₁ 组成，用以选择 Ⅰ 组母线上的故障；

第二组由电流互感器 3、4、6 和第二母线小差动元件 KD₂ 组成，用以选择 Ⅱ 组母线上的故障；

第三组实际上是由电流互感器 1、2、3、4 和大差动元件 KD₃ 组成的完全电流差动保护，作为整套保护的启动元件，当任一组母线上发生故障时，KD₃ 都能启动，而当母线外部故障时不启动。

当大差动元件及某条母线的小差动元件同时动作后，才能切除故障母线。

目前，微机电流型母差保护在国内各电力系统中得到了广泛应用。

微机电流型母差保护的作用原理是

$$\sum_{j=1}^{n} \dot{I}_j = 0 \tag{7-1}$$

式中：n 为正整数；$\dot{I}_j$ 为母线所连第 j 条出线的电流。

即母线正常运行及外部故障时流入母线的电流等于流出母线的电流，各电流的向量和等于零。

当母线上发生故障时

$$\sum_{j=1}^{n} \dot{I}_j \geqslant I_{op} \tag{7-2}$$

式中：I_{op} 为差动元件的动作电流。

母线差动保护，主要由三个分相差动元件构成。另外，为提高保护的动作可靠性，在保护中还设置有启动元件、复合电压闭锁元件、电流互感器二次回路断线闭锁元件及电流互感器饱和检测元件等。

对于单母线分段或双母线的母线差动保护，每相差动保护由两个小差元件及一个大差元件构成。大差元件用于检查母线故障，而小差元件选择出故障所在的哪段或哪条母线。小差元件为某一条母线的差动元件，其引入电流为该条母线上所有连接元件电流互感器二次电流。接入大差元件的电流为二条（或二段）母线所有连接单元（除母联之外）电流互感器的二次电流。

双母线或单母线分段一相母线差动保护的逻辑框图如图 7-2 所示。

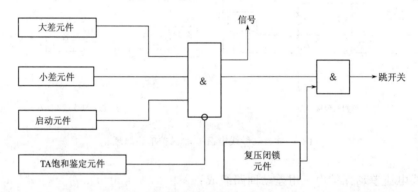

图 7-2 双母线或单母线分段母线差动保护逻辑框图（以一相为例）

由图 7-2 可以看出：当小差元件、大差元件及启动元件同时动作时，母线差动保护保护出口继电器才动作；此外，只有复合电压元件也动作时，保护才能跳开各断路器。

这是因为，母线差动保护是电力系统的重要保护。母线差动保护动作后跳断路器的数量多，它的误动可能造成灾难性的后果。为防止保护出口继电器误动或其他原因误跳断路器，通常采用复合电压闭锁元件。只有当母差保护差动元件及复合电压闭锁元件均动作之后，才能作用于各路断路器。为防止差动元件出口继电器误动或人员误碰出口回路造成的误跳断路器，复合电压闭锁元件采用出口继电接点的闭锁方式，即复合电压闭锁元件各对出口接点，分别串联在差动元件出口继电器的各出口接点回路中。跳母联或分段断路器的回路可不串复合电压元件的输出接点。

如果电流互感器饱和鉴定元件鉴定出差流越限是由于电流互感器饱和造成时，立即将母差保护闭锁。

【能力训练】（以 EDCS - 8180B 母线分段保护测控装置母线差动保护校验为例）

一、操作条件

1. 设备：微机型继电保护装置、继电保护测试仪。

2. 工具及图纸：螺丝刀、电流端子短路排、母线差动保护图册、继电保护装置技术说明书、保护定值单。

二、安全及注意事项

1. 试验前应检查屏柜是否有明显的损伤或螺丝松动。

2. 一般不要插拔装置插件，不触摸插件电路，需插拔时，必须关闭电源，释放手上静电或佩带静电防护带。

3. 使用的试验仪器必须与屏柜可靠接地。

三、操作过程及相关记录

试验前按下保护装置面板上的"差动投入""闭锁投入"按钮到"ON"状态使差动和闭锁元件投入运行，并将"电源检测"板上的"出口投入"开关合上。退出所有跳闸压板。

（一）模拟母线区外故障

条件：不加电压使"闭锁开放"灯亮。

任选同一条母线上的两条变比相同支路，在这两条支路中同时加入 A 相（或 B 相或 C 相）电流，电流的大小相等方向相反。母线差动保护不应动作，观察面板中显示：大差、小差电流都应等于零。

（二）模拟母线区内故障，校验差动起动元件

任选母线上的一条支路，短接支路元件的Ⅰ母线刀闸位置，通入一相大于比率差动门坎值的电流，并保证母差电压闭锁条件开放，使保护动作，检测比率差动门坎值。母线差动保护启动元件检验记录表见表 7 - 2。

表 7 - 2　　　　　　　　　母线差动保护启动元件校验记录表

相序	A 相	B 相	C 相	定值（I_{dset}）
动作值				

检查结果：_____

（三）复式比率制动特性校验

模拟区内故障：

（1）任选母线刀闸切在同一母线上的两条支路。

（2）在这两条支路上，同时加入一相电流，大小可调，方向相反。

（3）固定支路 1 的电流不变，改变支路 2 的电流大小，并保证母差电压闭锁条件开放，直至差动保护动作。

此时，差电流 $I_d = |I_1 + I_2|$，和电流 $I_r = |I_1| + |I_2|$，制动电流为 $I_r - I_d$。复式比率系数 $K_r = I_d/(I_r - I_d)$，计算出 K_r 值与定值比较。

表 7 - 3　　　　　母线差动保护比率制动特性校验记录

次数	I_1	I_2	差电流 I_d	和电流 I_r	比率系数 K_r
1					
2					
3					
4					

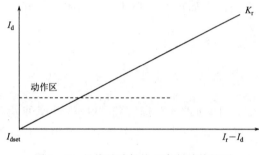

图 7 - 3　母线差动保护比率制动特性图

各测量四次，根据试验所得的数据可以作出近似图 7 - 3 的曲线。

（四）电压闭锁元件检查

在满足比率差动元件动作的条件下，分别检验保护的电压闭锁元件中相电压、负序和零序电压定值，误差应在 ±5% 以内。母线差动保护电压闭锁元件校验记录表见表 7 - 4。

表 7 - 4　　　　　母线差动保护电压闭锁元件校验记录表

项　　　目		整 定 值	动 作 值	
			Ⅰ母	Ⅱ母
相低电压（$U<$）	U_{ab}			
	U_{bc}			
	U_{ca}			
负序电压（U_2）				
零序电压（$3U_0$）				

四、学习结果评价

填写考核评价表，见表 7 - 5。

表 7 - 5　　　　　考 核 评 价 表

序号	评价内容	评 价 标 准	考核方式	评价结果（是/否）
1	素养	具有良好的合作意识，任务分工明确	互评	□是　□否
		能够规范操作，具有较好的质量的意识	师评	□是　□否
		能够遵守课堂纪律	师评	□是　□否
		遵守 6s 管理规定，做好实训的整理归纳	师评	□是　□否
		无危险操作行为	师评	□是　□否

续表

序号	评价内容	评　价　标　准	考核方式	评价结果（是/否）
2	知识	能理解并口述母差保护原理	师评	□是　□否
		能理解并指出母差保护中大差和小差元件	师评	□是　□否
		能理解母差保护动作后果	师评	□是　□否
3	能力	能查阅继电保护装置面板	师评	□是　□否
		能正确投退母线保护压板	师评	□是　□否
		能正确进行母线保护定值修改	师评	□是　□否
		能协助进行母线保护校验	师评	□是　□否
4	总评	是否能够满足下一步内容的学习	师评	□是　□否

【课后作业】

1. 简述母线完全差动保护的工作原理。

2. 完成母线差动保护校验，写出实验报告。

职业能力三　母线其他保护

【核心概念】

断路器失灵保护：又称为后备接线，是指当故障线路的继电保护动作发出跳闸脉冲后，断路器拒绝动作时，能够以较短时限切除同一发电厂或变电所内其他有关的断路器，以使停电范围限制为最小的一种后备保护。

【学习目标】

1. 理解母线充电保护的工作原理和应用。

2. 理解非全相保护。

3. 知道断路器失灵保护的逻辑及动作后果。

4. 掌握母线保护的校验。

【基本知识】

一、充电保护

母线充电保护也是临时性保护。在变电站母线安装后投运之前或母线检修后再投入之前，利用母联断路器对母线充电时投入充电保护。

母线充电保护的逻辑框图如图 7-4 所示。

由图可以看出：当母联电流的任一相大于充电保护的动作电流整定值时，保护动作跳开母联开关。

保护设置两段电流，低定值电流用于长线经变压器对母线充电，在控制回路中需加一较小延时 t；高定值电流用于直接经母联开关充电。LP_1、LP_2 分别为两种充电方式的投入压板。

母线空充电时，需解除母差保护，一般用母联断路器的手合辅助接点。

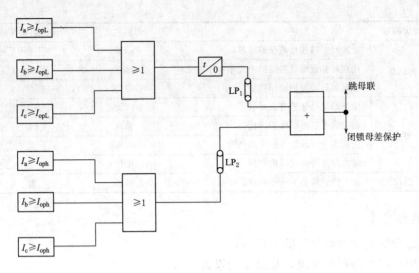

图 7-4 母线充电保护逻辑框图

I_a、I_b、I_c—母联电流互感器二次三相电流；I_{opL}—充电保护低定值；
I_{oph}—充电保护高定值；LP_1、LP_2—保护投入压板或控制字

二、母联断路器失灵保护

母线保护或其他有关保护动作后，跳开母联断路器的出口继电器接点闭合，但母联电流互感器二次仍有电流，即判为母联断路器失灵，去启动母联失灵保护。其中，母线保护包括：母线差动保护、充电保护或母联过流保护。其他有关保护包括：发变组保护、线路保护或变压器保护。

母联失灵保护逻辑框图如图 7-5 所示。

母联失灵保护动作后，经短时间延时（0.2～0.3s）切除Ⅰ母线及Ⅱ母线。

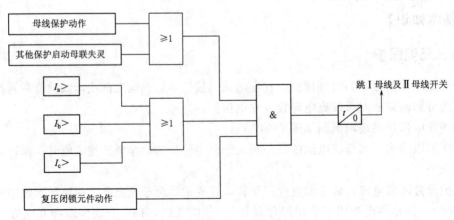

图 7-5 母联失灵保护逻辑框图

I_a、I_b、I_c—母联电流互感器二次三相电流

三、死区保护

本节指的死区，是母线差动保护的死区。

当故障发生在母联断路器及母联电流互感器之间时，母差保护无法切除故障。即母联断路器与母联电流互感器之间的区域是母线差动保护的死区。

为确保电力系统的稳定性，在微机型母线保护装置中设置了死区保护，用以快速切除死区内的各种故障。

母线死区保护的逻辑框图如图 7-6 所示。

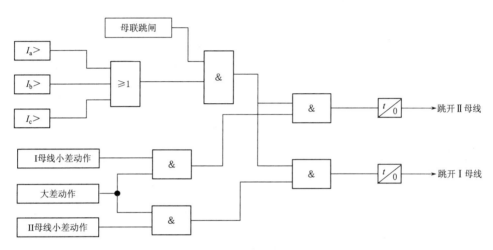

图 7-6　母线死区保护逻辑框图

$I_a>$、$I_b>$、$I_c>$—母联电流互感器二次三相电流大于某一值

由图 7-7 可以看出，当Ⅰ母线或Ⅱ母线差动保护动作后，母联开关被跳开，但母联电流互感器二次仍有电流，死区保护动作，经短延时跳开Ⅱ母线或Ⅰ母线（即跳开另一母线）上连接的各个断路器。

四、非全相保护

在运行中，当断路器（包括母联断路器）的一相断开时，将出现断路器非全相运行。非全相运行，会在电力系统中产生负序电流。负序电流危及发电机及电动机的安全运行。因此，切除非全相运行的断路器（特别是发变组的断路器），对确保旋转电机的安全运行，具有重要的意义。

断路器非全相运行保护是根据非全相运行时的特点（三相开关位置不一致及产生负序电流及零序电流）构成的。

母联断路器非全相运行保护的逻辑框图如图 7-7 所示。

当断路器非全相运行时，在 TWJA、TWJB、TWJC 三者中有一个闭合，而在 HWJA、HWJB、HWJC 三者中有两个闭合，m、n 两点之间导通；另外，由于流过开关的电流缺少一相，必将产生负序电流及零序电流。保护动作后，经延时切除非全相运行断路器。有时还去启动失灵保护。

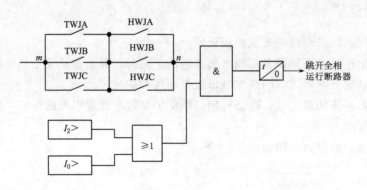

图 7-7 母联断路器非全相运行保护逻辑框图

TWJA、TWJB、TWJC—断路器 A、B、C 三相的跳闸位置继电器辅助接点,断路器跳闸后接点闭合;
HWJA、HWJB、HWJC—断路器 A、B、C 三相的合闸位置继电器,当断路器合闸后接点闭合;
$I_2>$—负序过电流元件;$I_0>$—零序过电流元件

五、断路器失灵保护

1. 断路器失灵

当输电线路、变压器、母线或其他主设备发生短路,保护装置动作并发出了跳闸指令,但故障设备的断路器拒绝动作,称为断路器失灵。

运行实践表明,发生断路器失灵故障的原因很多,主要有:断路器跳闸线圈断线、断路器操作机构出现故障、空气断路器的气压降低或液压式断路器的液压降低、直流电源消失及控制回路故障等。其中发生最多的是气压或液压降低、直流电源消失及操作回路出现问题。

系统发生故障之后,如果出现了断路器失灵又没采取其他措施,将会造成严重的后果,主要表现如下:

(1)损坏主设备或引起火灾。例如变压器出口短路,保护动作后断路器拒绝跳闸,将严重损坏变压器或造成变压器着火。

(2)扩大停电范围。如图 7-8 所示,当线路 L_1 上发生故障断路器 QF_5 跳开而断路

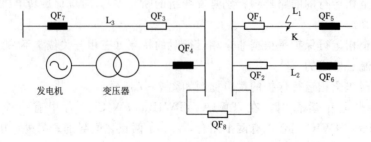

图 7-8 断路器失灵事故扩大示意图

器 QF_1 拒动时，只能由线路 L_3、L_2 对侧的后备保护及发电机变压器的后备保护切除故障，即断路器 QF_6、QF_7、QF_4 将被切除。这样扩大了停电的范围，将造成很大的经济损失。

（3）可能使电力系统瓦解。当发生断路器失灵故障时，要靠各相邻元件的后备保护切除故障，扩大了停电范围；另外，由于故障被切除时间过长，影响了运行系统的稳定性，有可能使系统瓦解。20 世纪 90 年代中期，西北某 330kV 线路上发生了接地故障，由于故障没即时切除，使某省南部电网瓦解。

2. 断路器失灵保护

为防止断路器失灵造成的严重后果，必须装设断路器失灵保护。

继电保护和安全自动装置技术规程中规定：在 220～500kV 电网，以及 110kV 电网的个别重要系统中，应按规定设置断路器失灵保护。

对断路器失灵保护的要求如下：

（1）高度的安全性和可靠性。断路器失灵保护与母线差动保护一样，其误动或拒动都将造成严重后果。因此，安全性及动作可靠性要求高。

（2）动作选择性强。断路器失灵保护动作后，宜无延时再次跳开断路器。对于双母线或单母线分段接线，保护动作后以较短的时间断开母联或分段断路器，再经另一时间断开与失灵断路器接在同一母线上的其他断路器。

（3）与其他保护的配合。断路器失灵保护动作后，应闭锁有关线路的重合闸。

对于 $1\frac{1}{2}$ 断路器接线方式，当一串中间断路器失灵时，失灵保护则应启动远方跳闸装置，断开对侧断路器，并闭锁重合闸。

对多角形接线方式的断路器，当断路器失灵时，失灵保护也应启动远方跳闸装置，并闭锁重合闸。

3. 断路器失灵保护的构成原理

被保护设备的保护动作，其出口继电器接点闭合，断路器仍在闭合状态且仍有电流流过断路器，则可判断为断路器失灵。

断路器失灵保护启动元件就是基于上述原理构成的。

4. 断路器失灵保护的构成原则

（1）断路器失灵保护应由故障设备的继电保护启动，手动跳开断路器时不能启动失灵保护。

（2）在断路器失灵保护的启动回路中，除有故障设备的继电保护出口接点之外，还应有断路器失灵判别元件的出口接点（或动作条件）。

（3）失灵保护应有动作延时，且最短的动作延时应大于故障设备断路器的跳闸时间与保护继电器返回时间之和。

（4）正常工况下，失灵保护回路中任一对触点闭合，失灵保护不应被误启动或误跳断路器。

5. 失灵保护的逻辑框图

断路器失灵保护由 4 部分构成：启动回路、失灵判别元件、动作延时元件及复合电压闭锁元件。双母线断路器失灵保护的逻辑框图如图 7 - 9 所示。

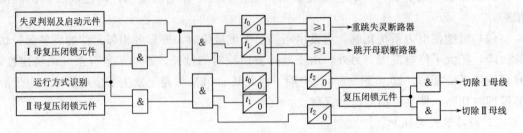

图 7 - 9　双母线断路器失灵保护逻辑框图

【能力训练】（本任务以 EDCS - 8180B 母线分段保护装置校验为例）

一、操作条件

1. 设备：微机型继电保护装置、继电保护测试仪。

2. 工具及图纸：螺丝刀、电流端子短路排、母线差动保护图册、继电保护装置技术说明书、保护定值单。

二、安全及注意事项

1. 试验前应检查屏柜是否有明显的损伤或螺丝松动。

2. 一般不要插拔装置插件，不触摸插件电路。需插拔时，必须关闭电源，释放手上静电或佩带静电防护带。

3. 使用的试验仪器必须与屏柜可靠接地。

三、操作过程

1. 母联充电保护校验

（1）将"母联充电保护"压板投入。

（2）在母联电流回路中加入一相电流，电流大于充电保护过流定值并小于母联失灵保护定值。

（3）在端子排上将"充电保护投入"端子与"开入回路公共端"端子短接。

（4）母线充电保护动作，跳母联开关。

2. 母联失灵保护校验

（1）在两段母线上各选一条支路。

（2）短接支路 1 的 I 母线刀闸位置及支路 2 的 II 母线刀闸位置接点。

（3）在两条支路和母联上同时加一相电流，电流方向相同，大小相等。要求电流大于差动门坎定值，大于母联失灵保护定值，母联电流持续加入，并保证母差电压闭锁条件开放。

（4）母差保护切除母联和 II 母线所有支路，母联失灵逻辑将另一段母线切除。

母联失灵保护校验表见表 7 - 6。

表 7 - 6 母联失灵保护校验表

失灵保护电流	整 定 值	动 作 值		
		A	B	C
l_k				

3. 失灵电压闭锁元件检验

在满足失灵电流元件动作的条件下，分别检验保护的电压闭锁元件中相电压、负序和零序电压定值，误差应在 ±5% 以内。失灵闭锁原件校验表见表 7 - 7。

表 7 - 7 失灵闭锁原件校验表

项 目		整 定 值	动 作 值	
			Ⅰ母线	Ⅱ母线
相低电压 ($U_k<$)	U_{ab}			
	U_{bc}			
	U_{ca}			
负序电压 (U_{2k})				
零序电压 ($3U_{0k}$)				

4. 母联死区保护

（1）母联开关处于合位时的死区故障。用母联跳闸接点接入母联跳位开入接点，按上述步骤模拟Ⅰ母线区内故障，保护装置发出母联跳闸指令后，继续通入故障电流，经 50ms 母联死区保护动作后将另一条母线切除。

检查结果：＿＿＿＿＿＿＿＿＿＿＿＿＿＿

（2）母联开关处于跳位时的死区保护。短接母联 TWJ 开入节点（TWJ＝1），按上述试验步骤模拟Ⅰ母线区内故障，保护应只跳死区侧母线（即Ⅱ母线所有支路）。注意：故障前两母线电压必须均满足电压闭锁条件，另外故障时间不要超过 300ms。

检查结果：＿＿＿＿＿＿＿＿＿＿＿＿＿＿

5. 电流回路断线闭锁检查

（1）在Ⅰ母线和Ⅱ母线电压回路加入正常电压。

（2）在某一支路加入 A 相电流，电流值大于 CT 断线定值。

（3）经延时，装置"CT 断线"信号灯亮。

（4）将电流值调至大于差动门坎定值。

（5）将母线电压降至 0V。

（6）母差保护不应动作。

检查结果：＿＿＿＿＿＿＿＿＿＿＿＿＿＿

6. 电压回路断线告警检查

任一段非空母线失去电压，6s 后发出 TV 断线告警，该段母线的复合电压元件动作，对保护没有影响。

（1）Ⅰ母线电压回路加入正常电压。

（2）将其中一相电压降至0V。

（3）经延时，装置"PT断线"信号灯亮。

检查结果： _____

四、学习结果评价

填写考核评价表，见表7-8。

表 7 - 8 考 核 评 价 表

序号	评价内容	评 价 标 准	考核方式	评价结果（是/否）
1	素养	具有良好的合作意识，任务分工明确	互评	□是 □否
		能够规范操作，具有较好的质量的意识	师评	□是 □否
		能够遵守课堂纪律	师评	□是 □否
		遵守6s管理规定，做好实训的整理归纳	师评	□是 □否
		无危险操作行为	师评	□是 □否
2	知识	能理解母线充电保护原理	师评	□是 □否
		能理解断路器失灵保护原理和动作后果	师评	□是 □否
		能理解非全相保护原理	师评	□是 □否
3	能力	能查阅继电保护装置面板	师评	□是 □否
		能正确投退母线保护压板	师评	□是 □否
		能正确进行母线保护定值修改	师评	□是 □否
		能协助进行母线保护校验	师评	□是 □否
4	总评	是否能够满足下一步内容的学习	师评	□是 □否

【课后作业】

1. 何为断路器失灵保护？对失灵保护有哪些要求？

2. 按保护定值单，完成母线保护定值校验，写出实验报告。

❖ 本 章 小 结 ❖

母线是电力系统中非常重要的元件之一，母线发生短路故障，将造成非常严重的后果。母线保护方式有两种，即利用供电元件的保护作为母线保护和设置专用母线保护。

低压电网中发电厂或变电站母线大多采用单母线，与系统的电气距离较远，母线故障不至于对系统的稳定和供电可靠性带来严重影响，所以可以利用供电元件的保护装置来切除母线故障。随着电力系统规模和容量的不断扩大，对高压重要母线普遍装设专门的快速保护，通常为母线差动保护。

完全电流差动保护工作原理基于基尔霍夫定律。比相式母线保护是通过比较接在母线上所有线路的电流相位，正常运行时，至少有一回路线路的电流方向与其他回路方向不同。

除了母线差动保护之外，还会根据母线所处的电压等级及母线的接线方式配备充电保护、死区保护、断路器失灵保护等母线保护类型。保证母线保护可靠性和快速性。

电 力 小 课 堂

"双碳"目标下，电力是主力军

气候变化是当今人类面临的重大全球性挑战。我国作为第一大碳排放国，在全球气候治理中起着关键作用。

达成"双碳"目标，能源是主战场，电力行业是主力军。实现"碳中和"的核心是控制碳排放。能源燃烧是我国主要的二氧化碳排放源，占全部二氧化碳排放的88％左右，电力行业排放约占能源行业排放的41％，减排任务很重。我国95％左右的非化石能源主要通过转化为电能加以利用。电网连接电力生产和消费，是重要的网络平台，是能源转型的中心环节，是电力系统碳减排的核心枢纽。

能源作为电力系统的上游，是建设安全、可靠、绿色、高效的现代化电网的基础。电力系统应增强电网对高比例新能源的接纳、调控和优化配置能力，通过数字电网推动新型电力系统的建设。建设能源互联网形态下的多元融合高弹性电网，让能源系统中的源网荷储得以互动，从而实现保障能源安全、推动低碳发展、降低用能成本的"三重目标"。

工作任务八　智能变电站保护

职业能力一　智能变电站的特征

【核心概念】

智能变电站：是采用先进、可靠、集成、低碳、环保的智能设备，以全站信息数字化、通信平台网络化、信息共享标准化为基本要求，自动完成信息采集、测量、控制、保护、计量和监控等基本功能，并可根据需要，支持电网实时自动控制、智能调节、在线分析决策和协同互助等高级功能，实现与相邻变电站、电网调度等互动的变电站。

【学习目标】

1. 了解智能变电站的结构。
2. 了解智能变电站的发展背景和趋势。
3. 了解智能变电站和常规变电站的区别。

【基本知识】

（一）智能变电站的概念

智能变电站的概念是伴随着智能电网而出的，是实现智能电网的重要基础和支撑。

伴随着工业控制信息交换标准化需求和技术的发展，国外提出了以"一个世界，一种技术，一种标准"为理念的新的信息交换标准：IEC 61850 标准。在国内，现有信息交换技术在变电站自动化领域体现出来的种种弊端严重制约了生产管理新技术的提高，因此，采用 IEC 61850 实现信息交换标准化已经成为国内电力自动化业界的一致共识。同时，国家电网公司又提出了"建设数字化电网，打造信息化企业"的战略方针，如何提高变电站及其他电网节点的数字化程度成为打造信息化企业的重要工作之一。数字化变电站就是在这样的背景下提出来的。因此，数字化变电站是变电站自动化发展及电网发展的结果。

如今，我国微机保护在原理和技术上已相当成熟，常规变电站发生事故的主要原因在于电缆老化接地造成误动、CT 特性恶化和特性不一致引起故障、季节性切换压板易出错等。这些问题在智能变电站中都能得到根本性的解决。

另外，微机技术和信息、通信技术、网络技术的迅速发展和现有的成熟技术也促成了数字化技术在电力行业内的应用进程。这几年国内智能化一次设备产品质量提升非常快，从一些试运行站的近期反馈情况可以看出，智能化一次设备已经从初期的不稳定达到了基本满足现场应用的水平。工业以太网是随着微机保护开始应用于电力系统的，更是成为近几年的变电站自动化系统的主流通信方式。大量的工程实践证明站控层与间隔层之间的以太网通信的可靠性不存在任何问题。而间隔层与过程层的通信对实时性、可靠性提出了更高的要求，但通过近两年的研究与实践，这一难点问题也已经解决。可以说原来制约数字化变电站发展的因素目前已经得到逐一排除。

智能变电站是智能电网电力流、信息流、业务流汇集的焦点。智能电网中完整、准确、及时、一致和可靠的信息采集，为电力系统运行提供大范围的情境知晓和动态可视化。构建的测控保护体系可以减轻电网的阻塞和缩小瓶颈，防范系统大停电事故，是实现智能电网的重要基础和支撑。

（二）智能变电站与传统变电站的区别

智能变电站与传统变电站相比，主要需对过程层和间隔层设备进行升级，将一次系统的模拟量和开关量就地数字化，用光纤代替现有的电缆连接，实现过程层设备与间隔层设备之间的通信。常规变电站与智能变电站的比较如图8-1所示。

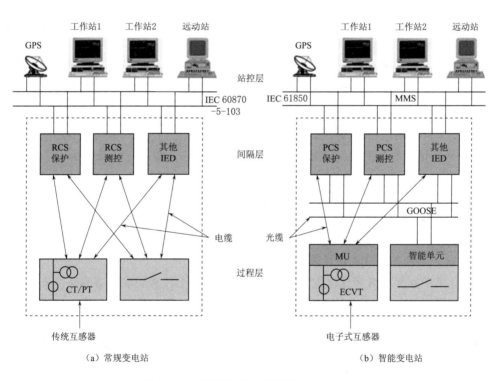

图 8-1　常规变电站与智能变电站的比较

根据实现功能，数字化（传统）变电站划为三层结构，即过程层、间隔层、站控层。按照报文传输格式，数字化变电站网络分为三类，即数据采样（SMV）、控制信号（GOOSE）、信息管理（MMS）。从图8-1看出两者的区别，主要在于以下几个方面。

1. 过程层设备的区别

（1）采样值实现。常规站用互感器和智能站用电子式互感器的优缺点对比见表8-1。

表 8-1 常规互感器与电子式互感器对比

序　号	比　较　项　目	常　规　互　感　器	电子式互感器
1	绝缘	复杂	绝缘简单
2	体积及重量	大、重	体积小、重量轻
3	CT 动态范围	范围小、有磁饱和	范围宽、无磁饱和
4	PT 谐振	易产生铁磁谐振	PT 无谐振现象
5	CT 二次输出	不能开路	可以开路
6	输出形式	模拟量输出	数字量输出

因为电子式互感器是近年来发展起来的新设备，其测量精度、暂态特性、抗干扰能力、长期运行可靠性、温度稳定性等问题有待实践证明，特别是光学互感器、存在设备能否长期可靠运行的问题，故目前智能站也会采用"常规互感器＋就地合并单元（MU）"来实现互感器的就地数字化。

（2）开关设备。常规站用传统开关设备和间隔层设备电缆连接。

智能站采用"传统开关设备＋智能终端"就地完成开关数字化，将位置信息和控制信息转化为 GOOSE 光纤数字信号和间隔层设备交互。

2. 过程层网络的区别

常规站不存在过程层网络的概念，一次设备和间隔层设备之间通过大量的电缆直接互连，电缆用量和二次回路较复杂，但长期以来也积累了成熟的经验。

智能站采样值通过电子式互感器（或常规互感器＋合并单元）实现数字化，组建过程层（SV）采样值光纤数字传输网络；一次开关设备通过智能终端完成数字化，经控制信号（GOOSE）光纤网络完成开关设备位置信息、控制信息的传输。根据不同的现场需求，GOOSE 和 SV 网络可以是相互独立的网络架构，也可是"SV＋GOOSE"二合一网络形式。过程层的网络化大大简化了常规综自站中复杂的二次回路电缆，通过文件配置和虚端子连接等进行管理，并可实施监测链路状态。

3. 保护、测控等间隔层设备的区别

智能化站中新型的数字化保护装置在核心逻辑算法上和常规综自站的保护装置没有大的差别，仅针对 SV 或 GOOSE 的通信特点做了相应的处理。装置的交流头插件被 SV 采样值光口板所代替，开入开出板卡被 GOOSE 光口板所代替。保护本身仅保留 CPU 插件完成保护算法以及键盘、液晶等人机界面。常规电站保护示意图如图 8-2 所示，智能电站保护示意图如图 8-3 所示。

智能站中的测控装置一般通过过程层（SV）网络接收电流电压测量值，通过控制信号（GOOSE）完成信息量采集和控制命令下发等功能。

保护、测控的间隔层设备对过程层均支持光纤通信接口，数据基于统一标准建模，各 IED 设备间的信息共享和互操作性要大大优于常规站。对上接口均符合 IEC 61850 规范要求，因此智能站中规约转换装置所接设备的数量降低。

网络化二次设备要求其具有数字化接口、满足电子式互感器的要求、满足智能开关的要求、网络通信功能满足 IEC 61850 的要求。

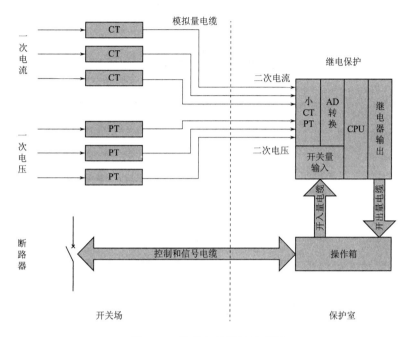

图 8-2 常规电站保护示意图

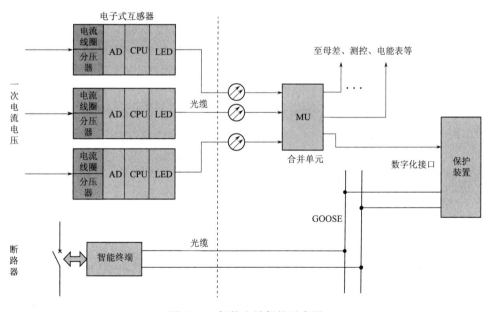

图 8-3 智能电站保护示意图

4.站控层网络的区别

站控层网络在智能站及常规综自站中最大变化在于规约的变化，常规综自站的网络103规约因各设备厂家对其理解区别较大，设备间的信息交互能力差，不利于信息共享。

在智能站中均按照统一规范进行数据建模，体现出智能化站信息共享能力和互操作性能好的优势。

5. 光缆和电缆用量区别

常规电站更多用电缆连接，智能电站多用光缆连接，主要对比见表8-2。

表8-2   光缆和电缆用量对比

序号	比较项目	常 规 电 站	智 能 电 站
1	电缆用量	多	少
2	光缆用量	少	多
3	建设费用	用量大，电缆采用铜材料，造价高	增加了光缆的熔接工作，维护量高，有了光纤就更增加了交换机的数量（省了电缆的费用，增加了交换机的费用）
4	运行可靠性	多年来运行可靠	有待提升

6. 数据同步的区别

常规站不依赖同步时钟对时，常规互感器通过电缆接到保护装置，保护CPU在同一时刻发锁存指令，各相采样数据为"一刀切"的方式，天生是同步的，保护装置根据采样的数据判断是否故障。

智能站从电子式互感器出来数字量后要送到保护、计量等设备，需要考虑数据同步的问题，特别对于差动类保护要求保护功能的实现不依赖于对时。故在智能站中，电子式互感器的过程层设备及保护均需利用差值算法等有效措施保证采样数据的同步。直接采样因MU到保护的数据延时固定，即便MU失步也不影响差动功能的实现，不依赖于对时系统，而网络采样的方式却不得不保证时钟系统的可靠性，若失步有可能会闭锁保护。

7. 网络通信及交换机配置的区别

（1）网络通信。智能化变电站中采集（数字式互感器、合并单元）、控制（智能终端）、应用（各类保护测控装置）三者往往相对分离，通过网络连接。因此，网络通信的可靠性与信息传输的快速性直接决定了系统的可用性，网络通信的重要性上升到前所未有的高度，网络设备与保护装置同等重要。

网络通信的可靠性主要通过选择具有高可靠性的网络拓扑结构以及采用冗余技术保证。

（2）交换机。常规站中交换机仅使用在站控层或间隔层，一般为电口百兆交换机，中心交换机级联时可考虑使用千兆口或采用光口连接。过程层没有实现网络化，不存在过程层交换机的概念。

智能站除了站控层、间隔层交换机以外其他与常规站中配置的要求大致类似，主要区别是增加了过程层交换机的配置。过程层多为光口交换机，用于传输SV或GOOSE信息，过程层交换机的使用和维护相对复杂，需要考虑数据流向及流量的划分以保障过程层信息传输的可靠。如划分VLAN或动态组播方式等在扩建间隔时需要考虑对过程层交换机配置的相应更改。尤其在网采网跳时，过程层交换机的重要性应和保护设备平级。

8. 回路设计、运行维护、试验检测和设备管理的区别

智能变电站取消了大部分的电缆连接，取而代之的是设备之间的信号软连接，而这些连接信息以及变电站设备模型都保存在变电站及装置配置文件中，因此带来了变电站的建设、技改、扩建二次回路设计方式的重大变革。

由于信号采用网络传输方式，现有的运行操作、检修、试验均发生很大的变化，如软压板取代硬压板带来运行操作的变化；设备检修、故障消除带来安措的变化、现场调试方法的变化。同时，合并单元、智能终端、交换机、工程文件（全站配置文件、装置配置文件、交换机配置文件等）的管理对继电保护可靠运行至关重要，同时对运行维护和设备管理提出了新的要求。

9. 部分功能实现的区别

常规站的电压切换和电压并列由专门的嵌入式装置完成，而智能站的电压切换和电压并列功能集成在合并单元内完成。

另外，智能站中故障录波器可直接采集 SV 和 GOOSE 光纤信号。增配网络分析仪设备完成对 MMS 网络及过程层网络的报文存储、监视、分析。

智能站中数字接口电能表为全数字处理系统，获取的是已经数字化的电流电压瞬时值，电能表在电量计算的过程中理论上不产生误差。其精度高于常规电度表，其原因是：①不存在二次电缆压降的问题；②没有电表自身的误差。数字式电度表通过 RS485 接口。标准规约（DL 645）和电表处理器通信，对处理器没有特殊要求。数字电表在得到国家计量部门认可的基础上，还需通过省电力研究院的计量检测，以获得本省的入网许可证。

10. 二次系统检修的变化

应用电子式互感器，现场无须校验电流或电压互感器的极性，极性由安装位置决定；使用现场不存在回路电阻问题，无须测试回路电阻；合并单元输出的数据均带有品质标记，可保证不会使用错误的数据；现场无须进行二次回路接线检查，减轻了查线工作量；由于取消了二次电缆而采用光纤通信，光纤回路是绝缘的，没有接地的可能，减轻了现场查接地的工作量。

(三) 智能变电站模式

随着智能化技术的发展和应用的深入，我国数字化变电站进入了一个快速发展的新阶段。按照应用 IEC 61850 协议的程度和对继电保护系统的影响，变电站类型主要分为以下三种模式。

1. 模式一

模式一智能变电站结构层次如图 8-4 所示，特点如下：

(1) 站内继电保护配置、设计、应用与现有技术规程相一致，采用常规互感器和传统的跳闸方式，保护装置和互感器、断路器之间以电缆相互连接。

(2) 保护装置通信采用 IEC 61850 规约，实现保护与监控后台、继电保护故障信息系统子站的信息交换。

(3) 间隔层和站控层设备之间采用双星型网络（MMS）和 IEC 61850 规约通信，采

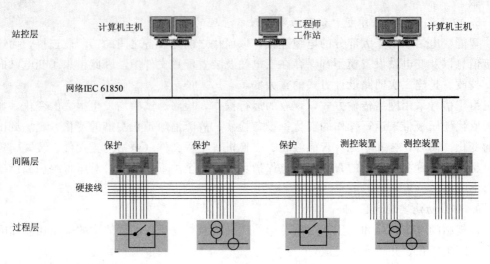

图 8-4 模式一智能变电站结构层次图

用统一建模，实现了数据共享，提高了互操作能力。

（4）能够满足智能电网对变电站信息的需要。

（5）继电保护运行模式与传统一致，与现有的规程、规定相适应。

2. 模式二

模式二智能变电站结构层次如图 8-5 所示，特点如下：

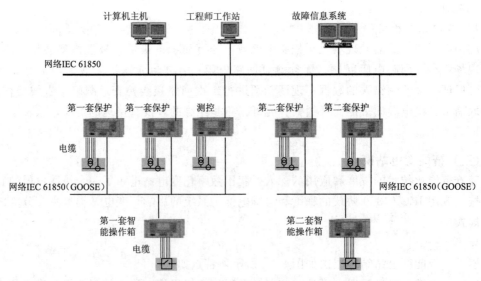

图 8-5 模式二智能变电站结构层次图

（1）站内模拟量采用常规互感器一对一电缆连接，开关量（如断路器运行状态、保护跳闸等）采用网络方式传输，智能操作箱就地布置，网络通信采用 IEC 61850 规约。

（2）保护装置交流回路采用电缆接线，通过 GOOSE 网络实现跳闸，不再以物理连接

（硬压板）作为电气隔离，采用软件控制（软压板）。

（3）站控层和间隔层采用单环网（MMS），间隔层和过程层采用单星型（GOOSE）网络双重化配置，按间隔配置交换机。

（4）能够满足智能电网对变电站信息的需要。

（5）二次回路网络化后，对现有的设计、运行操作、检修、试验产生很大的影响，对继电保护运行维护和设备管理提出了新的要求。

3. 模式三

模式三智能变电站结构层次如图 8-6 所示，特点如下：

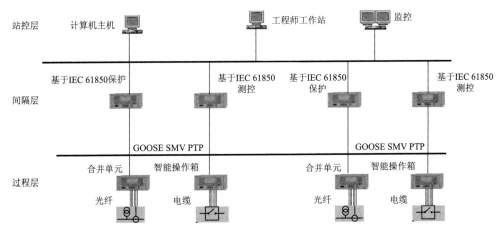

图 8-6 模式三智能变电站结构层次图

（1）站内采用电子式互感器或"常规互感器＋就地合并单元"，开关量（如断路器运行状态、保护跳闸等）采用网络方式传输，智能操作箱就地布置，网络通信采用 IEC 61850 规约。

（2）保护装置通过网络与电子式互感器连接，改变装置内部采样回路，跳闸通过 GOOSE 实现网络跳闸方式，也可采用"直采直跳"方式。

（3）站控层、间隔层和过程层均采用网络传输，按间隔配置交换机，数据传输 SMV、信号传输 GOOSE 和时钟同步（1588 时钟）共网运行。

（4）能够满足智能电网对变电站信息的需要。

（5）采样数字化、二次回路网络化后，规程、规定应适应新模式的要求。

三种模式的智能变电站技术对比见表 8-3。

表 8-3　　　　　　　　三种智能变电站模式技术对比表

模式类型	站控层	间隔层	过程层（开变量）	过程层（模拟量）
模式一	采用 IEC 61850 规约（MMS）	与站控层采用 IEC 61850 规约（MMS）；与过程层用电缆连接	电缆连接	电缆连接
模式二	采用 IEC 61850 规约（MMS）	与站控层采用 IEC 61850 规约（MMS）；与过程层（开关量）采用 IEC 61850 规约（GOOSE）；与过程层（模拟量）采用电缆连接	使用智能终端与间隔层采用 IEC 61850 规约（GOOSE）	电缆连接

续表

模式类型	站控层	间 隔 层	过程层（开变量）	过程层（模拟量）
模式三	采用 IEC 61850 规约（MMS）	与站控层采用 IEC 61850 规约（MMS）；与过程层采用 IEC 61850 规约（GOOSE）	使用智能终端与间隔层采用 IEC 61850 规约（GOOSE）	使用电子式互感器或"常规互感器＋就地合并单元"与间隔层采用 IEC 61850 规约（SMV）

【能力训练】

一、操作条件

1. 资源：收集智能变电站相关的图片、资料。
2. 工具：计算机、手机。

二、安全及注意事项

（1）在收集资料时，注意分辨数据的准确性。
（2）通过互联网、图书馆、数据库等多种方式查找文献。

三、操作过程

1. 分小组进行，各小组选择一名组长，负责任务分工。
2. 使用思维导图软件绘制智能变电站思维导图，要求具有典型图片和简洁的文字说明。
3. 最后通过小组提交所完成的思维导图并进行组内自评与组间互评。

四、学习结果评价

填写考核评价表，见表 8-4。

表 8-4　　　　　　　　　考 核 评 价 表

序号	评价内容	评 价 标 准	考核方式	评价结果（是/否）
1	素养	具有良好的合作意识，任务分工明确	互评	□是　□否
		能够规范操作，具有较好的质量的意识	师评	□是　□否
		能够遵守课堂纪律	师评	□是　□否
		遵守 6s 管理规定，做好实训的整理归纳	师评	□是　□否
		终身学习	师评	□是　□否
2	知识	能理解常规变电站自动化系统的缺点	师评	□是　□否
		能了解智能变电站的特点	师评	□是　□否
3	能力	自主学习查阅智能变电站相关素材	师评	□是　□否
		能通过互联网、图书馆、数据库等多种方式查找文献	师评	□是　□否
4	总评	是否能够满足下一步内容的学习	师评	□是　□否

【课后作业】

1. 智能变电站和常规变电站相比主要的区别在哪里？
2. 智能变电站的发展趋势是什么？

职业能力二　智能变电站保护配置

【核心概念】

变电站自动化系统（Substation Automation System，SAS）：由各种智能电子装置（Intelligent Electronic Device，IED）和站控层监控主机等组成的，主要包括保护、测控、电能质量管理等多个子系统。

智能电子装置（IED）：智能变电站中 IED 常被用来表示互感器合并单元、断路器智能终端、微机保护装置和测控装置等物理实体。

【学习目标】

1. 了解智能变电站继电保护系统的结构。
2. 了解智能变电站继电保护结构的组成单元。
3. 了解智能变电站继电保护系统与常规继电保护的区别。

【基本知识】

一、继电保护系统结构

智能变电站继电保护系统结构和常规变电站相比有很大的差异，将原来独立继电保护装置的功能分解在不同的 IED 中实现，如图 8-7 所示。间隔层的继电保护 IED 只需完成

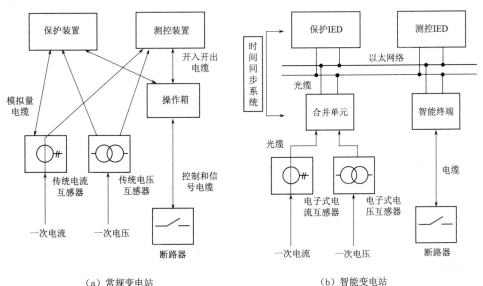

（a）常规变电站　　　　　　　　　（b）智能变电站

图 8-7　常规变电站和智能变电站继电保护系统图

保护数据算法、逻辑处理及数据通信等相对较少的功能，而数据的采集和对断路器的控制等功能从保护装置中分离出来，由过程层电子式互感器的合并单元及断路器的智能终端等IED 设备完成。在智能变电站中，实现继电保护功能的设备主要集中在过程层与间隔层，其中还包括两层之间的过程层网中，这使得影响继电保护可靠性的因素和环节更加复杂和多元化。

在保护系统结构方面，数据采集侧以电子式互感器取代传统的电磁式互感器，采集的信息经过合并单元汇集后，以一定的格式编制成 SV 报文，经由交换机通过以太网络传递至间隔层的保护单元。而在断路器侧，智能终端作为一次设备的智能组件，用于接收保护单元以 GOOSE 报文发来控制断路器的动作，而且负责采集断路器的开关位置等状态信息以 GOOSE 报文形式上传给保护单元。从信息传递的角度来看，高速以太网取代了传统的二次电缆，实现了各 IED 设备之间的信息共享。时间同步系统保证了信息带有精准时标。

二、继电保护配置

为了及时发现变压器、母线、线路、电容器组、断路器等一次设备的异常和故障状态，必须设置相应的保护功能。智能变电站从信息共享的角度，在 110kV 及以下电压等级的变电站采用保护测控一体化装置；对于 220kV 及以上电压等级变电站，为了保证可靠性，保护和测控单元均采用独立装置。但是从技术原理的角度来看，智能变电站继电保护的功能配置与常规变电站基本相同，还没有发生根本性的改变。

智能变电站将继电保护配置分为两层，即过程层和变电站层，然后根据每层不同的情况来进行设备的铺设。过程层主要针对变电站的一次侧，对变电站的一次侧进行主保护，并针对不同的情况进行不同配置，对于智能化的一次设备，直接将主保护设备安装在一次侧内部，对于老旧的一次设备，则集合保护、测控等功能集中安装在一次设备附近的汇控柜中。变电站层的保护装置是对全站的电压进行集中配置，确保变电站供电的安全可靠。

1. 过程层继电保护

过程层继电保护方法主要包括线路保护、变压器保护、电抗器保护、母线保护和以同步的方法来进行保护。

（1）线路保护。线路保护运用于各电压等级间的间隔单元，以纵联差动或纵联距离作为主保护，通过对光纤接口和侧线路的保护装置实现纵联保护功能。线路保护有完善的保护测量以及实时监控通信功能，为高低压配电及发电厂等系统控制提供了有效的解决方案，使得高低压电网能够和其他的自动化设备相集成，通过通信接口可集中安装或就地安装在高低压开关柜中，确保高低压电网的安全稳定供电。

（2）变压器保护。变压器保护的过程层主要采用分布式配置，对变压器实现差动保护，变压器的后备保护仍然能够集中式的安装，通过电缆接入断路器的跳闸线圈的，则需要进行单独的安装。变压器保护将控制、保护、监视等多种功能集成在一个模块中，构成了完整的理想的智能化开关柜。

（3）电抗器保护。电抗器也是电感器。任何一个电器元件在通电时都会产生相应的磁场，因此能够载流的电导体具有与其自身市场相对应的电感性。通电长直导体产生的磁场不强，因而它的电感性也较小。空心电抗中加入铁芯，提高导体的电感性，称为铁芯电抗。电抗器过程层的保护配置与变压器的保护完全相同。

（4）母线保护。母线保护中重要的组成部分就是电力系统的保护。母线在传输和分配的过程中都有着非常重要的作用，是电力系统中最为重要的设备之一。总线直接与多个系统设备相连接，为其提供电源，因此母线的安全性也是整个电力系统中最为重要的一环，一旦母线发生故障，轻则导致局部元件失效，重则直接影响整个电力系统运行，甚至会由于瞬间电压变化过大对设备造成严重的损坏。电力系统的不断发展，智能化变电站的出现，对母线保护的要求也越来越高，母线保护的快速、可靠、灵敏也成为母线保护配置中最为主要的考虑方向。

（5）同步方法保护。可以将变电站内的变压器保护和母线保护看成一个多端的线路保护，这就可以采用线路保护的同步采样方法来实现保护装置的采样。目前国内所采用的采样方法主要基于乒乓原理，包括采样数据校正法和采样时间调整法两种类型。采样数据校正法也可以称为矢量同步法，可以同步校正各端保护装置的独立采样信息，并且不会受到通信干扰的影响。采样时间调整法则是主站采样相对独立，从站必须根据主站的采样来进行实时的调整，从而确保两站之间的同步采样信息高精度。这相较于传统的保护装置有明显的提高和简化。

2. 变电站层继电保护

变电站层继电保护配置有集中式的后备保护，对全站电压进行集中配置、统一管理。这种集中式后备保护装置具有自适应和实时的自调整技术，同时实现广域保护的功能。由于后备保护系统的覆盖范围有限，将每个变电站的保护范围分为近后备保护范围和远后备保护范围两个部分。前者包含该变电站的所有母线和出线，后者包含母线与对端母线连接的所有线路。这种对保护范围进行具体划分的独立的后备保护系统能够对变电站元件的电压电流信息以及其他的数据信息进行实时采样和监控，能够及时对故障点进行确定并制定相应的应急策略，做出最优的故障处理方案。

三、保护结构组成单元

1. 电子式互感器

电子式互感器从测量原理可分为有源式和无源式。有源式电流互感器（ECT）主要有 Rogowski 空芯线圈型和低功耗铁芯线圈型，有源式电压互感器（EVT）主要有电阻分压型和电容分压型。无源式电流互感器（光学电流互感器 OCT），目前研究和应用的主要基于 Faraday 磁旋光效应原理。无源式电压互感器（光学电压互感器 OVT），目前研究的主要基于 Pockels 效应和基于逆压电效应原理。

由于电子式互感器稳定性问题尚未得到有效解决，智能变电站已确定不再以电子式互感器的应用为主要标志。

2. 合并单元

合并单元（MU）是电子式互感器与二次系统的通用接口，一台合并单元可以汇集多达 12 路互感器。输出数据在同步信号作用下打上统一的时间标签后，给二次设备提供一组时间一致的数字化电压和电流数据。MU 是遵循 IEC61850 标准的变电站间隔层、站控层设备的数据来源，是实现二次设备数据共享的基础常规的电磁式互感器，也可以经合并单元数字化后经网络传输采样值。

由于合并单元需要接入多个电子式互感器或传统互感器信号，继电保护系统也可能需要接入多个合并单元的信号。因此，合并单元并行处理的高效性和时间同步性是运行的关键问题。

3. 以太网交换机

交换机的运用是智能变电站的一大特点，是智能变电站继电保护系统信息流上一个重要环节。以交换机为核心设备的以太网络代替了常规保护系统以电缆连接为主的信息传递模式。过程层网络交换技术是在开放系统互联 OSI 模型的第二层——数据链路层上实现的，所以"交换"实际上是指数据帧的转发。以太网交换机给每一对端口提供独占的网络带宽。数据帧在交换机内的转发，会带来一定的交换延时。

智能变电站的交换机均支持根据各种应用和信息流的优先级分类实施优先传输功能，并且通过虚拟局域网（VLAN）技术有效分配变电站内的网络负载，实现安全隔离的虚拟网络分区功能。

4. 保护 IED

目前智能变电站保护 IED 依然采用常规已经成熟的保护逻辑，同时将数字化数据采集和对断路器控制的功能下放至过程层。

国内成熟保护装置的采样频率一般为每工频周期 24 点、48 点或 96 点等，是 2 的整数倍关系，由此也形成了相应的保护算法。智能变电站针对保护应用的合并单元采样频率一般为每工频周期 80 点，与常规保护装置的采样频率不一致，而且无法通过简单的抽点方式实现转换，需要采用插值方式进行采样频率的转换。

无论是高采样频率的采样数据转换为低采样频率，还是低采样频率的采样数据转换为高采样频率，都需要滤除高采样频率采样数据中的高频分量，关键是设计满足精度和时延要求的低通滤波器。

5. 智能终端

智能终端（IT）可以对断路器进行实时的状态检修和智能化控制。智能终端是一次设备的智能组件，作为过程层设备与一次设备采用电缆连接，与保护、测控等二次设备采用光纤连接，实现对一次设备的测量和控制等功能。

智能终端主要功能一是接收从保护装置传来的跳合眩命令，对断路器进行开断控制；二是将断路器的实时信息上传至保护单元或站控层，使得远方工程师站可以实时接收到断路器的运行状态。

【能力训练】

一、操作条件

1. 资源：收集智能变电站保护配置相关的图片、资料。
2. 工具：计算机、手机。

二、安全及注意事项

1. 在收集资料时，注意分辨数据的准确性。

2. 通过互联网、图书馆、数据库等多种方式查找文献。

三、操作过程

1. 分小组进行，各小组选择一名组长，负责任务分工。

2. 使用思维导图软件绘制智能变电站保护结构组成单元，要求具有典型图片和简洁的文字说明。

3. 最后通过小组提交所完成的思维导图并进行组内自评与组间互评。

四、学习结果评价

填写考核评价表，见表 8 - 5。

表 8 - 5　　　　　　　　　考 核 评 价 表

序号	评价内容	评 价 标 准	考核方式	评价结果（是/否）
1	素养	具有良好的合作意识，任务分工明确	互评	□是　□否
		能够规范操作，具有较好的质量的意识	师评	□是　□否
		能够遵守课堂纪律	师评	□是　□否
		遵守 6s 管理规定，做好实训的整理归纳	师评	□是　□否
		终身学习	师评	□是　□否
2	知识	能了解智能变电站保护配置	师评	□是　□否
		能了解智能变电站的保护结构组成	师评	□是　□否
3	能力	自主学习查阅智能变电站相关素材	师评	□是　□否
		能通过互联网、图书馆、数据库等多种方式查找文献	师评	□是　□否
4	总评	是否能够满足下一步内容的学习	师评	□是　□否

【课后作业】

1. 简述智能电站继电保护配置要求。

2. 简述智能电站保护构成单元。

◆ 本 章 小 结 ◆

智能变电站是从传统变电站演变来的。所以从性能上面来说，两者大体上都有相同的性能和功用。而从构造上来说，智能变电站和传统变电站相比，有着同样的一次设备及继保自动化装置。而不同的只是两者的方式方法不同。

智能变电站将继电保护配置分为两层，即过程层和变电站层，然后根据每层不同的情况来进行设备的铺设。过程层主要针对变电站的一次侧，对变电站的一次侧进行主保护，并针对不同的情况进行不同配置。对于智能化的一次设备，直接将主保护设备安装在一次侧内部，对于老旧的一次设备，则集合保护、测控等功能集中安装在一次设备附近的汇控柜中。变电站层的保护装置是对全站的电压进行集中配置，确保变电站供电的安全可靠。

随着我国电力水平的不断发展，智能化的变电站系统也逐渐普及，高智能高自动化的变电站系统大大地降低了我国电力运行的压力。而智能变电站的继电保护则是智能变电站建设普及中最为重要的一个环节，以智能调度、实时监控、信息共享等为发展目标，进一步提高电力运行过程中的安全、可靠与时效性。

电 力 小 课 堂

坚 强 智 能 电 网

国家电网公司在"2009特高压输电技术国际会议"上提出了名为"坚强智能电网"的发展规划。

"坚强智能电网"以坚强网架为基础，以通信信息平台为支撑，以智能控制为手段，包含电力系统的发电、输电、变电、配电、用电和调度各个环节，覆盖所有电压等级，实现"电力流、信息流、业务流"的高度一体化融合，是坚强可靠、经济高效、清洁环保、透明开放、友好互动的现代电网。因此，"坚强"和"智能"是坚强智能电网的基本内涵。只有形成坚强网架结构，构建"坚强"的基础，实现信息化、数字化、自动化、互动化的"智能"技术特征，才能充分发挥坚强智能电网的功能和作用。特高压就为发展智能电网提供了坚实的基础。我们提出的目标是加快建设以特高压电网为骨干网架，各级电网协调发展，具有信息化、自动化、互动化特征的统一坚强智能电网。我们将要建设的坚强智能电网，是一个坚强可靠、经济高效、清洁环保、透明开放、友好互动的现代电网。在这个目标的指导下，国家电网将按照统筹规划、统一标准、试点先行、整体推进的原则，加快建设由1000kV交流和±800kV、±1000kV直流构成的特高压骨干网架。在实现各级电网协调发展的同时，围绕发电、输电、变电、配电、用电、调度等主要环节和信息化建设等方面，分阶段推进"坚强智能电网"发展。到2020年，全面建成统一的"坚强智能电网"，使电网的资源配置能力、安全稳定水平、以及电网与电源和用户之间的互动性得到显著提高，使"坚强智能电网"在服务经济社会发展中发挥更加重要的作用。

坚强智能电网的核心技术就是传感技术，利用传感器对关键设备（温度在线监测装置、断路器在线监测装置、避雷器在线监测、容性设备在线监测）的运行状况进行实时监控，然后把获得的数据通过网络系统进行收集、整合，最后通过对数据的分析、挖掘，达到对整个电力系统的优化管理。

参 考 文 献

［1］ 张保会，尹项根．电力系统继电保护［M］.2版．北京：中国电力出版社，2010.

［2］ 高翔．智能变电站技术［M］．北京：中国电力出版社，2012.

［3］ 何瑞文，陈卫，陈少华，等．电力系统继电保护［M］.2版．北京：机械工业出版社，2017.

［4］ 国家电力调度通信中心．国家电网公司继电保护培训教材（上）［M］．北京：中国电力出版社，2009.

［5］ 国家电力调度通信中心．国家电网公司继电保护培训教材（下）［M］．北京：中国电力出版社，2009.

［6］ 陕春玲，黄少臣．电力系统继电保护［M］．郑州：黄河水利出版社，2013.

［7］ 陈坤峰．数字化继电保护在智能变电站中的应用［J］．城市建设理论研究：电子版，2016，6（2）：345.